수학비타민 플러스+ UP

20만 부 기념 '수학지존' 에디션

수학비타민 플러스 UP '수학지존' 에디션

1판 1쇄 발행 2024. 3. 14.
1판 2쇄 발행 2024. 6. 17.

지은이 박경미

발행인 박강휘
편집 봉정하 **디자인** 조명이 **마케팅** 박인지 **홍보** 박은경
발행처 김영사
등록 1979년 5월 17일(제406-2003-036호)
주소 경기도 파주시 문발로 197(문발동) 우편번호 10881
전화 마케팅부 031)955-3100, 편집부 031)955-3200 | **팩스** 031)955-3111

값은 뒤표지에 있습니다.
ISBN 978-89-349-1228-6 03410

홈페이지 www.gimmyoung.com   블로그 blog.naver.com/gybook
인스타그램 instagram.com/gimmyoung   이메일 bestbook@gimmyoung.com

좋은 독자가 좋은 책을 만듭니다.
김영사는 독자 여러분의 의견에 항상 귀 기울이고 있습니다.

수학비타민 플러스⁺ UP

20만 부 기념
'수학지존'
에 디 션

박경미 지음

김영사

"학교에서 배운 수학을 도대체 어디에 써먹나요?" 지금까지 가장 많이 들은 질문 중의 하나이다. 중·고등학교를 거치면서 수식과 기호로 가득한 난해한 수학을 배웠지만, 수학과 관련된 전공이 아니라면 고등학교 졸업과 동시에 수학에 대한 레테의 강(망각의 강)을 건넜다는 원망을 듣곤 했다. 실제로 학생들은 수학을 아름답고 유용한 학문이라기보다 두통을 유발하는 과목으로 인식하는 경우가 적지 않다. 수학을 공부할 시간에 다른 지식을 섭렵했더라면 훨씬 더 풍요로운 삶을 영위할 수 있을 것이라는 지론을 펴는 사람도 있었다.

이렇게 '수학 무용론'을 제기하는 사람들에게 수학의 가치를 어떻게 설명해야 할지 난감하기만 했다. 한 국가의 과학기술의 수준은 수학의 수준을 넘지 못한다는 '수학 부국론'을 설명해 보았다. 수학은 그 자체로도 중요하지만 수학 학습을 통해 길러지는 사고 능력은 다른 분야에도 응용된다는 '정신 도야론'을 부각해 보기도 했다. 또 수학은 치밀하고 엄정한 사고를 통해 정직하고 올곧은 품성을 길러준다는 인성 교육의 측면을 제시하기도 했다. 그렇지만 수학의 가치를 드러내는 가장 설득력 있고 효과적인 방법은 수학이 얼마큼 쓸모 있는 학문인지, 또 우리가 미처 생각하지 못한 분야에서 얼마나 유용하게 활용되는지 예를 드는 것이었다.

그러한 취지로 주변 사물과 현상에서 찾아볼 수 있는 수학의 원리에 대한 글을 쓰게 되었다. 일반 독자를 대상으로 하기 때문에 수학을 엄밀하게 설명하기보다는 부담 없이 이해될 수 있는 방향을 택하게 되었다. 쉽게 풀어내다 보니 심오하고 우아한 수학을 끌어내려 희화戲畵하는 것이 아닐까 하는 우려도 없지는 않았다. 그런 걱정 속에서도 수학에 대한 글쓰기 작업을 계속할 수 있었던 것은 수학을 부분적으로 곡해하는 일이 발생하더라도 수학을 전파하는 것이 더 중요하다는 생각 때문이었다.

일반인들과 수학 사이에 놓인 벽을 허물어 가교架橋 역할을 하겠다는 생각은 《수학비타민 플러스》의 출간으로 이어졌다. 《수학비타민 플러스》는 2009년 출판된 후 독자들의 꾸준한 사랑을 받았으나 10년이 넘는 시간이 흐르면서 정보를 업데이트할 필요도 있고, 또 내용 설명을 명료화하며 보완할 부분이 있어 개정증보판 《수학비타민 플러스UP》을 내놓게 되었다.

《수학비타민 플러스UP》은 '재미와 가독성'과 '내용의 엄밀성'이라는 두 요소 중에서 전자에 무게중심이 실려 있는 책이라고 할 수 있다. 그런 의미에서 '수학비타민'이라는 제목은 잘 어우러진다. '수학적 지식'이라는 중요한 영양소의 소화와 흡수를 도와주는 역할을 하기 때문에 단백질이나 탄수화물이 아니라 비타민인 것이다. 비타민만 섭취해서는 살 수 없듯이, 이 책은 수학 설명을 충실하게 하는 책들과 병행해서 읽을 때 더 효과적일 것이다.

4차 산업혁명 시대로 접어들면서 수학의 중요성은 나날이 커지고 있다. 한 예로 인공지능AI 개발에 활용되는 '텐서플로우TensorFlow'는 행렬과 벡터를 일반화한 텐서Tensor에서 출발하고, 빅데이터는 학교 수학의 확률과 통계를 기반으로 한다. 사물인터넷IoT, 가상 현실VR, 증강 현실AR, 자율주행 차량, 드론, 로봇 등 첨단 기술 전반에 인공지능과 빅데이터가 영향을 미친다는 점에서 수학은 4차 산업혁명을 관통하는 학문이라고 할 수 있다.

소설 《잃어버린 시간을 찾아서》를 쓴 마르셀 프루스트는 "진정한 탐험은 새로운 풍경이 펼쳐진 곳을 찾는 것이 아니라 새로운 눈으로 여행하는 것이다"라고 했다. 이 책이 수학의 눈으로 세상을 탐험할 수 있도록 도와주는 안내서가 되기를 바란다. TV 화면의 해상도가 높아지면 훨씬 더 선명하게 보이는 것처럼, 이 책이 사물과 세상을 바라보는 시야의 해상도를 높여줄 수 있으면 좋겠다. 또 수학 공부를 '정신 체조'에 비유한 교육학자 페스탈로치의 말처럼, 독자들에게 정신을 스트레칭하는 기회까지 제공할 수 있다면, 저자로서 더할 나위 없이 기쁠 것 같다.

이 책이 개정·출판되기까지 심혈을 기울여준 김영사 편집부에 감사의 마음을 전한다.

박경미

MATH
VITAMIN

일상 속의 수

1

수학이 '수'로만 이루어진 것은 아니지만 수학의 출발점이자 가장 중요한 개념은 당연히 '수'이다. 수를 둘러싼 다채로운 이야기들은 매력적인 수학 세계로 빠져드는 입구가 될 것이다. 《해리포터》에서 마법의 세계로 통하는 9와 3/4 승강장처럼….

세발낙지의 발은 세 개

오래전 호주에서 열린 국제회의에 참석했을 때의 일이다. 식사 자리에서 각자 자신의 국가에서 즐기는 독특한 요리를 소개하게 되었다. 우리나라의 음식으로 처음에는 보신탕을 떠올렸지만 괜한 논쟁만 불러일으킬 것 같아 세발낙지를 소개하기로 했다.

"세발낙지는 날것으로 고추장에 찍어 먹는데, 이때 고통으로 꿈틀거리는 낙지의 움직임을 혀로 느끼는 것이 이 음식의 묘미입니다."

짧은 영어로 그럭저럭 실감 나게 표현을 했다. 그런데 거기에서 그치면 좋았을 것을 "그 낙지는 발이 세 개입니다"라는 사족을 덧붙인 것이 화근이었다. 당시까지 세발낙지를 보지 못했기에 오해를 한 것이다. 사실 그런 오해를 할 만한 것이 '세발'은 한자인 '세細'와 한글인

'발'의 합성어로, 생김새를 직접 보지 않고는 '세발'을 '가는 발'이 아닌 '세 개의 발'이라고 유추하기 쉽다. 일관성 있게 한자로만 조어한다면 '세족細足낙지'가 되겠지만, 낙지는 뼈가 없기 때문에 '족足'은 적절하지 않다. 세 개의 발을 가진 낙지라는 말이 떨어지자마자 참석자들은 한목소리로 반문했다.

"나머지 다리 5개는 어떻게 된 거죠?What happened to the remaining five legs?"

낙지의 다리가 8개라는 사실을 어떻게 한 사람도 혼동하지 않고 정확하게 알고 있을까 하는 의문을 갖다가 그 순간 깨달은 것이 있었다. 낙지는 영어로 '옥토퍼스octopus'라고 하는데, 여기서 oct가 8을 의미한다는 점이었다.

수를 나타내는 접두사

우리가 일상적으로 사용하는 외래어에는 수를 나타내는 접두사prefix를 포함하는 경우가 적지 않다. 라틴어 접두사는 1(uni), 2(bi), 3(tri), 4(quart), 5(quint), …이고, 그리스어 접두사는 1(mono), 2(di), 3(tri), 4(tetra), 5(penta), …이다. 8을 나타내는 oct는 라틴어와 그리스어 접두사가 일치한다.

일상어에 쓰이는 몇 가지 예를 들어보자. 1을 나타내는 모노mono가 포함된 단어로는 독백을 뜻하는 '모노로그monologue', 독점을 뜻하는 '모노폴리monopoly'가 있다. 2를 나타내는 바이bi는 바퀴가 두 개인 '자전거bicycle', 0과 1로 이루어진 '이진법binary'에서 찾아볼 수 있다.

3을 나타내는 트라이tri는 삼각형 모양의 타악기를 지칭하는 '트라이 앵글triangle'과 3중주나 3중창을 뜻하는 '트리오trio'에 포함되어 있다. 4를 나타내는 쿼트quart는 주로 1/4과 관련된다. 미국의 25센트인 '쿼터quarter'의 가치는 1달러의 1/4이며, 액체의 부피를 재는 단위인 '쿼트quart'는 1갤런의 1/4이다. 4에 해당하는 또 다른 접두어 테트라tetra는 방파제로 쓰이는, 다리가 4개 달린 콘크리트 블록 '테트라포드tetrapod'에 포함되어 있다. 5를 나타내는 펜타penta는 오각형 모양의 미국 국방성 '펜타곤The Pentagon', 그리고 초기에 386, 486으로 명명되던 컴퓨터가 500번대로 올라서면서 붙여진 '펜티엄Pentium'에서 예를 찾을 수 있다. 카메라 브랜드 '펜탁스Pentax'는 카메라 안에 오각형 프리즘이 있다.

8을 나타내는 옥트oct는 도에서 그다음 도까지 8도 음정을 나타내는 '옥타브octave'에 들어 있다. 한편 '옥토버October'는 왜 8월이 아니라 10월인지 의문이 들 수 있겠지만, 로마 옛 달력에서는 3월을 1년의 첫 달로 간주했기 때문에 10월은 3월을 기준으로 여덟 번째 달이 된다. 이와 같이 수를 나타내는 접두사를 알면 외래어의 뜻을 쉽게 이해할 수 있다.

테트라포드   미국 국방성 펜타곤

로비는 0층

유럽을 여행하다 보면 건물의 층 때문에 혼란스러울 때가 있다. 건물 로비에서 엘리베이터를 타고 한 층을 올라갔는데 내려 보면 다시 1층이어서 어리둥절해진다. 우리나라에서는 건물 로비가 있는 층이 1층인데, 그들은 0층으로 정해 놓았기 때문이다.

우리나라에서는 지하 3층에서 네 층을 올라가면 지상 2층이 되지만, 유럽에서는 지상 1층이 된다. 지하층을 마이너스(-), 지상층을 플러스(+)라고 할 때, 유럽의 방식으로는 지하 3층+4층=지상 1층이 되므로 수식 (-3)+4=1과 일치한다.

우리나라(위)와 유럽(아래)

$$\text{우리나라 : 지하 3층 + 4층 = 지상 2층}$$
$$(-3) + 4 = 1$$
$$\text{유 럽 : 지하 3층 + 4층 = 지상 1층}$$

0의 늦은 출현

수학사에서 인류가 0의 개념을 최초로 생각한 것은 기원전이지만, 0을 본격적인 수로 사용하기 시작한 시기는 5세기 이후로 상당히 늦다. 아라비아의 수학자 알 콰리즈미al-Khwārizmī는 9세기 초에 출간한 책에서 숫자 0을 명시적으로 설명하고 있다.

영어 zero는 '비어 있음'을 뜻하는 산스크리트어 śūnya에서 비롯된 것이다. 원래 비어 있는 자리를 ○ 기호로 표시하던 것이 나중에 숫자 0이 되었다. 물론 0의 기호는 인도와 아라비아 이전의 바빌로니아나 마야의 숫자에서도 나타나지만, 인도와 아라비아 수학자들의 공로는 0을 기호가 아닌 하나의 수로 취급하기 시작했다는 데 있다.

알 콰리즈미 우표

0이 늦게 등장한 것은 세기의 경계를 정하는 데도 영향을 미쳤다. 새로운 밀레니엄인 2000년이 되었을 때, 21세기가 시작되었다고 생각하는 사람들이 많았다. 그러나 21세기의 시작은 2001년이다. 천의 자리가 1에서 2로 바뀐 2000년이 아니라 2001년이 21세기의 시작점인 이유는 기원전(B.C.)에서 서기(A.D.)로 넘어온 첫날이 0년 1월 1일이 아니라 1년 1월 1일이기 때문이다. 1세기는 1년부터 100년까지이며, 이런 식으로 따져 보면 21세기는 2001년부터가 된다.

상식
common sense

테니스 경기에서는 0점을 러브love, 1점을 피프틴fifteen, 2점을 서티thirty 등으로 부른다. 0점을 '러브'라고 부르는 이유에 대해 몇 가지 해석이 있다.

일설에 의하면 숫자 0의 모양은 달걀과 유사하고, 달걀을 뜻하는 프랑스어 '뢰프l'œuf'의 발음이 '러브'와 비슷하기 때문이라고 한다. 득점을 하지 못한 상대를 배려하는 차원에서 0점 대신 '러브'라는 표현을 사용했다는 설도 있다.

아라비아 숫자에 담긴
천재적인 발상

문명권마다 숫자도 제각각

수학의 역사를 살펴보면 각 문명권마다 고유한 숫자를 만들고 수 체계를 고안해서 사용했음을 알 수 있다. 그렇지만 아라비아 숫자라는 편리한 수 체계가 등장하면서 숫자의 춘추전국시대는 끝나게 된다. 수 체계가 하나로 정립되지 않고 언어처럼 다양했더라면, 자연과학이 발달하는 데 큰 어려움을 겪었을 것이다. 그만큼 아라비아 숫자의 발명은 불의 사용이나 전기의 발명만큼이나 혁신적인 사건이라고 할 수 있다.

현재의 아라비아 숫자는 너무 보편화되어 있어 당연시하기 쉽지만, 숫자의 진화 과정을 보면 인류가 아라비아 숫자의 간편함을 누리기까지 얼마나 오랜 세월을 기다려야 했는지 실감할 수 있다.

이집트 숫자

이집트 문자는 신성문자, 성직문자, 민용문자로 구분된다. 그중에서 이집트 숫자로 널리 알려져 있는 것은 신성문자로, 십진법을 따라 10의 거듭제곱을 표현했다.

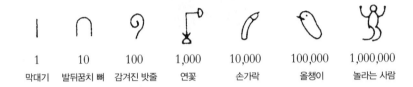

1	10	100	1,000	10,000	100,000	1,000,000
막대기	발뒤꿈치 뼈	감겨진 밧줄	연꽃	손가락	올챙이	놀라는 사람

1,000은 연꽃 모양을, 100,000은 올챙이 모양을 본뜬 것으로, 그 당시 연꽃이나 올챙이가 아주 흔했기 때문이다. 또 1,000,000이면 웬만한 사람은 놀랄 정도로 큰 수가 되므로 놀라는 사람의 모습을 형상화했다. 1,000,000은 우주를 바치고 있는 신의 모습이라고도 하는데, 대단히 큰 수로 신의 위대함을 나타내려는 의도를 읽을 수 있다.

이러한 이집트 숫자 표기 방식으로 456을 나타내기 위해서는 100을 4번 적고, 10을 5번 적고, 1을 6번 적는 번거로움을 감수해야 한다.

고대 그리스 숫자

그리스 숫자는 이집트 숫자와 유사하지만, 두 가지 면에서 진전을 이루었다. 첫째, 상형문자에 가까웠던 이집트 숫자에 비해 숫자의 모양이 단순화되었다. 둘째, 다섯 번 이상 동일한 기호를 반복하여 적는 것을 방지하기 위해 5, 50, 500에 해당하는 중간 기호를 두어 표기를 간편하게 만들었다. 50, 500에 대한 기호는 ⌈에 10, 100에 대한 기호를 합성하여 만들었다.

Ⅰ	Γ	△	Γ	Η	Γ	Χ	Γ	Μ	Γ
1	5	10	50	100	500	1,000	5,000	10,000	50,000

456을 표현한다면 50을 나타내기 위해 10에 해당하는 기호를 다섯 번 적는 것이 아니라 50을 나타내는 기호 하나만 적으면 된다. 6 역시 1을 나타내는 기호를 여섯 번 반복하여 적지 않고 5와 1을 결합하면 되므로 이집트의 수 표기에 비해 다소 간편해졌다.

로마 숫자

로마 숫자 Ⅰ, Ⅱ, Ⅲ, Ⅳ, Ⅴ, Ⅵ, Ⅶ, Ⅷ, Ⅸ, Ⅹ은 현재에도 시계의 인덱스index나 책의 장chapter을 표기할 때 사용되기 때문에 친숙하다.

1	5	10	50	100	500	1,000
I	V	X	L	C	D	M

로마 숫자도 이집트나 그리스와 유사한 방식을 따르는데, 한 가지 특징은 5나 10에서 가까운 수는 그 수의 오른쪽에 더할 수를 적거나 왼쪽에 뺄 수를 적어 숫자의 표기를 간결화했다는 점이다. 예를 들어

VI는 5에 1을 더한 6이 되며, XL은 50에서 10을 뺀 40이 되는 식이다. 이때 I는 V나 X와 짝을 이루고, X는 L이나 C와 짝을 이루며, C는 D나 M과 짝을 이루어 숫자를 만들어 낸다.

로마 숫자 시계

456을 로마 숫자로 나타내면 CDLVI가 된다.

$$456 = (500-100) + 50 + (5+1)$$
$$\quad\; \text{CD} \qquad \text{L} \quad \text{V} \; \text{I}$$

한편 로마 숫자에서 1,000보다 큰 수에 대해서는 이미 약속한 기호를 변형하여 만들었다. 숫자를 나타내는 기호 위에 −를 붙이면, 1,000을 곱한 수가 된다. 예를 들어 V 위에 −가 한 개 붙은 V̄는 5,000을 나타내고, L 위에 −가 두 개 붙은 L̿은 50,000,000이 된다.

로마 숫자를 이용한 연대 표시명

로마 숫자는 영어 알파벳을 이용하기 때문에, 문장을 통해 연대를 나타내는 '연대 표시명chronogram'에 활용된다. 영국의 엘리자베스 1세 여왕은 1603년에 사망했다. 1603에 해당하는 로마 숫자는 MDCIII이고, 다음 문장을 이루는 단어들의 첫 알파벳을 결합하면 MDCIII가 되므로 문장을 통해 사망 연도를 나타낸 것이다.

My Day Closed Is In Immortality

MDCIII

$$1000+500+100+1+1+1=1603$$

중국 숫자

중국 숫자로 넘어오면, 1부터 9까지의 기본 숫자에 10의 거듭제곱에 대한 숫자를 결합하여 수를 표기한다.

一	二	三	四	五	六	七	八	九	十	百	千	萬
1	2	3	4	5	6	7	8	9	10	100	1,000	10,000

456은 4와 100, 5와 10, 6을 나타내는 숫자를 연이어 四百五十六으로 적으면 된다.

그런데 이런 숫자는 표기할 때 주로 이용되었고, 계산을 할 때에는 다른 방식으로 수를 표현했다. 나뭇가지로 만든 산목算木을 늘어놓아 수를 나타냈는데, 자릿값에 따라 혼동이 일어나지 않도록 홀수 자리와 짝수 자리의 표기에 차이를 두었다. 다음과 같이 1, 100, …, 10^{2n}자리의 값은 수직 방향으로 산목을 늘어놓고, 10, 1000, …, 10^{2n+1}자리의 값은 수평 방향으로 산목을 배열했다.

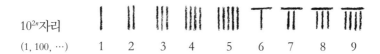

10^{2n}자리
(1, 100, …)   1   2   3   4   5   6   7   8   9

10^{2n+1}자리
(10, 1000, ⋯)　　　1　2　3　4　5　6　7　8　9

이에 따를 때 456은 다음과 같이 표현된다.

인도-아라비아 숫자

이와 같이 숫자의 표기는 점진적으로 진화하다가 인도 사람들에 의해 획기적인 전환을 이루게 된다. 현재의 표기 방법인 456에서는 굳이 100이 4개라고 명시하지 않아도 100의 자리에 4가 있기 때문에 400임을 알 수 있다. 다시 말해, 숫자의 위치로 자릿값을 나타내는 '위치 기수법positional numeral system'의 아이디어를 생각해 낸 것이다.

이러한 숫자 표기가 가능하기 위해서는 자릿값이 비어 있음을 나타내는 0의 기호가 전제되어야 한다. 만약 0이 없다면 123이라고 적었을 때 이것이 1203을 의미하는지, 1023을 의미하는지 구별하기 어렵기 때문이다.

사소한 것 같지만 인류가 위치 기수법 아이디어에 도달하기까지는 상당한 시간이 필요했다. 현재 사용하고 있는 숫자는 인도에서 만들어져 아라비아로 전파되었기 때문에 엄밀하게 말하면 인도-아라비아 숫자라고 해야 한다. 하지만 인도는 생략한 채 흔히 아라비아 숫자라고 부르니 인도로서는 억울할 수도 있겠다.

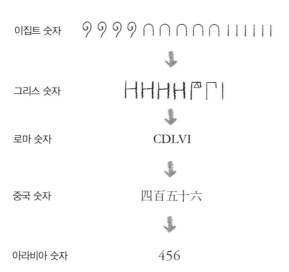

이집트 숫자	9999∩∩∩∩∩ⅠⅠⅠⅠⅠⅠ
그리스 숫자	HHHHΓΓⅠ
로마 숫자	CDLVI
중국 숫자	四百五十六
아라비아 숫자	456

수학은 살아 있는 학문

대개의 학문은 시간의 흐름에 따라 발전해 간다. 수학도 예외는 아니다. 숫자의 표기 방법이 진화해 온 사실에서 알 수 있듯이 수학은 박제된 지식으로 이루어진 '화석화된 학문'이 아니라 끊임없이 발전해 가는 '살아 있는 학문'이라고 할 수 있다.

걸리버 여행기와
십이진법

1728명분의 닉나

어린 시절 누구나 한번쯤은 읽고 거인국과
소인국에 대한 상상의 나래를 폈을 법한 소
설이 바로 아일랜드 작가 조너선 스위프트의
《걸리버 여행기》이다. 원작은 영국 사회의
타락과 부패를 통렬히 비판하는 내용을 담고
있어, 출간 당시 엄청난 인기와 논란을 동시
에 불러일으켰고 한때 금서로 지정되기까지
했다. 그러나 오늘날 《걸리버 여행기》는 거

조너선 스위프트의
《걸리버 여행기》

친 표현과 풍자가 제거된, 신나는 모험을 담은 아동문학 작품으로 널
리 알려져 있다.

이 소설에는 걸리버가 소인국에 갔을 때 한 끼 식사로 소인 1728명분을 대접받았다는 대목이 나온다. 왜 하필이면 1728이라는 복잡한 숫자를 썼을까? 걸리버가 소인국 사람에 비해 많은 양의 식사를 했다는 것을 강조하기 위해서라면 1000 정도의 간단한 큰 수를 동원해도 되는데 말이다.

걸리버 여행기에서 소인국의 1피트는 걸리버의 1인치에 해당한다. 그런데 1피트는 12인치이므로 걸리버의 키는 소인 키의 12배이고, 몸집은 3차원적인 부피이므로 12의 세제곱인 1728배가 되며, 결과적으로 걸리버에게는 1728명분의 식사가 필요하다고 본 것이다. 물론 몸무게가 적을수록 단위 무게당 열량 필요량이 증가하기 때문에 과학적으로 설득력 있는 주장은 아니다.

작가가 걸리버의 키를 소인 키의 12배로 정한 이유는 십이진법과 관련이 있다. 이 소설이 쓰일 당시 수 체계로는 십진법을 사용하고 있었지만, 영국의 옛날 화폐 단위에서 1실링이 12펜스인 것과 같이 십이진법을 적용하는 경우도 있었다. 지금도 사용되는 십이진법의 예로는 1년은 12개월, 1다스는 12개, 1피트는 12인치, 그리고 12간지 등이 있다.

십진법 시계

시계는 12를 단위로 한다. 우리가 현재 사용하고 있는 아라비아 숫자는 십진법이므로 10을 단위로 하는 시계도 존재하지 않았을까 생각할 수 있는데, 정말 그런 시도가 이루어진 적이 있다.

프랑스 혁명기에 성취한 의미 있는 일 중의 하나는 혼란스럽던 도량형을 정비하여 10을 단위로 하는 미터법을 만든 것이다. 프랑스 혁명 정부는 내친김에 시계까지 10을 기준으로 바꾸었다. 이 시계에서는 하루가 10십진시간으로 이루어진다. 시침이 한 바퀴 돌면 하루가 되므로, 시침이

십진법 시계

10에 있을 때가 자정이고, 5에 있을 때가 정오이다. 그리고 1십진시간은 100십진분으로 이루어지며, 1분은 100십진초로 이루어진다.

- 현재의 시간
  1일 = 24시간 = (24×60)분 = $(24 \times 60 \times 60)$초 = 86,400초

- 프랑스 혁명기의 시간
  1일 = 10십진시간 = (10×100)십진분 = $(10 \times 100 \times 100)$십진초

  = 100,000십진초

하루의 시간은 정해져 있기 때문에 86,400초 = 100,000십진초가 되고, 1초는 약 1.1574십진초가 된다. 즉 1초가 1십진초보다 길다. 이런 방식으로 계산해 보면, 1분은 약 0.69십진분이 되므로 1분은 1십진분보다 짧다.

십이진법 시계에 익숙한 우리에게 십진법 시계는 생소하지만 시, 분, 초를 간편하게 환산할 수 있다는 장점이 있다. 예를 들어 1십진시간 23십진분 45십진초라면 1.2345십진시간 = 123.45십진분 = 12345십진

초이다. 이런 간편함이 있었지만 십진법 시계는 1792년부터 몇 년 동안 공식적으로 사용되다가 폐지되었다.

십진법 시계뿐 아니라 프랑스 혁명 달력도 비슷한 시기에 도입되었다. 프랑스 혁명 달력에서는 1주가 7일인 현재의 달력과 달리, 1달이 10일씩으로 이루어진 3개의 십진주로 구성된다. 1십진주에서는 9일을 일하고 하루를 쉬기 때문에 노동 시간이 늘어나게 되어 사람들의 불만이 적지 않았고, 결국 1805년에 폐지되었다.

시간에 십진법을 반영하려는 프랑스인들의 집념은 1897년 수학자 푸앵카레를 대표로 하는 위원회에서 하루 24시간은 그대로 둔 채, 1시간을 100십진분, 1분을 100십진초로 정하자는 계획으로 부활했다. 그러나 이 계획은 지지를 얻지 못한 채 1900년에 폐기되었다.

가장 일반적인 십진법

십진법 시계가 고안될 만큼 역사적으로 가장 흔한 진법은 십진법이다. 일, 십, 백, 천, 만으로 단위가 커지는 것이나, 금 10돈을 1냥이라고 하는 것처럼 10이 되면 단위가 바뀌는 것은 모두 십진법을 따른 것이다. 또 야구 선수의 타율을 따지는 할, 푼, 리 역시 십진법의 산물이다.

손바닥이 닫혔을 때 '다섯'

십진법이 가장 대표적인 진법으로 자리 잡게 된 이유 중의 하나는 손가락이 10개라는 사실이다. 실제로 자릿수를 뜻하는 단어 digit에는

손바닥이 열렸을 때 '열'

'손가락'이라는 뜻도 있다. 우리말에서 서수 '다섯'은 '닫힌다'와, '열'은 '열린다'와 발음이 유사하다. 손가락으로 수를 셀 때 하나부터 다섯까지는 손가락을 하나씩 접기 때문에 다섯에서는 손바닥이 닫히고, 여섯부터 열까지는 접었던 손가락을 하나씩 펴기 때문에 열에서는 손가락이 모두 열린다.

마야의 이십진법

수학사를 살펴보면 시대와 지역과 용도에 따라 십진법 이외의 다양한 진법이 사용되어 왔음을 알 수 있다. 컴퓨터는 기본수를 0, 1로 하는 이진법을 쓴다. 남아메리카의 한 부족은 hand인 5를 기준으로 하여 one, two, three, four, hand, hand and one, hand and two, … 와 같이 수를 세는 오진법을 사용한다.

마야에서는 이십진법을 사용했다. 1부터 19에 해당하는 수를 다음과 같이 나타내고, 조개껍질 모양으로 0을 표현했다.

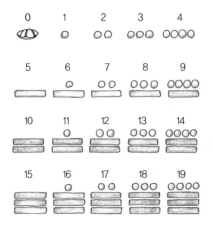

담배 1갑은 20개비, 오징어 1축은 20마리, 한약 1제는 20첩, 조기 1두름은 20마리 하는 것은 모두 이십진법과 관련이 있다. 영어 단어 score는 '점수' 이외에 '무리'라는 뜻도 있는데, 이때의 무리는 20을 단위로 한다.

바빌로니아의 육십진법

바빌로니아에서는 육십진법을 사용하여, 1부터 59까지의 수를 다음과 같이 나타냈다.

관측을 통해 지구의 공전 주기가 약 360일이라는 것을 알고 있던 바빌로니아인들은 원의 중심각을 360°로 놓고, 지구가 하루에 1°씩 움직여 1년에 걸쳐 태양을 한 바퀴 돈다고 생각했다. 그리고 360을 6등분한 60을 기준으로 하는 육십진법을 채택했다.

육십진법과 육십갑자

육십진법의 예로는 1시간은 60분, 1분은 60초, 1°(도)는 60′(분) 등을 들 수 있다. 또 하나의 대표적인 예가 육십갑자이다. 육십갑자는 10개의 천간天干과 12개의 지지地支로 이루어진다. 10간 12지이므로 이를 조합하면 모두 120가지의 경우가 생기지만, 그중에 절반인 60가지만 사용된다.

육십갑자는 다음 표와 같이 '갑자', '을축'에서 '임술', '계해'까지 차례차례 짝을 이루고 있다. 그리고 다시 처음으로 돌아오는 데에는 10과 12의 최소공배수인 60년이 걸린다. 그 때문에 자신이 태어난 육십갑자를 다시 맞이하는 60세에 회갑을 기념하는 뜻에서 잔치를 벌이는 것이다.

10간 / 12지	갑甲	을乙	병丙	정丁	무戊	기己	경庚	신辛	임壬	계癸
자子(쥐)	1		13		25		37		49	
축丑(소)		2		14		26		38		50
인寅(호랑이)	51		3		15		27		39	
묘卯(토끼)		52		4		16		28		40
진辰(용)	41		53		5		17		29	
사巳(뱀)		42		54		6		18		30
오午(말)	31		43		55		7		19	
미未(양)		32		44		56		8		20
신申(원숭이)	21		33		45		57		9	
유酉(닭)		22		34		46		58		10
술戌(개)	11		23		35		47		59	
해亥(돼지)		12		24		36		48		60

'갑'자 돌림인 해는 10년마다 돌아오기 때문에 해의 끝자리가 같다. '갑자'에서 시작하여 '계유'까지 10년이 지난 후 '갑술'로 돌아오기 때문이다. 한국사에서 필수로 외우는 갑신정변 1884년, 갑오경장 1894년과 같이 '갑'이 들어가는 해는 4로 끝난다.

그렇다면 '을'자 돌림인 해의 끝자리는 5이다. 을미사변 1895년, 을사늑약 1905년이 그러하다. '병'자 돌림인 해의 끝자리가 6인 것은 병자호란 1636년에서 확인할 수 있다. 정, 무, 기, 경, 신, 임, 계가 들어간 해의 끝자리는 각각 7, 8, 9, 0, 1, 2, 3이다. 한국사 연대를 외울 때 육십갑자를 이용하여 기억하면 편리하다.

조선 시대에 육십갑자를 사용하기 시작한 건 세종대왕부터였다. 그 이전에는 해마다 중국으로 사신을 보내 황제에게 달력을 받아왔는데, 그 달력은 우리나라와 잘 맞지 않았다. 이에 세종대왕이 학자들을 모아 우리나라 실정에 맞는 역법서 《칠정산》을 편찬했다. 육십갑자의 원년인 갑자년은 《칠정산》의 편찬 연도인 1444년이다.

'불가사의'와 '모호'는
수의 단위

기하급수적 증가

'코로나19 확진자의 기하급수적 증가', '비대면 산업의 기하급수적 성장'과 같이 기사를 읽다가 심심치 않게 접하게 되는 게 급속도로 증가한다는 뜻의 '기하급수적'이라는 표현이다.

이 표현은 1970년대 인구 억제 캠페인에 등장했다. '식량은 산술급수적(1, 2, 3, 4, 5, …)으로 증가하는 데 반해 인구는 기하급수적(1, 2, 4, 8, 16, 32, …)으로 증가한다'는 영국의 경제학자 맬서스Thomas Malthus의 주장은 당시 산아 제한을 뒷받침하는 논리로 등장했다. 저출생이 심각한 사회 문제로 대두된 현재의 관점에서 보면 당시의 상황이 부럽기만 하다.

기하급수적 증가가 얼마나 가공할 위력을 가지고 있는지 보여 주는 세 가지 예를 살펴보자.

종이접기

종이를 반으로 접고 또다시 반으로 접는 과정을 계속할 때, 그 두께는 얼마가 될까?

종이의 두께를 0.1mm라고 할 때 종이를 한 번 접으면 0.2mm, 두 번 접으면 0.4mm, 세 번이면 0.8mm, 이렇게 처음에는 두께가 천천히 늘어나지만 50번을 접으면 $0.1\text{mm} \times 2^{50}$으로 약 113,000,000km가 된다. 지구와 태양 사이의 거리는 약 149,600,000km이므로, 종이를 50번 접으면 거의 태양에 닿고, 한 번 더 접으면 태양을 넘어간다. 물론 현실적으로 그렇게 많이 접는 것은 불가능하고, 미국의 한 고등학생이

종이를 12번까지 접은 예는 있다고 한다.

체스 게임의 포상

옛날 인도의 어떤 왕은 워낙 전쟁을 좋아해
서 백성들이 늘 불안했다고 한다. 그래서 세
타라는 승려는 왕의 관심을 돌리기 위해 전쟁
과 비슷한 규칙을 가진 체스를 만들었다. 서양 장기
라고 불리는 체스는 가로와 세로 각각 8칸씩 총 64칸으로 이루어진 정
사각형의 판 위에 여러 종류의 말을 놓고 정해진 규칙에 따라 말을 움
직이는 게임이다. 병력의 많고 적음을 떠나 전략에 의해 승패가 좌우되
는 체스에 재미를 붙인 왕은 진짜 전쟁을 그만두고 체스를 통한 축소
판 전쟁을 즐겼다고 한다.

왕은 재미있는 게임을 소개한 세타에게 답례하기 위해 무엇이든 원
하는 것을 하사하겠다고 약속했다. 세타는 체스판의 첫째 칸에 밀 1알,
둘째 칸에 2알, 셋째 칸에 4알과 같이 두 배씩 밀알을 늘려 체스판의
64칸을 채워달라고 요구했다. 왕은 소박한 제안이라고 생각했지만, 사
실은 세타의 책략에 넘어간 것이다. 체스판을 이 방식으로 채울 때 필
요한 밀알의 수는 $1+2+2^2+2^3+2^4+2^5+\cdots+2^{63}$으로 이 값은 $2^{64}-1$
과 같아지며, 계산하면 18,446,744,073,709,551,615나 된다. 1m³에 약
1500만 개의 밀알을 담는다고 할 때 밀알의 부피는 1200km³가 넘는
다. 이는 가로, 세로, 높이가 각각 10.6km인 정육면체를 가득 채우는
양으로, 지급하는 것이 거의 불가능하다.

하노이 탑

'하노이의 탑 전설'은 프랑스 수학자 뤼카Édouard Lucas가 고안한 퍼즐 문제이다. 전설은 이렇게 시작한다. 인도 베나레스에는 브라만교 사원이 있다. 이 사원에는 3개의 다이아몬드 기둥이 있는데, 신이 세상을 창조할 때 64개의 순금 원판을 크기가 큰 것이 아래에 놓이고 작은 것이 위에 놓이도록 차례로 쌓아 놓았다. 신은 승려들에게 두 가지 원칙을 지키면서 64개의 원판을 한 기둥에서 다른 기둥으로 옮기도록 명령했다.

첫째, 원판을 한 번에 한 개씩만 옮겨야 한다. 둘째, 작은 원판 위에 큰 원판을 놓을 수 없다. 두 원칙에 따라 64개의 원판을 모두 옮겼을 때 세상의 종말이 온다고 한다. 이 예언에 근거할 때 세상의 종말까지 얼마의 시간이 걸릴까?

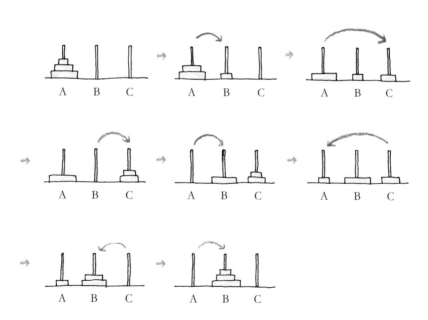

우선 간단한 경우로 세 개의 원판을 옮기는 상황을 생각해 보자. 앞의 그림에서 보듯이 기둥 A에서 기둥 B로 3개의 원판을 옮기기 위해서는 모두 7번의 이동이 필요한데, 7은 (2^3-1)로 표현할 수 있다. 여러 경우를 통해 일반화하면 n개의 원판을 옮기는 데는 (2^n-1)번의 이동이 필요하다. 따라서 64개의 원판을 옮기는 데 필요한 이동 횟수는 $2^{64}-1$이 된다.

원판을 한 번 옮기는 데 1초가 걸린다고 가정할 때 원판을 모두 옮기는 데 필요한 시간은 18,446,744,073,709,551,615초, 약 5849억 년이다. 우주의 나이는 약 137억 년, 지구의 나이는 약 45억 년이므로, 이 전설대로라면 세상의 종말이 올 때까지는 아직도 긴 세월이 남아 있다.

큰 수의 단위-불가사의, 항하사, googol

하노이 탑의 전설에서 원판을 옮기는 데 필요한 시간을 초로 환산하여 표현할 때 일, 십, 백, 천, 만, 억, 조의 다음 단위인 '경'이 필요하다. 이와 같이 큰 수를 나타내거나 혹은 작은 수를 나타내는 단위 중에는 일상 언어와 관련된 경우가 있다.

짐작조차 할 수 없는 이상한 일을 뜻하는 불가사의不可思議는 10^{64}의 단위이기도 하다. 너무 큰 수이기 때문에 상상조차 하기 힘들다는 측면에서 언어적 의미와 수학적 의미가 연결된다. 또 10^{52}의 단위를 항하사恒河沙라고 한다. '항하'는 인도 갠지스 강의 한자 표현이고 '항하사'는 갠지스 강의 모래이므로, 항하사는 강의 모래만큼이나 많다는 의미에서 비롯된 용어임을 알 수 있다.

구글Google은 그 자체로 '검색하다'라는 뜻으로 사전에 등재될 만큼 대표적인 검색 엔진이다. 구골Googol은 10^{100}을 말하는데, 일설에 의하면 회사를 등록할 때 원래는 googol로 하려고 했는데 실수로 잘못 표기해서 google이 되었다고 한다. Google로 검색하면 googol과 같이 방대한 정보를 얻을 수 있는 점에서 의미 있는 회사명이다. 구골에서

큰 수의 단위		작은 수의 단위	
1	일—	1	일—
10	십十	10^{-1}	분分
10^2	백百	10^{-2}	리厘
10^3	천千	10^{-3}	모毛
10^4	만萬	10^{-4}	사絲
10^8	억億	10^{-5}	홀忽
10^{12}	조兆	10^{-6}	미微
10^{16}	경京	10^{-7}	섬纖
10^{20}	해垓	10^{-8}	사沙
10^{24}	자秭	10^{-9}	진塵
10^{28}	양穰	10^{-10}	애埃
10^{32}	구溝	10^{-11}	묘渺
10^{36}	간澗	10^{-12}	막漠
10^{40}	정正	10^{-13}	모호模糊
10^{44}	재載	10^{-14}	준순浚巡
10^{48}	극極	10^{-15}	수유須臾
10^{52}	항하사恒河沙	10^{-16}	순식瞬息
10^{56}	아승기阿僧祇	10^{-17}	탄지彈指
10^{60}	나유타那由他	10^{-18}	찰나刹那
10^{64}	불가사의不可思議	10^{-19}	육덕☒德
10^{68}	무량대수無量大數	10^{-20}	허공虛空
		10^{-21}	청정淸淨

한 걸음 더 나간 구골플렉스googolplex는 10의 googol 제곱인 $10^{googol}=10^{10^{100}}$이다.

작은 수의 단위-모호, 찰나, 청정, 천재일우

이와 반대로 흐릿하고 분명하지 않은 모호模糊는 0.0000000000001을 나타내는 단위이다. 영겁과 대비되는 아주 짧은 순간을 나타내는 찰나刹那는 모호보다 더 작아 소수점 뒤에 0이 17개 붙은 뒤에 1이 나온다. 영겁은 선녀의 고운 손으로 아주 큰 대리석을 문질러 닳아 없어질 때까지 걸리는 긴 시간이고, 찰나는 아주 가는 명주실에 날카로운 칼을 대어 끊어지는 데 필요한 짧은 시간이다. 티끌 하나 없을 만큼 깨끗하다는 청정淸淨은 찰나보다도 작은 수의 단위이다. 또 좀처럼 얻기 힘든 기회를 말하는 천재일우千載一遇는 더 작은 수로, 소수점 뒤에 0을 46개 붙인 다음에야 1이 나오는 수의 단위이다.

이러한 수의 단위는 불교의 영향을 받은 것으로, 무한에 가까운 시간과 공간, 혹은 아주 짧은 시간을 나타내기 위해서 《화엄경》의 표현을 빌려 온 것이다.

킬로kilo · 메가mega · 기가giga, 나노nano

이번에는 영어에서 큰 수와 작은 수의 단위를 알아보자.

1km는 1000m이고 1kg은 1000g인 것처럼 킬로kilo는 10^3이다. 이보다 큰 단위는 컴퓨터의 용량으로 익숙한 메가mega, 10⁶, 기가giga, 10⁹이다. 킬로, 메가, 기가는 모두 10의 거듭제곱으로 나타내지만, 컴퓨터의 바

이트는 2를 단위로 하기 때문에 컴퓨터 기억 용량을 나타낼 때에는 2의 거듭제곱이 사용된다. 1킬로바이트는 2^{10}바이트이고 1메가바이트는 2^{10}킬로바이트이다. 여기서 10^3에 대응되는 것은 2^{10}인데, 그 이유는 2^{10}인 1024가 10^3인 1000에 가까운 값이기 때문이다.

접두어	10^n		2^n
킬로kilo	10^3	↔	1킬로바이트 = 2^{10}바이트
메가mega	10^6	↔	1메가바이트 = 2^{10}킬로바이트 = 2^{20}바이트
기가giga	10^9	↔	1기가바이트 = 2^{10}메가바이트 = 2^{30}바이트

정보통신기술IT, Information Technology의 발전은 메가와 기가의 시대를 뒤로 하고 테라tera, 10^{12}와 페타peta, 10^{15}의 시대를 향하고 있다.

이러한 정보통신 분야와 달리 생명공학의 첨단 기술은 미세 단위를 다룬다. 20세기가 마이크로의 시대였다면 21세기는 나노의 시대이다. 10^{-9}을 나타내는 나노는 난쟁이를 뜻하는 그리스어 나노스nanos에서 유래하였는데, 1나노미터(nm)는 10^{-9}m, 즉 10억 분의 1m이다. 나노기술NT, Nano Technology은 나노미터 수준에서 물체들을 만들고 조작하는 미세한 기술로, 나노 소재, 나노 부품, 나노 시스템을 만드는 데 활용되며 생명공학, 에너지, 환경 등 다양한 분야에 적용되면서 획기적인 변화를 만들어 낸다.

기억 용량을 극대화하는 정보통신기술과 미세 세계를 다루는 나노기술같이 미래 산업은 크기상으로 아주 큰 것과 아주 작은 것의 양극단을 추구하고 있다.

접두어	10^n	기호	배수	십진수
요타 yotta	10^{24}	Y	일자	1 000 000 000 000 000 000 000 000
제타 zetta	10^{21}	Z	십해	1 000 000 000 000 000 000 000
엑사 exa	10^{18}	E	백경	1 000 000 000 000 000 000
페타 peta	10^{15}	P	천조	1 000 000 000 000 000
테라 tera	10^{12}	T	일조	1 000 000 000 000
기가 giga	10^9	G	십억	1 000 000 000
메가 mega	10^6	M	백만	1 000 000
킬로 kilo	10^3	k	천	1 000
헥토 hecto	10^2	h	백	100
데카 deca	10^1	da	십	10
	10^0		일	1
데시 deci	10^{-1}	d	십분의 일	0.1
센티 centi	10^{-2}	c	백분의 일	0.01
밀리 mili	10^{-3}	m	천분의 일	0.001
마이크로 micro	10^{-6}	μ	백만분의 일	0.000 001
나노 nano	10^{-9}	n	십억분의 일	0.000 000 001
피코 pico	10^{-12}	p	일조분의 일	0.000 000 000 001
펨토 femto	10^{-15}	f	천조분의 일	0.000 000 000 000 001
아토 atto	10^{-18}	a	백경분의 일	0.000 000 000 000 000 001
젭토 zepto	10^{-21}	z	십해분의 일	0.000 000 000 000 000 000 001
욕토 yocto	10^{-24}	y	일자분의 일	0.000 000 000 000 000 000 000 001

파워드 오브 텐

〈파워즈 오브 텐 Powers of Ten〉은 제목 그대로 10의 거듭제곱의 위력
을 느낄 수 있는 다큐멘터리 영화이다. 1977년 제작된 이 영상은 시카
고의 미시간 호수 옆의 공원에서 휴식을 취하고 있는 남녀에서 출발하

여, 점차 카메라를 멀리하면서 거시 세계를 보여 주고, 가까이하면서 미시 세계를 보여 준다. 카메라가 대상과의 거리를 10초당 10배씩 늘려 줌아웃zoom out함에 따라 남녀의 모습은 점차 작아진다. 카메라가 멀어짐에 따라 대한민국 면적의 절반이 넘는 미시간 호수는 하나의 점으로 사라지고, 차례로 지구, 태양계, 은하계가 나타났다가 사라진다. 카메라가 10^{24}m까지 멀어지면서 찍은 장면은 마치 우주선을 타고 지구를 벗어나 우주를 여행하는 느낌을 준다.

이번에는 역으로 카메라를 사람 가까이 줌인zoom in해서 10초당 10배씩 확대하여 10^{-16}m까지 카메라를 접근시킨다. 처음에는 사람의 피부가 보이고, 점차 세포, 세포의 핵, 원자, 원자핵이 보이게 된다. 〈파워즈 오브 텐〉은 미시 세계와 거시 세계를 파노라마처럼 오가며 생생하게 경험하게 해준다.

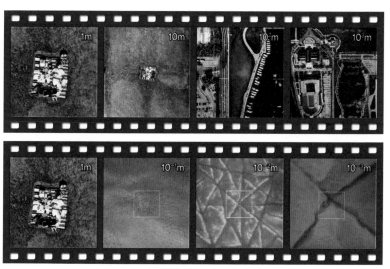

다큐멘터리 영화 〈파워즈 오브 텐〉의 장면들

MATH
VITAMIN
5

섬뜩한 수 11의 우연

한때 9.11 테러와 수 11의 관련성이 관심을 끌었다. 테러가 일어난 월일의 자릿값 9, 1, 1을 더하면 날짜 11일과 일치한다. 9월 11일은 1월 1일을 기준으로 할 때 254번째 되는 날인데, 그 자릿값 2, 5, 4를 더하면 11이 된다. 테러의 대상이 된 세계무역센터는 두 동의 110층 건물로 되어 있어 110에서 0을 제외하면 11이 되고, 쌍둥이 빌딩의 모양도 숫자 11을 닮았다. 매년 9월 11일이면 9.11 테러의 희생자를 애도하기 위해 서치라이트로 숫자 11을 만들어 낸다.

테러 때 납치된 비행기 AA11에는 모두 11명의 승무원이 탑승했고, UA175에는 승무원 9명과 탑승객 56명, 모두 65명이 타고 있었는데 6+5=11이다. 테러 당일 비행기의 충돌로 세계무역센터의 첫 번째 빌

9.11 테러로 사라진 세계무역센터(왼쪽)와 서치라이트로 만든 숫자 11(오른쪽)

딩이 완전히 무너진 시간이 10시 28분인데, 시간의 자릿값 1, 0, 2, 8을 더하면 11이다. 테러를 당한 뉴욕 주는 미국에서 11번째로 편입된 주이며, 테러와 관련이 있는 뉴욕New York City, 미 국방성 펜타곤The Pentagon, 조지 부시George W. Bush 대통령, 빈 라덴의 은신처였던 아프가니스탄Afghanistan은 모두 11개의 알파벳으로 되어 있다. 우연치고는 기막힌 우연이다.

미국에서 911은 우리나라의 119와 같은 긴급 전화번호인데, 그 번호에 해당하는 날 긴급 상황이 일어난 것도 하나의 아이러니이다.

이라크전 파병과 666

수와 관련된 소동은 우리나라에서도 벌어진 적이 있다. 이라크 초기 파병이 이루어진 2003년 4월, 이라크에 보낼 우리 군인의 명수가 666과 일치한다고 해서 한바탕 논란이 일었다. 국방부는 원래 공병 부대원 566명과 의료 지원단 100명, 합해서 총 666명을 파견하려고 했다.

이 사실이 알려지자 사람들은 이라크 전쟁에 666명을 파병하는 것은 문제가 있을 수 있다고 지적했다. 서구 문화권에서 666이 악마의 수로 여겨진다는 이유에서였다. 이런 비판이 잇따르자 국방부는 우물을 파는 기술병 7명을 추가해 논란을 마무리 지었다.

666은 네로 황제? 빌 게이트?

역사적으로 볼 때 666만큼 다방면에서 연구된 숫자도 없을 것이다. 《성경》의 〈요한계시록〉 13장 18절을 보면 "지혜가 여기 있으니 총명 있는 자는 그 짐승의 수를 세어 보라. 그 수는 사람의 수니 육백육십육 이니라"라고 되어 있다. 여기서 짐승의 수로 지목된 666이 무엇을 의미하는가에 대해 많은 해석이 제기되어 왔다.

성서학자들에 따르면, 기독교를 박해한 로마 제국의 네로 황제를 히브리어로 적고 당시의 관행에 따라 히브리어 자음만으로 표기한 후 각각의 알파벳이 나타내는 숫자를 모두 더하면 666이 된다. 요한계시록이 쓰일 당시 기독교 최대의 적이었던 네로 황제의 이름을 직접 거론할 수 없어 666으로 나타냈다는 것이다.

빌 게이츠가 666의 주인공이라는 해석도 있다. 컴퓨터에서 쓰이는 아스키코드ASCII code를 십진수로 고쳐 Bill Gates에 해당하는 대문자의 값을 대입하면

$$B \quad I \quad L \quad L \quad G \quad A \quad T \quad E \quad S$$
$$66 + 73 + 76 + 76 + 71 + 65 + 84 + 69 + 83 = 663$$

인데, 빌 게이츠는 게이츠 3세이므로 663에 3을 더하면 666이 된다.

컴퓨터와 인터넷을 666으로 보는 해석도 있다. A = 6, B = 12, …, Z = 156이라고 할 때

C   O   M   U   P   U   T   E   R

18 + 90 + 78 + 96 + 126 + 120 + 30 + 108 = 666

이 된다. 이번에는 거꾸로 Z=6, Y=12, …, A=156으로 하고 인터넷의 값을 계산하면

I   N   T   E   R   N   E   T

108 + 78 + 42 + 132 + 54 + 78 + 132 + 42 = 666

이 된다.

게마트리아

666에 대한 해석과 같이 알파벳 각각에 수를 부여하고 알파벳으로 이루어진 단어의 뜻을 해석하는 것을 '게마트리아Gematria'라고 한다. 게마트리아에서 히브리어 알파벳에 숫자를 대응시키는 데서 시작하여 여러 언어에 적용되었는데, 그리스어 알파벳에 대응되는 수는 다음과 같다. 그리스어 게마트리아의 경우 27개 숫자 중에서 6, 90, 900은 사라지고, 현재는 24개의 숫자가 남아 있다.

1 : α(alpha)	10 : ι(iota)	100 : ρ(rho)
2 : β(beta)	20 : κ(kappa)	200 : σ(sigma)
3 : γ(gamma)	30 : λ(lambda)	300 : τ(tau)
4 : δ(delta)	40 : μ(mu)	400 : υ(upsilon)
5 : ε(epsilon)	50 : ν(nu)	500 : φ(phi)
6 : ϛ(digamma*)	60 : ξ(xi)	600 : χ(chi)
7 : ζ(zeta)	70 : ο(omicron)	700 : ψ(psi)
8 : η(eta)	80 : π(pi)	800 : ω(omega)
9 : θ(theta)	90 : ϟ(koppa*)	900 : ϡ(sampi*)

Amen = 99

기도의 마지막에 오는 아멘Amen을 그리스어로 표현하면 αμην이며,
각 알파벳에 해당하는 수를 더하면 99이다.

$$α \quad μ \quad η \quad ν$$
$$1 + 40 + 8 + 50 = 99$$

일부 기독교 문헌에서는 기도문의 마지막에 아멘 대신 99로 표기하
기도 한다. 기독교에서는 9가 종말과 완료를 나타내는 수로 보는데, 이
는 1부터 10까지의 자연수에 9를 곱한 후 그 수의 자릿값들을 더하면
항상 9가 된다는 성질과 연결 지을 수도 있다. 예를 들어 2×9=18이

고 18의 십의 자릿값인 1과 일의 자릿값인 8을 더하면 9가 된다. 마찬가지로 $9 \times 9 = 81$이고 $8 + 1 = 9$이다. 이 성질은 최후와 종말이라는 9의 의미에 설득력을 더해준다.

$$1 \times 9 = 9 \qquad\qquad 0 + 9 = 9$$
$$2 \times 9 = 18 \qquad\qquad 1 + 8 = 9$$
$$3 \times 9 = 27 \qquad\qquad 2 + 7 = 9$$
$$4 \times 9 = 36 \qquad\qquad 3 + 6 = 9$$
$$5 \times 9 = 45 \qquad\qquad 4 + 5 = 9$$
$$6 \times 9 = 54 \qquad\qquad 5 + 4 = 9$$
$$7 \times 9 = 63 \qquad\qquad 6 + 3 = 9$$
$$8 \times 9 = 72 \qquad\qquad 7 + 2 = 9$$
$$9 \times 9 = 81 \qquad\qquad 8 + 1 = 9$$
$$10 \times 9 = 90 \qquad\qquad 9 + 0 = 9$$

99 버그

2000년 새천년이 다가오면서 'Y2K 버그(밀레니엄 버그)'와 더불어 '99 버그'에 대한 우려가 적지 않았다. 1999년 9월 9일을 의미하는 990909를 입력하면 컴퓨터가 0을 무효화하여 9999로 인식하게 된다. 그런데 컴퓨터에서 99나 9999는 프로그램 종료 혹은 오류를 나타내는 명령어이기 때문에 혼란이 일어날지 모른다는 점에서 99 버그를 걱정한 것이다.

그러면 프로그램 종료 명령으로 99를 사용한 이유는 무엇일까? 십진법으로 두 자릿수의 마지막은 99이기 때문에 99를 프로그램 종료의 의미로 사용했을 수도 있고, 앞서 소개한 바와 같이 기도의 마지막에 오는 아멘amen이 게마트리아로 99이기 때문일 수도 있다.

Jesus = 888

예수Jesus를 그리스어로 나타내면 ιησους이며, 게마트리아로 계산하면 888이 된다. 기독교에서 8은 부활을 나타내는 수로, 888은 8을 세 번 나열한 수라는 점에서 Jesus의 의미를 찾을 수 있다.

$$\iota \quad \eta \quad \sigma \quad o \quad \upsilon \quad \sigma$$
$$10 + 8 + 200 + 70 + 400 + 200 = 888$$

인류는 '호모 사피엔스(생각하는 인간)', '호모 폴리티쿠스(정치적 인간)', '호모 루덴스(놀이하는 인간)' 등으로 불린다. 여기에 이어 인간이 세상을 수로 표현하고 해석한다는 의미의 '호모 누메리쿠스homo numericus'와 같은 말을 조어할 수 있을 것이다. 모든 것이 수로 표현되고 변환되는 시대에 호모 누메리쿠스는 우리가 맞이할 운명일지도 모르겠다.

13 공포증과 수비주의

13 공포증

서양에서는 13이라는 수에 배반과 불행이 담겨 있다고 생각하고, 특히 13일과 금요일이 겹치면 불길한 날로 여긴다. 최후의 만찬에는 예수와 열두 제자를 포함한 13명이 참석했고, 예수를 배반한 유다가 열세 번째 손님이었으며, 예수가 십자가에 못 박힌 요일이 금요일이기 때문이라는 설이 널리 알려져 있다.

실제로 서양에서는 꼭 금요일이 아니더라도 13일이면 여행객이 줄고 장사도 잘 안되며, 결근하는 직장인도 있다고 한다. 심지어 '13 공포증triskaidekaphobia'이라는 정신의학 용어까지 있을 정도이다. 그러다 보니 층이나 방 번호에서 13을 피하기 위해 Thirteen의 약자 T로 표기하거나, 12와 13을 각각 12A와 12B로 나타내기도 한다.

미스터리 하우스의 13

미국 캘리포니아주 새너제이San Jose의 관광 명소 중의 하나로 윈체스터 미스터리 하우스가 있다. 미스터리 하우스는 총기 회사의 회장이던 남편이 사망한 후 미망인이 된 사라 윈체스터가 1884년부터 시작하여 36년 동안 지은 대저택으로, 무려 160개의 방으로 이루어져 있다. 사라 윈체스터는 남편 회사에서 생산한 총기로 인해 죽은 사람들의 영혼을 달래기 위해 집의 구석구석에 13을 반영한 것으로도 유명하다.

예를 들어 미스터리 하우스에는 13개의 욕실이 있는데, 13번째 욕실에는 13개의 창문이 있고, 스테인드글라스 창문은 13가지 색으로 구성했고, 계단이나 벽 고리의 개수도 13인 식이다. 13에 특별한 의미를 두었던 윈체스터 부인을 기리기 위해 13일의 금요일에는 13시(오후 1시)에 종을 13번 울리는 관행을 유지하고 있다.

윈체스터 미스터리 하우스 로고

윈체스터 미스터리 하우스의 전경

한자 문화권에서 길한 수와 불길한 수

우리나라를 비롯한 한자 문화권에서도 길한 수와 불길한 수가 있다. 가장 대표적인 예로 4가 '죽을 사死'와 발음이 같다는 이유로 기피된다. 어떤 병원은 아예 4층을 두지 않을 정도이다. 중국에서는 8을 길한 숫자로 생각하는데, 중국어로 8의 발음이 '돈을 벌다'라는 뜻의 '발發' 과 비슷하기 때문이다. 또 팔八은 양쪽으로 쭉 뻗어 나가는 모양이어서 사업이 막힘없이 번창하는 것을 상징한다는 해석도 있다. 중국에서 8이 들어가거나 8로만 이루어진 자동차 번호판에는 높은 프리미엄이 붙는다. 중국인은 9도 선호한다. 九와 영원함을 뜻하는 한자 久의 발음이 같기 때문이다. 밸런타인데이에 중국 연인들은 99송이의 장미를 주고받으며 영원한 사랑을 기원하기도 한다.

한자 문화권에서는 숫자의 발음이나 모양과 관련하여 길흉을 따진 반면 서양의 기독교 문화권에서는 13과 같이 종교적 의미와 관련짓는 경우가 많다. 3은 삼위일체를 나타낸다고 해서 중세에는 신성한 수로 취급되었다. 또 7은 신의 수로, 7이 세 번 연속된 777은 가장 길하게 여겨졌다. 슬롯머신에서 777을 당첨 수로 설정한 것도 이와 무관하지 않을 것이다.

수비주의

수에 상징적인 의미를 부여하고 신비화하는 '수비주의數秘主義, numerology' 전통은 만물을 수로 보았던 고대 그리스의 피타고라스 학파로부터 시작되었다. 피타고라스 학파는 1은 이성理性, 2는 여성, 3은 남성, 4는 정의, 5는 결혼, 6은 창조를 상징한다는 식으로 각각의 수에 심오한 의미를 연결시켰다. 그뿐 아니라 피타고라스 학파는 완전수, 친화수, 삼각수 등 수를 여러 가지 기준으로 분류했다.

완전수, 부족수, 과잉수

요즘은 남녀 모두 결혼 연령이 점차 높아지고 있지만, 결혼하기에 가장 적합한 나이가 수학적으로 28세라고 믿었던 시절이 있었다. 이는 28이 완전수라는 사실에서 비롯된 것이다. 28의 약수는 1, 2, 4, 7, 14, 28인데, 이 중 28을 제외한 나머지 약수를 더하면 28이 된다. 자기 자신을 제외한 약수를 진약수라고 하는데, 28과 같이 진약수의 합이 그 수와 같아지는 수를 '완전수perfect number'라고 한다. 자연수 중 가장 작은 완전수는 6이다. 기독교에서는 하나님이 6일 동안 우주 만물을 창조했다는 사실과 6이 완전수라는 점을 연결 짓기도 했다.

이에 반해 8의 진약수를 더하면 1+2+4 =7이므로 8보다 작다. 이런 수를 '부족수deficient number'라고 한다. 노아의 방주에는 8명의 사람이 탔고, 8은 부족수이기 때문에 노아의 방주는 시작부터 불완전하다는 해석으로 이어진다. 마지막으로 '과잉수abundant number'는 12와 같이 진약수의 합 1+2+3+4+6 =16이 그 수보다 큰 경우를 말한다.

$$1+2+3=6 \text{ (완전수)}$$
$$1+2+4<8 \text{ (부족수)}$$
$$1+2+3+4+6>12 \text{ (과잉수)}$$

완전수에 대한 열망은 과잉수 중 일부를 완전수와 비슷하게 만들려는 시도로 이어진다. '반완전수semiperfect number'는 진약수의 일부를 더해 그 수와 같도록 만들 수 있는 수를 말한다. 예를 들어 20의 경우 진약수 1, 2, 4, 5, 10을 모두 더하면 22가 되므로 과잉수이지만, 20의 진약수 중에서 2를 제외하고 더하면 $1+4+5+10=20$이므로 반완전수가 된다.

과잉수 중 일부는 20과 같이 반완전수가 되기도 하지만 그렇지 않은 경우는 '운명수weird number'라고 한다. 70의 경우 진약수 1, 2, 5, 7, 10, 14, 35를 어떤 방식으로 더해 보아도 70을 만들 수 없으므로 운명수이다.

친화수

진약수의 합이 서로 엇갈리면서 같아지는 한 쌍의 수를 '친화수amicable number'라고 한다. 대표적인 친화수의 예는 220과 284로, 220에서 자기 자신을 제외한 약수를 모두 더하면 284가 되고, 역으로 284에서 자기 자신을 제외한 약수를 모두 더하면 220이 된다. 《성경》의 〈창세기〉 32장에는 야곱이 형 에서를 위해 염소와 양을 보냈는데 그 수가 각각 220마리라고 적혀 있다. 또한 《성경》의 〈느헤미야〉 11장에는 "거룩한 성에 레위 사람의 도합이 284명이었느니라"라는 내용이 있다. 여기서 220과 284는 우연이 아니라 의도적인 선택일 가능성이 높다.

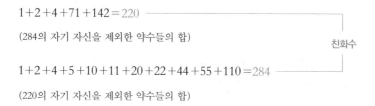

$1+2+4+71+142=220$
(284의 자기 자신을 제외한 약수들의 합)

친화수

$1+2+4+5+10+11+20+22+44+55+110=284$
(220의 자기 자신을 제외한 약수들의 합)

친화수가 되는 수는 (1184, 1210), (2620, 2924), (12285, 14595)와 같이 짝수 쌍 혹은 홀수 쌍이다. 피타고라스 학파는 짝수가 여성, 홀수가 남성을 상징한다고 보았고, 이에 따르면 친화수는 한 쌍의 동성으로 구성된 수이다. 그 때문에 우정을 상징하는 수로 여겨져 '친구수' 또는 '우애수'라고 불리기도 한다.

볼링핀과 포켓볼의 개수는 삼각수

피타고라스 학파는 점을 다각형 모양으로 배열한 '형상수figurate number'도 정의했다. 삼각형 모양으로 점들을 배열했을 때 점의 개수를 삼각수라고 한다. '삼각수triangular number'를 T로, n번째 삼각수는 아래 첨자를 써서 T_n으로 나타내는데, T_n의 세 변은 n개의 점들로 이루어진다.

볼링핀은 앞줄부터 차례로 한 개, 두 개, 세 개, 네 개 순으로 배열되어 정삼각형 모양을 이룬다. 핀의 개수인 10은 네 번째 삼각수 T_4이다. 포켓볼에서는 15개의 공을 정삼각형 모양으로 배열하고 게임을 시작하는데, 이때 공의 개수인 15는 다섯 번째 삼각수 T_5이다.

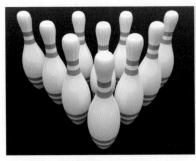

10개의 볼링핀($T_4 = 10$)

15개의 포켓볼($T_5 = 15$)

가우스의 일화

여기서 주목할 만한 사실은 T_4인 10은 1+2+3+4이고, T_5인 15는 1+2+3+4+5라는 점이다. 이로부터 T_n은 1부터 n까지의 합임을 알 수 있다.

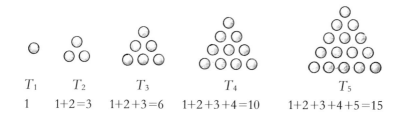

T_1	T_2	T_3	T_4	T_5
1	1+2=3	1+2+3=6	1+2+3+4=10	1+2+3+4+5=15

간단한 삼각수들은 직접 그려 점의 개수를 세어서 구할 수 있지만, 100번째 삼각수 같은 경우는 1+2+…+99+100을 계산해야 하기 때문에 수를 하나하나 더해서는 그 값을 구하기가 쉽지 않다. 이와 관련하여 19세기 독일의 수학자 가우스Carl Friedrich Gauss의 일화가 유명하다.

가우스가 10살 때 초등학교 선생님은 1부터 100까지 모두 더하라는 문제를 냈다. 선생님은 학생들이 계산하려면 시간이 꽤 걸릴 것이라 생각했지만, 가우스는 얼마 지나지 않아 정확하게 계산을 하여 선생님을 놀라게 했다. 가우스는 다음과 같이 간단하면서도 효율적인 방식으로 답을 구한 것이다.

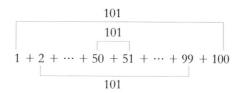

이 식에서 1+100, 2+99, …, 50+51과 같이 그 합은 각각 101이 된다. 1부터 100까지의 합에는 이러한 101이 50개 있으므로 답은 101×50=5050이다.

삼각수를 구하는 공식

삼각수를 구하는 식은 다음과 같이 평행사변형 모양으로 점을 배열하고 대각선을 그어 두 부분으로 분할하여 유도할 수도 있다.

$$2T_2 = 2 \times 3$$
$$T_2 = \frac{2 \times 3}{2}$$

$$2T_3 = 3 \times 4$$
$$T_3 = \frac{3 \times 4}{2}$$

왼쪽 그림의 경우 가로와 세로로 각각 3개와 2개, 총 6개의 점이 있고, 대각선에 의해 나뉜 왼쪽 아랫부분과 오른쪽 윗부분은 각각 T_2가 된다. 두 개의 T_3로 분할되는 오른쪽 그림에 대해서도 이 과정을 적용한 후 그 결과를 공식화하면 다음과 같다.

$$T_n = \frac{n(n+1)}{2}$$

이 식을 이용하면 아무리 큰 n이라도 T_n을 구할 수 있다. 그리고 가우스가 구한 1부터 100까지의 합은 100번째 삼각수인 T_{100}이며, 계산식 101×50은 $T_{100} = \dfrac{100 \times 101}{2}$ 과 같음을 알 수 있다.

사각수

삼각수뿐 아니라 점을 정사각형으로 배열한 사각수도 정의할 수 있다. '사각수square number'는 S로, n번째 사각수는 S_n으로 나타낸다. 첫 번째부터 네 번째까지의 사각수는 다음과 같으며, 이로부터 $S_n = n^2$임을 알 수 있다.

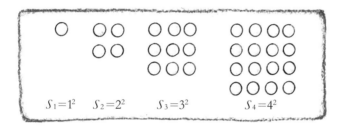

$$S_1 = 1^2 \qquad S_2 = 2^2 \qquad S_3 = 3^2 \qquad S_4 = 4^2$$

사각수를 다음과 같이 분해하면, n번째 사각수는 1부터 n번째 홀수까지의 합이 된다.

$$S_1 = 1 \qquad S_2 = 1+3 \qquad S_3 = 1+3+5 \qquad S_4 = 1+3+5+7$$

또 사각수는 다음과 같이 두 삼각수로 분해할 수 있으며, 이를 일반화하면 관계식 $S_n = T_n + T_{n-1}$을 얻을 수 있다.

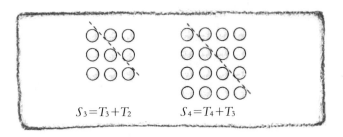

$S_3 = T_3 + T_2$ $S_4 = T_4 + T_3$

위와 같은 방식으로 삼각수, 사각수에 이어 오각수pentagonal number도 만들 수 있다.

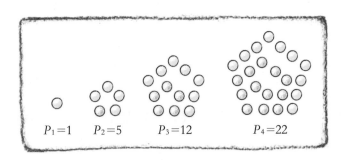

$P_1 = 1$ $P_2 = 5$ $P_3 = 12$ $P_4 = 22$

앞으로 읽으나 뒤로 읽으나 같은 숫자

2002는 대칭숫자

앞으로 읽으나 뒤로 읽으나 같은 단어나 문장을 '회문回文, palindrome'이라고 한다. '토마토', 'rotator(회전자)'와 같은 단어나 '다들 잠들다', 'Never odd or even'과 같은 문장이 회문이다.

단어나 문장과 마찬가지로 앞뒤가 대칭인 숫자를 '회문숫자' 혹은 '대칭숫자'라고 한다. 2002년의 2002는 앞으로 읽거나 뒤로 읽거나 같은 대칭숫자이다. 2002 다음의 대칭숫자는 2112이므로 2002년은 21세기 처음이자 마지막인 대칭숫자의 해이다. 수명을 연장할 수 있는 획기적인 방법이 개발되지 않는 한, 현재 생존하고 있는 인간이 다음 대칭숫자의 해를 맞이하기는 쉽지 않다.

대칭숫자 만들기

대칭숫자를 만드는 몇 가지 방법을 알아보자. 47+74=121처럼 어떤 수와 그 수를 거꾸로 적은 수를 더해서 만들 수도 있다. 그런데 39+93=132와 같이 한 번에 대칭숫자가 되지 않을 경우에는 132+231=363과 같이 한 번 더 뒤집어 더하면 대칭 숫자가 된다.

이러한 과정을 여러 번 반복해야 하는 경우도 있는데, 예를 들어 89로 대칭 숫자를 만들려면 뒤집어 더하는 과정을 24회 반복해야 한다.

89 + 98 = 187 [1회]

187 + 781 = 968 [2회]

968 + 869 = 1837 [3회]

1837 + 7381 = 9218 [4회]

9218 + 8129 = 17347 [5회]

17347 + 74371 = 91718 [6회]

91718 + 81719 = 173437 [7회]

193437 + 734371 = 907808 [8회]

907808 + 808709 = 1716517 [9회]

1716517 + 7156171 = 8872688 [10회]

8872688 + 8862788 = 17735476 [11회]

17735476 + 67453771 = 85189247 [12회]

85189247 + 74298158 = 159487405 [13회]

159487405 + 504784951 = 664272356 [14회]

664272356 + 653272466 = 1317544822 [15회]

1317544822 + 2284457131 = 3602001953 [16회]

3602001953 + 3591002063 = 7193004016 [17회]

7193004016 + 6104003917 = 13297007933 [18회]

13297007933 + 33970079231 = 47267087164 [19회]

47267087164 + 46178076274 = 93445163438 [20회]

93445163438 + 83436154439 = 176881317877 [21회]

176881317877 + 778713188671 = 955594506548 [22회]

955594506548 + 845605495559 = 1801200002107 [23회]

1801200002107 + 7012000021081 = 8813200023188 [24회]

10000 이하 수의 약 80%는 4회 이하의 과정으로 대칭숫자가 되고, 약 90%는 7회 이하의 과정으로 대칭숫자가 된다. 그런데 196의 경우 뒤집어 더하는 과정을 무수히 반복했는데도 아직 대칭숫자에 도달하지 못했다. 이런 수를 '라이크렐 수Lychrel number'라고 하는데, 196은 라이크렐 수일 가능성이 높지만 아직 증명되지는 않았다.

한편 12×21＝252와 같이 수를 뒤집어 곱하면 대칭숫자가 되기도 하고, 77×78＝6006과 같이 연이은 두 수를 곱해서 대칭숫자가 되는 경우도 있다. 그뿐만 아니라 11×11＝121, 111×111＝12321과 같이 1로만 이루어진 수를 제곱하면 대칭숫자을 얻을 수 있다. 하지만 1의 개수가 9개를 넘어갈 때부터는 해당되지 않는다.

대칭숫자의 개수

한 자릿수는 모두 대칭숫자이다. 두 자리 대칭숫자는 11부터 99까지 모두 9개이다. 그렇다면 세 자리, 네 자리 대칭숫자는 각각 몇 개씩일까?

세 자리 대칭숫자는 aba로 놓을 수 있다. 백의 자릿수 a에는 1부터 9까지 9개의 수가 올 수 있고, 십의 자릿수 b에는 0부터 9까지 10가지의 수가 올 수 있으며, 일의 자릿수는 a로 고정된다. 따라서 101, 111, …, 989, 999까지 모두 90가지의 세 자리 대칭숫자가 가능하다.

$$a \qquad b \qquad a$$
9가지×10가지×1가지＝90가지

마찬가지 방식으로 따져 보면 네 자리 대칭숫자도 총 90개가 된다. 그런데 네 자리의 대칭숫자는 모두 11의 배수라는 공통 성질이 있다. 네 자리 대칭숫자를 $abba$라고 놓으면 $1000a+100b+10b+a$이고 이를 정리하면 $1001a+110b$이다. 그런데 $1001a+110b=11\,(91a+10b)$이므로 네 자리 대칭숫자는 11의 배수이다.

365의 해석

사람들이 다양한 방법으로 대칭숫자를 만드는 이유는 무엇일까? 수의 특수한 성질이 정수론이라는 수학 분야에서 이론적 의의를 갖기 때문이기도 하고, 수에서 여러 가지 규칙성을 찾고자 하는 인간의 본질적인 호기심의 발로이기도 하다.

예를 들어 1년을 나타내는 365는 100과 121과 144의 합인데, 연속된 세 수 10, 11, 12를 각각 제곱한 수의 합이다.

$$365 = 100 + 121 + 144 = 10^2 + 11^2 + 12^2$$

또 $365 = (2^3 \times 3^2 + 1) \times (2 + 3)$이므로, 365는 1과 2와 3의 세 수로 표현할 수 있다. 사람의 정상 체온이 36.5℃인 것까지도 1년 365일과 관련짓는 것을 보면, 좀 과하다는 생각이 들기도 하지만, 365에 뭔가 심오한 뜻이 있어 보이기도 한다.

1729는 하디-라마누잔 수

수에 숨겨진 성질을 탐구하는 것은 천재 수학자의 일화에 자주 등장한다. 대표적인 예가 영국의 수학자 하디Godfrey H. Hardy와 인도의 수학자 라마누잔Srinivasa Ramanujan이다.

라마누잔(1887~1920)

하디(1877~1947)

어느 날 라마누잔이 병석에 누워 있을 때 문병을 온 하디는 자신이 타고 온 택시 번호 1729가 별 특징이 없는 수라고 말했다. 사실 하디는 1729가 133×13이기 때문에 불길한 숫자인 13이 1729의 약수라는 점이 마음에 걸려서 그런 말을 한 것이었다. 그러자 라마누잔은 몸져누워서도 다음과 같이 대답했다.

"아니, 1729는 대단히 재미있는 수입니다. 1729는 9와 10을 각각 세제곱한 수의 합이자, 1과 12를 각각 세제곱한 수의 합으로, 두 가지 다른 세제곱의 합으로 나타낼 수 있는 가장 작은 수입니다."

$$1729 = 729 + 1000 = 9^3 + 10^3$$

$$= 1 + 1728 = 1^3 + 12^3$$

이런 연유로 1729는 '하디-라마누잔 수'라고 불린다. 이 일화는 라마누잔의 이야기를 다룬 영화 〈무한대를 본 남자〉에도 등장한다. 라마누잔이 1729라는 택시 번호를 듣자마

영화 〈무한대를 본 남자〉의 한 장면

자 그렇게 대답한 것은 대단하기는 하지만, 사실 세제곱의 합이 두 가지인 수 가운데 가장 작은 수는 1729가 아니라 91이다.

$$91 = 27 + 64 = 3^3 + 4^3$$

$$= 216 + (-125) = 6^3 + (-5)^3$$

1729가 답이 되려면 양수라는 조건이 추가되어야 한다. 결과적으로 라마누잔의 답변에 약간의 오류가 있기는 하지만, 세계적인 수학자가 되려면 수의 본질을 꿰뚫는 그 정도의 직관력은 가져야 하나 보다.

137과 물리학자 파울리

라마누잔과 비슷한 일화를 물리학에서도 찾아볼 수 있다. 이론물리학자 파인만Richard Feynman이 '마법의 숫자'라고 부른 137은 미세구조상수fine structure constant인 $\frac{1}{137}$의 분모이다. 미세구조상수는 기본 전하, 플랑크 상수, 빛의 속도를 결합한 것으로, 계산을 하면 신기하게도 모든 단위들이 상쇄되어 $\frac{1}{137}$이라는 수만 남는다. 1945년 노벨물리학상을 받은 양자역학의 대가 파울리Wolfgang Pauli는 평소 이 숫자에 매료되어 137호실을 선호했고, 임종을 맞이한 것도 137호실이라고 한다.

MATH VITAMIN 8

스포츠 스타들의 등 번호

유명 스포츠 선수들의 등 번호

손흥민 7번, 박지성 13번, 마이클 조던 23번, 박찬호 61번.

이 번호들의 공통점은 1과 자기 자신만을 약수로 갖는 '소수素數'이다. 우연인지 아니면 의도적인 선택인지 모르지만, 유명 스포츠 선수의 등 번호는 소수인 경우가 많다. 소수는 영어로 'prime number'라고 하는데 prime에는 '중요한'이라는 뜻이 있다. 따라서 팀에서 중요한 역할을 하는 prime player들은 prime number를 등 번호로 갖는다고 해석할 수 있다.

자연수는 소수와 소수가 아닌 수, 즉 합성수로 이루어져 있다. 그런데 모든 합성수는 $4 = 2 \times 2$, $6 = 2 \times 3$, $8 = 2 \times 2 \times 2$, …와 같이 소수의 곱으로 나타낼 수 있다. 즉 소수만 있으면 그 곱을 통해 모든 자연수를

토트넘의 7번 손흥민

맨체스터 유나이티드의
13번 박지성

LA 다저스의 61번 박찬호

시카고 불스의 23번 마이클 조던

만들 수 있기 때문에, 소수는 그만큼 중요한 수라고 할 수 있다.

노두의 판매 전략

소주 1병을 소주잔에 찰랑거리게 따르면 7잔이 나온다. 그러니 소주 1병을 두 사람이 똑같이 3잔씩 나눠 마시면 1잔이 남고, 세 사람이 나누면 2잔씩 마시고 1잔이 남는다. 또 네 사람이 나누면 2잔씩 마시기에 1잔이 부족하다. 이는 7이 소수, 즉 1과 자기 자신만을 약수로 하는 수이기 때문이다.

만일 1병에서 8잔이 나온다면 둘이나 넷이 마실 때 4잔 혹은 2잔씩 공평하게 마실 수 있다. 그런데도 굳이 7잔이 되게 한 것은 조금 남거나 부족한 술로 인해 소주를 더 시키게 하려는 전략이 없지 않아 있을 것이다.

17년 매미와 13년 매미

여름의 전령인 매미 중에는 매해 여름마다 출현하는 종도 있지만, 몇 년을 주기로 나타나는 종도 있다. 매미가 성충으로 울 수 있는 것은 일생에서 몇 주 되지 않는 아주 짧은 기간이다. 매미는 이 기간에 짝짓기를 하여 알을 낳고는 일생을 마감한다. 알에서 부화한 애벌레는 상당히 긴 시간 동안 땅속에서 생활하는데, 이 기간이 매미의 출현 주기이다.

북아메리카에서 볼 수 있는 '17년 매미'는 이름 그대로 17년을 주기로 하며, 13년이나 7년을 수명으로 하는 매미도 있다. 우리나라에 흔한 참매미와 유자매미의 주기는 5년이다. 이 매미들의 주기인 5, 7, 13, 17의 공통점은 모두 소수라는 점이다.

천적을 피하다

이에 대한 해석 중의 하나는 매미가 천적을 피하기 위해 주기가 소수가 되도록 적응해 왔다는 설이다. 출현 주기가 소수인 매미는 성충이 되어 땅 밖으로 나왔을 때 천적과 만날 가능성이 비교적 적기 때문이다.

예를 들어 매미의 주기가 6년이고 천적의 주기가 2년 또는 3년이라면 매미와 천적은 6년마다 만나고, 주기가 4년인 천적과는 12년마다 만난다. 그렇지만 매미의 주기가 5년이면 주기가 2년인 천적과는 10년마다, 주기가 3년인 천적과는 15년마다, 또 4년인 천적과는 20년마다 만나게 된다. 즉, 주기가 6년에서 5년으로 줄어들면 천적과 만나는 시간 간격은 도리어 길어진다. 5가 소수이기 때문이다.

매미의 주기	천적의 주기	매미와 천적이 만나는 주기
	2년	6년
6년	3년	6년
	4년	12년
	2년	10년
5년	3년	15년
	4년	20년

먹이 경쟁을 돌이다

매미의 소수 주기를 먹이 경쟁의 관점에서 설명할 수도 있다. 여러 종의 매미들이 동시에 출현하게 되면 먹이를 둘러싼 경쟁이 치열해지므로, 가능하면 주기가 겹치지 않는 것이 유리하다. 예를 들어 매미의 주기가 15년과 18년이라면 두 매미가 동시에 출현하는 시기는 15와 18의 최소공배수인 90년에 한 번씩 돌아온다. 그런데 소수 주기를 갖는 13년 매미와 17년 매미가 동시에 활동하는 시기는 13과 17의 최소공배수인 221년마다 한 번씩 돌아온다. 즉 매미의 주기가 줄었는데도 만나는 시간 간격은 더 길어진다. 두 소수의 최소공배수는 두 수의 곱이기 때문에 상대적으로 큰 수가 되며, 그만큼 매미는 치열한 먹이 경쟁을 피해갈 수 있다.

원래 매미의 주기는 소수인 경우도 있고 합성수인 경우도 있었을 것이다. 그렇지만 오랜 시간에 걸쳐 진화해 오면서 합성수 주기의 매미들은 천적에 잡아먹히거나 극심한 먹이 경쟁으로 인해 도태되고, 상대적으로 유리한 조건에 있는 소수 주기의 매미들이 남게 된 것이다. 삼라만상이 다 나름의 생존 전략을 가지고 있을진대 매미 역시 예외는 아니다.

노누 137, 73

소수는 수학자들의 최애最愛 대상이다. 영국의 한 수학자는 소수인 차 번호판을 달고 싶어, 부여받은 합성수 번호판들을 여러 이유로 거절하다가 마침내 소수 번호를 받았다고 한다. 앞서 소개한, 물리학자 파울리가 매료되었던 137은 33번째 소수이기도 하다.

미국 인기 TV 시리즈 〈빅뱅이론〉에서, 주인공 셸던 쿠퍼는 사회 부적응자인 엘리트 과학자로 나오는데, 그가 가장 좋아하는 수가 73이다. 73은 소수라는 점 이외에도 독특한 성질이 있다. 73의 십의 자리 7과 일의 자리 3을 곱하면 21이다. 우연히도 73은 21번째 소수이다. 또 73을 뒤집으면 37인데, 37은 21번째를 뒤집은 12번째 소수이다.

73이 새겨진 티셔츠를 입은 〈빅뱅이론〉의 주인공

73	7 × 3 = 21	21번째 소수
37		12번째 소수

그뿐만 아니라 73을 이진법으로 나타내면 1001001, 즉 앞으로 읽으나 뒤로 읽으나 같은 대칭숫자이다. 73의 흥미로운 성질을 생각하면, 주인공의 애착도 일면 이해가 된다.

MATH
VITAMIN
9

암호를 풀어라

메르센 노부

프랑스의 성직자이자 수학자인 메르센
Marin Mersenne은 자신의 이름을 딴 '메르센 소
수'를 정의했다. 2의 거듭제곱에서 1을 뺀
것이 소수일 때 이를 메르센 소수라고 한다.
첫 번째 메르센 소수는 $2^2 - 1 = 3$이고, 두 번
째 메르센 소수는 $2^3 - 1 = 7$이다. 그다음인
$2^4 - 1 = 15$는 소수가 아니므로 건너뛰고, 세

마랭 메르센(1588~1648)

번째 메르센 소수는 $2^5 - 1 = 31$이 된다. 처음에는 메르센 소수가 쉽게
찾아지지만, n이 커지면 $2^n - 1$이 합성수일 가능성이 높아지기 때문에
메르센 소수가 드물게 나타난다.

1963년에 미국 일리노이 대학에서는 23번째 메르센 소수를 발견했는데, 이를 기념하기 위하

23번째 메르센 소수의 발견을 기념하는 우표

여 '$2^{11213}-1$은 소수이다'라고 새긴 우편 스탬프를 만들기도 했다.

메르센 소수의 발견사

최근 발견된 메르센 소수와 그 시기를 열거하면 다음과 같다.

2013년 1월: 48번째 메르센 소수

2016년 1월: 49번째 메르센 소수

2017년 12월: 50번째 메르센 소수

2018년 12월: 51번째 메르센 소수

지금까지 발견된 가장 큰 메르센 소수는 51번째 메르센 소수인 $2^{82589933}-1$로, 약 2486만 자릿수이다. 이는 메르센 소수를 찾는 공동 프로젝트인 GIMPS Great Internet Mersenne Prime Search에 참여한 연구진이 밝혀낸 것으로, 35번째 메르센 소수 이후부터는 모두 GIMPS를 통해 찾아낸 것이다.

암호화에 유용한 소수

소수에 대한 연구는 아주 일찍부터 이루어졌다. 기원전 약 300년 전의 수학자 유클리드Euclid는 이미 소수가 무한히 많다는 것을 증명하여 소수의 개수에 대한 궁금증을 해결했다. 소수는 무한히 많으므로 제일 큰 소수란 것이 존재하지 않는다는 것을 알면서도 사람들은 더욱 큰 소수, 새로운 소수를 찾으려는 노력을 계속해 왔다.

그렇다면 수학자들은 왜 이렇게 큰 소수를 찾는 일에 관심을 쏟는 것일까? 소수를 찾는 것 자체가 수학적으로 큰 의미가 있기 때문이기도 하지만, 소수가 암호학에서 중요한 역할을 하기 때문이다. 아주 큰 두 소수를 곱하여 합성수를 만들고, 그 합성수가 어떤 소인수로 이뤄져 있는지 알아야 암호를 풀 수 있게 하는 것이다.

큰 수끼리 곱하는 것은 순식간이기 때문에 그 역과정인 소인수분해를 할 때도 시간이 얼마 걸리지 않을 것이라는 예상과 달리, 속도가 빠른 슈퍼 컴퓨터라 할지라도 큰 수를 소인수분해 하는 데는 오랜 시간이 걸린다.

RSA 암호

현대 암호의 대표격인 RSA 암호는 소인수분해에 오랜 시간이 걸린다는 성질을 이용한다. RSA는 이를 연구한 라이베스트Ron Rivest, 샤미르Adi Shamir, 애들먼Leonard Adleman의 첫 알파벳을 딴 것으로, 이 세 사람은 RSA 암호를 연구한 공로로 2002년 튜링상을 수상했다.

RSA 암호의 아이디어를 생각해 낸 것은 1977년으로, 그해 〈사이언티

RSA의 연구자
(왼쪽부터 샤미르, 라이베스트, 애들먼)

튜링상

픽 아메리칸Scientific American〉 저널에는 상금이 걸린 소인수분해 문제가 등장했다. 소수 두 개의 곱으로 표현되는 129자리 합성수의 소인수분해 문제였다. RSA-129라고 불리는 이 문제는 17년 만인 1994년, 600여 명의 자원자가 인터넷으로 1600대의 컴퓨터를 연결해 공동 작업을 한 후에야 풀렸다.

114381625757888867669235779976146612010218296721242362562561842935706
9352457338978305971235639587050589890751475992900026879543541

=

3490529510847650949147849619903898133417764638493387843990820577

×

32769132993266709549961988190834461413177642967992942539798288533

양자 컴퓨터의 등장

암호는 언젠가는 풀리게 되어 있으니 해독되기까지의 시간을 오래

지연시킬 수 있으면 좋은 암호다. 그런 측면에서 볼 때 RSA 암호는 효율성이 높다. 하지만 양자 컴퓨터가 등장하면서 난공불락 같던 RSA 암호도 더 이상 안전하지 않으리란 전망이 나오고 있다.

전통적인 반도체 컴퓨터의 비트bit는 0과 1의 이진법 체계이지만, 양자 컴퓨터는 0과 1 사이의 연속적인 값을 갖는 큐비트qubit라는 양자 이진법 단위를 사용해서 더 많은 정보를 다룬다. 기존 컴퓨터에서는 소인수분해에 긴 시간이 걸렸지만, 양자 컴퓨터는 양자얽힘 현상을 이용해 새로운 방식으로 연산을 하기 때문에 소인수분해가 쉬워진다. 그런 연유로 미국 국가안보국NSA은 RSA 암호 체계가 맥없이 풀려 버릴 것에 대해 경고했다. 이제 수학자들은 양자 컴퓨터로도 풀기 어렵다는 '양자내성암호Post-Quantum Cryptography, PQC'를 연구하고 있다.

나바호 인디언의 암호

태평양 전쟁 때 일본에 암호를 번번이 해독 당한 미국은 나바호 인디언의 부족 언어로 암호를 만들어 기밀을 유지할 수 있었다. 당시 암호병으로 나바호 인디언들이 활약했고, 그런 공로로 나바호 인디언들은 현재 가장 넓은 인디언 보호 구역 안에 살고 있다.

현대의 수학자들은 RSA 암호로 금융 거래가 안전하게 이루어지는 데 기여해 왔고, 양자내성암호를 비롯해 보안성이 더 높은 차세대 암호를 연구하고 있다. 수학이 실생활에 가시적인 도움을 주지 못한다고 여기는 사람들도 있지만, 암호학이 보안에 기여한 바만 고려하더라도 수학자들은 사회에서 충분히 대접받을 권리가 있는 것이다.

일상 속의 대수

2

수학은 연관성이 전혀 없을 것 같은 분야에서 유용성을 발휘하곤 한다. 그런 예를 하나씩 살피다 보면 수학이 우리 생활 가까운 곳으로 성큼 다가와 있음을 느낄 수 있다.

바코드의 검증 숫자는
안전장치

바코드의 검증 숫자

스캔하면 컴퓨터에 상품 번호가 자동으로 입력되는 바코드가 지금
은 너무나 일상화되었지만, 물건의 가격을 일일이 계산기에 찍던 시절
에 처음 등장했을 때는 그 편리함으로 모두를 감탄케 했다. 바코드
barcode라고 부르는 이유는 검은색의 선bar 배열이 물건에 대한 정보를
제공하는 코드code 역할을 하기 때문이다.

물건을 살 때 혹시 바코드가 잘못 스캔되어 엉뚱한 가격이 입력되지
않을까 노파심이 들 수 있지만, 그건 기우에 가깝다. 바코드에는 '검증
숫자check digit'라는 안전장치가 있어 대부분의 오류를 방지할 수 있기
때문이다.

KAN

바코드는 물건의 가격뿐 아니라, 어떤 국가의 어느 회사에서 생산된 어떤 종류의 물건인지에 대한 정보가 종합적으로 담겨 있다. 우리나라의 바코드KAN, Korean Article Number는 국제상품번호International Article Number 방식을 따른다.

바코드 중 제일 앞의 숫자 세 자리는 제조국가를 나타내는데, 우리나라는 880이다. 그다음은 제조업자와 상품의 정보를 담은 아홉 자리의 수이다. 그리고 마지막의 숫자는 앞의 코드에 따라 결정되는 검증 숫자이다.

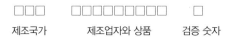

| 제조국가 | 제조업자와 상품 | 검증 숫자 |

바코드를 구성하는 마지막 숫자인 검증 숫자에는 수학적 원리가 담겨 있다. 홀수 번째 숫자를 합한 값과 짝수 번째 숫자의 합을 3배 한 값을 더했을 때, 총합이 10의 배수가 되도록 해주는 한 자릿수로 검증 숫자를 정한다.

예를 들어 앞의 열두 자리가 880103544789인 경우 검증 숫자를 구해 보자.

(홀수 번째 자릿수의 합)+3×(짝수 번째 자릿수의 합)

$(8+0+0+5+4+8)+3×(8+1+3+4+7+9)+$ 검증 숫자 ⇒ 10의 배수

121   + 검증 숫자 ⇒ 10의 배수

이 식에서 전체의 합이 10의 배수인 130이 되기 위한 검증 숫자는 9이다.

담배의 경우 열세 자리 표준형을 간편화한 여덟 자리 바코드를 사용한다. 이런 단축형에서는 마지막의 8번째가 검증 숫자이기 때문에 3배를 하는 가중치를 짝수 번째 자리가 아닌 홀수 번째 자리에 둔다. 즉, 홀수 번째 숫자의 합을 3배 한 값과 짝수 번째 숫자를 합한 값을 더하면 10의 배수가 나오도록 해주는 숫자로 검증 숫자를 정한다.

바코드의 앞 일곱 자리가 8800359인 경우 이 원리에 따라 검증 숫자를 구하면 $3 \times (8+0+3+9)+(8+0+5)=73$이기 때문에 총합이 10의 배수인 80이 되기 위해서 검증 숫자는 7이어야 한다.

ISBN

도서에는 국제표준도서번호 ISBN, International Standard Book Number 가 붙어 있는데, 마찬가지로 마지막 숫자가 검증 숫자이다.

□□	□□□□	□□□	□
발행국가	발행자	책	검증 숫자

ISBN의 검증 숫자는 10개의 수에 10부터 1까지의 자연수를 차례로 곱해서 더한 합이 11의 배수가 되도록 정한다. 이 경우 검증 숫자는 0부터 10까지의 수가 되는데, 만약 검증 숫자가 10일 경우는 X로 나타낸다.

예를 들어 어떤 책의 ISBN의 앞 아홉 자리가 890007248라고 하자.

8　9　0　0　0　7　2　4　8　검증 숫자

↓　↓　↓　↓　↓　↓　↓　↓　↓

$(10 \times 8) + (9 \times 9) + (8 \times 0) + (7 \times 0) + (6 \times 0) + (5 \times 7) + (4 \times 2) + (3 \times 4) + (2 \times 8) + (1 \times 검증 숫자)$

232　　　　　　　　　　　　+ 검증 숫자 ⇒ 11의 배수

이 식에서 좌변이 11의 배수인 242가 되기 위해서는 검증 숫자가 10(x)이 되어야 한다.

8 9 0 0 0 7 2 4 8 X

ISBN을 KAN으로

책을 일반 상품으로 간주할 때에는 ISBN을 KAN으로 바꾸어야 한다. 이때 KAN에서 통상적으로 사용되는 앞의 세 자리 국가 코드 대신 978을 붙인다. 그다음에 검증 숫자를 제외한 ISBN의 아홉 자리 숫자를 붙인 후, KAN 방식으로 검증 숫자를 결정한다.

예를 들어 ISBN의 앞자리가 890007248이면, KAN 방식에 따라 그 앞에 978을 붙여 978890007248을 만든 후에 검증 숫자를 구한다.

(홀수 번째 자릿수의 합) + 3 × (짝수 번째 자릿수의 합)

$(9 + 8 + 9 + 0 + 7 + 4) + 3 \times (7 + 8 + 0 + 0 + 2 + 8) + 검증 숫자 ⇒ 10의 배수$

112　　　　　　　　　　+ 검증 숫자 ⇒ 10의 배수

이 식에서 전체의 합이 10의 배수인 120이 되기 위해서는 검증 숫자가 8이어야 한다.

바코드 디자인

코드는 이진법을 이용한다. 검정색은 1, 흰색은 0을 나타내는데, 검정색 바의 두께와 흰색 스페이스 폭의 비율에 따라 코드가 달라진다. 이때 바의 길이는 중요하지 않기 때문에 여러 형태로 변형한 바코드 디자인이 가능하다.

다양한 디자인의 바코드

바코드에서 QR코드로

바코드는 기본적으로 1차원이다 보니 담을 수 있는 정보가 제한적이다. 그래서 등장한 것이 가로와 세로, 즉 2차원적으로 정보를 담는 QR코드Quick Response code다. QR코드는 가로와 세로가 최소 21×21에서 시작해 4씩 증가하여 최대 177×177까지 40가지 버전이 있는데, 수많은 흑백 셀로 구성되어 다양한 정보를 담을 수 있다. 숫자는 최대 7089자, 아스키코드 문자는 최대 4296자, 한자는 최대 1817자를 담을 수 있다.

QR코드에는 세 귀퉁이(상단의 왼쪽과 오른쪽, 하단의 왼쪽)에 위치 정보를 알려주는 작은 정사각형이 3개 배치되어 있고, 얼라인먼트 패턴, 타이밍 패턴, 포맷 정보 등이 들어 있다.

바코드가 얼룩말의 무늬 같다면, QR코드는 표범의 무늬와 비슷하다. 바코드에 검증 숫자가 있듯이, QR코드에는 손상된 코드를 복원하여 오류를 정정하는 장치가 있다. 이 장치는 수학적 방법인 리드-솔로몬 부호Reed-Solomon code를 이용한 것이다. 바코드이건 QR코드이건 오류를 방지하는 장치는 수학에 기반한다는 점에서 공통점을 갖는다.

얼룩말과 바코드

표범과 QR코드

신용카드의 검증 눈자

신용카드에도 번호 입력의 오류를 방지하기 위한 검증 숫자가 있다. 신용카드 중 마스터 카드의 번호는 51부터 55 사이의 수로 시작하는 열여섯 자리이고, 비자 카드는 4로 시작하는 열세 자리나 열여섯 자리의 번호를 갖는다. 또 아메리칸 익스프레스 카드의 번호는 34나 37로 시작하는 열다섯 자릿수이다.

신용카드의 검증 숫자는 바코드와 마찬가지로 마지막 숫자이다. 검증 숫자를 제외한 열다섯 자릿수가 5368 2358 9683 113인 경우의 검증 숫자를 구해 보자.

우선 홀수 번째 숫자들을 2배 해서 적는다. 그렇게 나온 값의 각 자릿수를 모두 더한다.

$2\times5=10, \ 2\times6=12, \ 2\times2=4, \ 2\times5=10, \ 2\times9=18, \ 2\times8=16, \ 2\times1=2, \ 2\times3=6$

$\downarrow \qquad \downarrow \qquad \downarrow \qquad \downarrow \qquad \downarrow \qquad \downarrow \qquad \downarrow \qquad \downarrow$

$1+0 \ + \ 1+2 \ + \ 4 \ + \ 1+0 \ + \ 1+8 \ + \ 1+6 \ + \ 2 \ + \ 6 = 33$

짝수 번째 수들은 그대로 더한다.

$$3 + 8 + 3 + 8 + 6 + 3 + 1 = 32$$

여기까지 구한 두 수 33과 32를 더하면 65가 되는데, 검증 숫자까지 더한 전체 합이 10의 배수가 되도록 검증 숫자를 정한다. 이 카드의 경우, 전체 합이 10의 배수인 70이 되려면 검증 숫자는 5가 되어야 한다.

이런 방식으로 검증 숫자를 정하는 방식을 룬 공식Luhn formula이라고 하며, 비자 카드도 마스터 카드와 같은 방법으로 검증 숫자를 정한다. 단, 아메리칸 익스프레스 카드는 룬 공식을 따르되, 처음 두 수인 34나 37을 계산에 반영하지 않는다.

주민등록번호의 검증 숫자

주민등록번호는 앞의 여섯 자리가 생년월일, 뒤의 일곱 자리가 개인 정보로 총 열세 자리이다. 뒤의 일곱 자리 중 첫 번째 숫자는 성별 코드이다. 원래 남자는 1이고 여자는 2인데, 2000년대 출생자부터는 남자는 3, 여자는 4이다. 두 번째부터 다섯 번째까지 숫자는 출생 신고를 한 지역을 나타내는 코드이다. 여섯 번째 숫자는 출생 신고가 당일 그 지역에서 몇 번째로 접수된 것인지를 나타내는데, 요즘 같은 저출생 상황에서는 대개 5를 넘지 않는다. 그리고 마지막의 일곱 번째가 검증 숫자이다.

□□□□□□	-	□	□□□□	□	□
생년월일		성별 코드	지역 코드	출생 신고 순서	검증 숫자

주민등록번호의 검증 숫자를 구하는 방법은 약간 복잡하다. 검증 숫자를 제외한 앞의 열두 자리에 2부터 9까지 일련의 수를 곱한다. 생년월일에 2부터 7까지를 각각 곱하고, 그 뒤의 여섯 자리에 8과 9, 그리고 다시 2에서 시작하여 5까지를 곱한 후 그 값들을 모두 더한다. 이

합에 검증 숫자까지 더한 총합이 11의 배수가 되어야 한다. 이 경우 검증 숫자는 0부터 10까지의 수가 되는데, 검증 숫자가 10인 경우는 0으로 정한다.

예를 들어 2004년 4월 16일에 태어난 남학생의 검증 숫자를 제외한 주민등록번호가 040416-303722라고 하자.

0	4	0	4	1	6	-	3	0	3	7	2	2	검증 숫자
↓	↓	↓	↓	↓	↓		↓	↓	↓	↓	↓	↓	

$(2\times0)+(3\times4)+(4\times0)+(5\times4)+(6\times1)+(7\times6)$ + $(8\times3)+(9\times0)+(2\times3)+(3\times7)+(4\times2)+(5\times2)$

149 + 검증 숫자 ⇒ 11의 배수

이 식에서 좌변의 합이 11의 배수인 154가 되기 위한 검증 숫자는 5이다. 따라서 주민등록번호는 040416-3037225가 된다.

검증 숫자는 안전장치

인터넷상에서 주민등록번호를 급조해서 아이디를 만들 수 없는 이유는 검증 숫자로 그 번호가 맞는지를 확인하기 때문이다. 물론 검증 숫자는 0부터 9까지의 수이므로 우연히 맞을 가능성을 배제할 수는 없지만, 수학적 원리를 이용한 검증 숫자는 가짜 주민등록번호가 횡행하는 것을 상당 부분 방지할 수 있다.

그런데 2020년 10월부터는 검증 숫자를 사용하지 않는다. 주민등록번호의 지역 코드가 특정 지역 출신에 대한 차별을 가져올 수 있다는 지적에, 주민등록번호 뒤의 일곱 자리에서 성별 코드를 제외한 나머지 여섯 자리에 임의 번호를 부여하는 방식으로 개편되었다. 1975년 만들어져 45년간 쓰인 주민등록번호 체계가 바뀜에 따라 주민등록번호의 도용을 방지하는 수학적 안전장치인 검증 숫자도 사라졌다는 점이 아쉬움으로 다가온다.

A4 용지에 담긴
절약 정신

A4의 규격

종이 용지로 가장 흔하게 사용되는 A4의 규격은 210mm×297mm이다. A4의 폭과 길이의 비를 2:3이나 2:4와 같이 간단한 정수비가 되도록 정하지 않고, 복잡해 보이는 수치를 선택한 이유는 무엇일까?

A4의 규격에는 종이를 최대한 절약하려는 의도가 담겨 있다. 국제표준화기구ISO는 큰 종이를 반으로 자르는 과정을 몇 번 반복했는가에 따라 용지의 명칭을 붙인다. A4는 A0를 반으로 자르는 과정을 네 번 되풀이한 것이고, B5는 B0를 반으로 자르는 과정을 다섯 번 반복한 것이다.

종이의 효율적 이용을 염두에 둘 때, 종이를 절반으로 자르는 과정에서 지켜야 할 조건은 무엇일까? 예를 들어 A4를 2배로 확대 복사하여 A3로 옮기거나, 반으로 축소 복사하여 A5로 옮긴다고 하자. 이러한 확대나 축소 시 폭이나 길이가 남아 종이를 버리지 않으려면, A4와 A3와 A5의 폭과 길이의 비가 일정해야 한다.

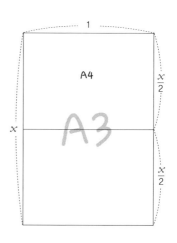

A3의 폭과 길이의 비를 $1:x$라고 할 때, 이를 반으로 자른 A4의 폭과 길이의 비는 $\frac{x}{2}:1$이 되고, 두 비는 같아야 하므로 $1:x=\frac{x}{2}:1$이다. 여기서 얻은 이차방정식 $x^2=2$를 풀면, 양수인 x는 $\sqrt{2}$, 약 1.414이다. A4 용지의 폭과 길이의 비인 210:297은 1:1.414에 근사하는 값이다.

$$1:x=\frac{x}{2}:1 \implies \frac{x^2}{2}=1 \implies x^2=2 \implies x=\sqrt{2}\fallingdotseq1.414$$

A0와 B0의 규격

A시리즈의 시작점이 되는 A0는 폭과 길이의 비가 $1:\sqrt{2}$이면서 넓이는 1m^2가 되도록 정해져 있다. A0의 규격은 841mm×1189mm로, 넓이가 999,949mm^2이므로 근사적으로 1,000,000mm^2($=1\text{m}^2$)이다.

B4, B5와 같은 B시리즈도 같은 원리에 따라 만들어진다. B0는 폭과 길이의 비가 $1:\sqrt{2}$이고 넓이가 약 1.5m^2가 되도록 규격을 1000mm×1414mm로 정했다. 이렇듯 A시리즈와 B시리즈의 모든 용지는 닮은꼴이다.

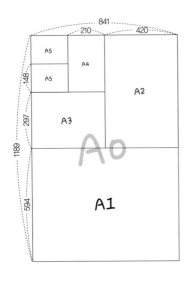

종이 규격	A시리즈	B시리즈
0	841×1189	1000×1414
1	594×841	707×1000
2	420×594	500×707
3	297×420	353×500
4	210×297	250×353
5	148×210	176×250

(단위는 mm)

A와 B시리즈만큼 널리 알려지진 않았지만, 둘의 중간 크기인 C시리즈도 존재한다. 예를 들어, C4 용지의 넓이는 A4와 B4 넓이의 기하평균으로, A4보다 크고 B4보다는 작다.

레터와 리걸 용지

전 세계적으로 A와 B시리즈의 종이가 많이 사용되지만, 그 이외의 용지도 있다. 대표적인 예가 미국과 캐나다 등 북미권에서 사용되는 레터letter와 리걸legal 용지이다. A4와 비교해 보면 레터(216mm×279mm)는 폭이 약간 넓으면서 길이는 짧고, 리걸(216mm×356mm)은 폭이 약간 넓으면서 길이도 길다.

대부분의 국가에서 통용되는 A와 B시리즈가 아닌 다른 규격의 용지를 사용하는 것은 그리 바람직해 보이지 않는다. 두 시리즈의 비율은 자원의 효율적 이용이라는 기능주의적인 사고의 결과이며, 실용성을 추구하는 '이유 있는' 비율이기 때문이다.

수동 카메라의 f값

요즘은 간편하게 스마트폰에 내장된 카메라를 주로 이용하지만, 사진 전문가들이 작품 사진을 찍을 때는 수동 카메라를 이용한다. 수동 카메라로 사진을 찍을 때는 날씨의 맑고 흐림에 따라 빛의 양을 조절하는 f값을 맞추어야 한다. 맑은 날에는 f값을 높게, 흐린 날에는 낮게 맞추는 게 일반적인 원칙이다.

수동 카메라의 렌즈 바깥쪽 둘레에 표시된 f값은 1.4, 2, 2.8, 4, 5.6, 8, 11, 16이다. 언뜻 보면 불규칙적인 수를 늘어놓은 것처럼 보이지만, 여기에는 규칙이 있다. 첫 번째 f값인 1.4는 $\sqrt{2}$ 의 근삿값이며, 두 번째 값

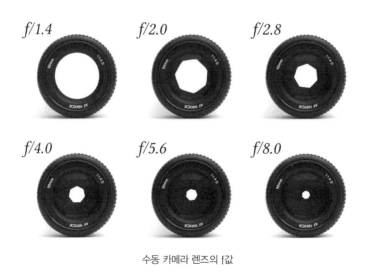

수동 카메라 렌즈의 f값

2는 $\sqrt{2}$를 두 번 곱한 값, 세 번째 값 2.8은 $\sqrt{2}$를 세 번 곱한 수의 근삿값이다.

	흐린날				맑은날		
1.4	2	2.8	4	5.6	8	11	16
$\sqrt{2}$	$(\sqrt{2})^2$	$(\sqrt{2})^3$	$(\sqrt{2})^4$	$(\sqrt{2})^5$	$(\sqrt{2})^6$	$(\sqrt{2})^7$	$(\sqrt{2})^8$

f값과 $\sqrt{2}$의 관계

f값의 비밀

f값은 $\dfrac{\text{렌즈의 초점 거리}}{\text{조리개 구경의 지름의 길이}}$ 로 계산하는데, 렌즈의 초점 거리는 일정하므로 f값은 조리개 구경의 지름의 길이에 반비례한다. 흐린 날에는 빛이 많이 들어오도록 해야 하므로 조리개 구경을 많이 열어야 하고, 구경의 지름과 반비례 관계에 있는 f값은 작아지게 된다. 반대로 맑은 날에는 조리개 구경을 조금 열어 빛이 조금 들어오도록 해야 하고, 이때의 f값은 커진다.

날씨가 맑아 조리개에 들어오는 빛의 양을 $\dfrac{1}{2}$ 배로 하려면 구경의 넓이를 $\dfrac{1}{2}$ 배로 해야 한다. 원 모양인 구경의 넓이는 지름의 제곱에 비례하므로, 구경의 넓이를 $\dfrac{1}{2}$ 배로 하기 위해서는 지름의 길이를 $\dfrac{1}{\sqrt{2}}$ 배로 해야 한다. 이때 f값은 $\sqrt{2}$ 배가 된다.

무리수-히파수스의 양심선언

카메라 f값에서 활용되는 무리수는 고대 그리스의 전설적인 수학자 집단인 피타고라스 학파와 관련된다. 잘 알려진 바와 같이 피타고라스 학파는 이 세상이 수로 이루어져 있다는 세계관을 가지고 있었다. 그뿐만 아니라 모든 수가 두 수의 조화로운 비ratio로 표현될 수 있는 '유리수rational number'라고 확고하게 믿었다. 그렇지만 아이러니하게도 피타고라스 학파는 자신들의 최대 업적 중의 하나인 피타고라스 정리에서 두 수의 비로 표현되지 않는 '무리수irrational number'를 발견하게 된다.

피타고라스 학파는 자신들의 믿음에 위배되는 무리수의 존재를 비밀에 부쳤으나, 학파의 일원인 히파수스는 무리수가 존재한다고 양심선언을 했다고 한다. 또 다른 설명에 의하면, 히파수스가 구에 내접하는 정십이면체를 작도하는 방법을 공개했는데, 정십이면체를 이루는 정오각형에서 변의 길이가 무리수와 연결되기 때문에 간접적으로 무리수의 존재를 밝힌 것이 되었다. 무리수의 존재를 누설함으로써 피타고라스 학파의 미움을 산 히파수스는 바다에 던져지는 비극적인 종말을 맞게 되었다는 설이 전해진다.

열린 마음으로 새로운 수학적 발견을 받아들이지 못한 피타고라스 학파의 폐쇄성은 비난받아 마땅하지만, 수에 기반한 순수한 믿음과 확고한 세계관은 충분히 인정할 만하다.

고스톱과 방정식

방정식의 유래

많은 사람들이 '수학' 하면 가장 먼저 떠올리는 것 중의 하나가 '골치 아픈 방정식'이다. 방정식이라는 용어는 중국의 수학 고전인 《구장산술九章算術》에서 유래했다. 《구장산술》의 8장은 〈방정장方程章〉으로, '방정'은 좌우의 대소를 비교한다는 뜻이다. 방정식을 풀 때 등호 왼쪽과 오른쪽을 비교하며 계산한다는 점에서, 방정식 풀이의 본질을 잘 드러낸 용어이다.

미지수는 왜 x일까?

방정식에서는 구하고자 하는 것, 즉 알려지지 않은 미지수를 보통 x라고 놓는다. 이를 처음으로 사용한 사람은 프랑스의 수학자 데카르트로 알려져 있다. 하필 x를 사용한 이유는 알파벳 x를 많이 쓰는 프랑스어의 특징 때문이라고 한다. 프랑스의 인쇄소는 x의 활자를 많이 갖추고 있었기 때문에 여분으로 쓸 수 있는 x가 많아 이를 알뜰하게 이용하려는 취지에서 x를 선택했다고 한다. 또 다른 설에 의하면 '알려져 있지 않은 것'을 뜻하는 아라비아어에서 시작하여, 이와 발음이 유사한 그리스어 알파벳이 선택되었고, 라틴어와 영어를 거치면서 x로 굳어지게 되었다고 한다.

미국 연방수사국FBI에서 해결되지 않은 사건 기록을 'X 파일X-Files'이라고 하는 것도 미지수를 나타내는 x에서 연유한 것이다. 미국 흑인 민권 운동의 지도자 맬컴 X의 이름은 맬컴 리틀Malcolm Little이었지만, 원래의 성姓을 버리고 X로 대체했다. 흑인들의 성은 조상에게서 물려받은 것이 아니라 그들을 노예로 부리던 백인 주인들에 의해 임의로 붙여진 것이기 때문에, 빼앗긴 성을 X로 표현한 것이다. 테슬라의 CEO인 일론 마스크Elon R. Musk가 설립한 민간 우주기업 '스페이스 X'에도 X가 포함되어 있다.

민간 우주기업 〈스페이스 X〉 로고

1990년대에 신세대를 의미하던 X세대는 그 이후 N세대(네트워크 세대), W세대(월드컵 세대), Z세대(디지털 네이티브 세대), MZ세대(밀레니얼 Z세대) 등으로 이어지고 있다. 지금은 X세대도 기성세대가 되었지만, 처음에 X세대라고 불릴 때는 방정식의 미지수처럼 '알 수 없는 세대'라는 의미가 담겨 있었다.

고스톱을 네 명이 칠 때

고스톱을 치는 상황을 예로 방정식을 설명해 보자. 고스톱을 3명이 칠 때 7장씩 갖고 바닥에 6장을 깔고 나머지는 쌓아 놓는다. 그런데 3명이 고스톱을 칠 때 이 방법만 가능할까? 그렇지 않다.

이 상황을 방정식으로 나타내기 위하여 나눠 갖는 화투장 수를 x, 바닥에 깔아 놓는 화투장 수를 y라고 하자. 우선 3명이 가진 화투장 수의 합은 $3x$이다. 쌓아 놓은 화투장 수 역시 $3x$가 되어야 한다. 그래야 판이 끝날 때까지 모두 한 번씩 뒤집을 수 있다. 나눠 가진 화투장 수와 쌓아 놓은 화투장 수를 합하면 $6x$가 되고, 여기에 깔아 놓은 화투장 수 y를 더하면 화투장의 총수인 48이 되어야 한다. 이를 식으로 표현하면 $6x + y = 48$이다.

이 방정식을 풀면 $x = 7$, $y = 6$ 이외에도 $x = 6$, $y = 12$; $x = 5$,

$y = 18;\ x = 4, y = 24$ 등의 해가 나온다. 예를 들어, $x = 4, y = 24$라면 3명이 각각 4장씩 갖고 바닥에는 24장을 깔아 놓게 된다. 이 경우 화투장을 낼 수 있는 기회는 4번씩만 주어지고 바닥에는 24장이나 깔려 있으므로 재미가 반감된다. 고스톱의 재미를 극대화하는 것은, 화투장을 낼 기회와 바닥에 깔린 화투장의 수가 적당한 $x = 7, y = 6$, 즉 7장씩 갖고 6장을 깔아 놓는 경우이다.

고스톱을 4명이 치면 어떻게 될까? 화투 x장을 4명이 들고 있으므로 $4x$, 그에 따라 쌓아 놓은 화투장 수도 $4x$, 바닥에 깔아 놓는 화투장 수는 y이다. 따라서 $8x + y = 48$이라는 식을 얻는다. 이 방정식의 해역시 여러 개이지만, 게임의 재미를 위해서 $x = 5, y = 8$, 즉 5장씩 갖고 8장을 깔아 놓는 경우를 택한다.

고스톱과 부정방정식

고스톱에는 왜 이렇게 많은 경우가 있을까? 세 명이 고스톱을 치는 방정식 $6x + y = 48$을 보자. 미지수는 x와 y로 두 개인데 식은 하나이다. 이처럼 미지수의 개수가 식의 수보다 많으면 대부분 여러 개의 해가 나온다. 이런 방정식은 해를 딱히 하나로 정할 수 없다는 뜻에서 '부정不定방정식'이라고 한다.

만족스러운 유산 분배

잘 알려진 이야기 하나. 옛날 아라비아의 어떤 상인이 자기 재산인 17마리의 낙타를 큰아들은 $\frac{1}{2}$, 둘째 아들은 $\frac{1}{3}$, 셋째 아들은 $\frac{1}{9}$을 가지라는 유언을 남기고 죽었다. 17은 2, 3, 9로 나누어떨어지지 않기 때문에, 17의 $\frac{1}{2}$, $\frac{1}{3}$, $\frac{1}{9}$을 자연수로 구할 수 없었다. 만족스러운 해결책을 찾지 못한 삼 형제는 싸움을 계속했다.

이때 지나가던 노파가 자기가 타고 있던 낙타 1마리를 보태 주었다. 이제 18마리가 되었기 때문에, 큰아들은 18의 $\frac{1}{2}$인 9마리, 둘째 아들은 $\frac{1}{3}$인 6마리, 셋째 아들은 $\frac{1}{9}$인 2마리를 가졌다. 삼 형제는 유언보다 조금씩 많이 가졌으므로 만족스러웠고, 9마리, 6마리, 2마리의 합은 17마리이므로 노파가 보태 준 한 마리의 낙타도 되돌려 줄 수 있었다. 세 아들 모두에게 이득이 된 비결은 $\frac{1}{2}+\frac{1}{3}+\frac{1}{9}$은 1이 아니라 $\frac{17}{18}$이기 때문이다.

부정방정식을 풀어 유산 분배 상황 만들기

위의 상황을 식으로 표현하면 $\frac{1}{2}+\frac{1}{3}+\frac{1}{9}=1-\frac{1}{18}$이며, 일반화된 식으로 표현하면 $\frac{1}{a}+\frac{1}{b}+\frac{1}{c}=1-\frac{1}{d}$이다. 위와 유사한 상황이 되는 낙타의 마릿수와 분할하는 비를 구하기 위해서는 $\frac{1}{a}+\frac{1}{b}+\frac{1}{c}+\frac{1}{d}=1$을 만족하는 자연수 a, b, c, d를 구하면 된다. 이는 하나의 방정식에 미지수는 a, b, c, d로 네 개이므로 부정방정식이다.

이 부정방정식을 풀면 여러 개의 해가 나오는데, 그중 몇 가지 예는 다음과 같다.

$$\frac{1}{2}+\frac{1}{3}+\frac{1}{8}+\frac{1}{24}=1 \qquad a=2, b=3, c=8, d=24$$

$$\frac{1}{2}+\frac{1}{3}+\frac{1}{7}+\frac{1}{42}=1 \qquad a=2, b=3, c=7, d=42$$

$$\frac{1}{2}+\frac{1}{4}+\frac{1}{5}+\frac{1}{20}=1 \qquad\qquad a=2, b=4, c=5, d=20$$

$$\frac{1}{2}+\frac{1}{4}+\frac{1}{6}+\frac{1}{12}=1 \qquad\qquad a=2, b=4, c=6, d=12$$

예를 들어 $\frac{1}{2}+\frac{1}{3}+\frac{1}{8}+\frac{1}{24}=1$ 을 변형하면 $\frac{1}{2}+\frac{1}{3}+\frac{1}{8}=1-\frac{1}{24}$ $=\frac{23}{24}$ 이므로 다음과 같은 유산 분배 상황을 만들 수 있다.

낙타 23마리 중 큰아들은 $\frac{1}{2}$, 둘째 아들은 $\frac{1}{3}$, 셋째 아들은 $\frac{1}{8}$ 을 가지라고 유언했다. 그런데 23마리를 그런 비로 나눌 수 없다. 그때 지나가던 노파가 한 마리를 주어 24마리가 되었다. 이제 아들들은 각각 24마리의 $\frac{1}{2}$ 인 12마리, $\frac{1}{3}$ 인 8마리, $\frac{1}{8}$ 인 3마리를 갖게 되었다. 그 합은 23마리이므로 노파에게 한 마리를 되돌려 주면 모두가 만족스러운 해피엔딩이 된다.

《산법통종》의 연립방정식

'연립방정식'은 여러 개의 방정식을 묶어 놓은 것이다. 한 건물 안에 여러 독립된 가구가 모여 생활하는 연립 주택을 생각하면 연립방정식의 뜻을 쉽게 유추할 수 있다. 연립방정식을 풀 때는 주어진 여러 개의 방정식을 동시에 만족하는 해를 구해야 한다.

조선 시대에 인기가 높았던 중국 명나라의 수학책《산법통종算法統宗》은 한시의 형식을 빌려 수학 문제를 표현했다. 그중의 하나인 연립방정식 문제를 우리말로 풀면 다음과 같다.

《산법통종》

술집에서 말하기를 독한 술과 순한 술이 있다. 독한 술은 1병 마시면 3명이 취하고, 순한 술은 3병 마셔야 1명이 취한다. 독한 술과 순한 술을 합하여 19병이 있는데 모두 33명이 마시고 취했다면, 독한 술과 순한 술은 각각 몇 병이 있었겠는가?

이 문제에서 구하고자 하는 것은 독한 술과 순한 술 두 가지이며, 이 두 종류 술과 관련된 정보도 두 가지이므로 해결이 가능하다. 독한 술을 x병, 순한 술을 y병 마셨다고 하고, 위의 상황을 방정식으로 표현하면 $x+y=19$, $3x+\frac{1}{3}y=33$이 된다. 이 연립방정식을 풀면 $x=10$, $y=9$를 얻을 수 있다. 사람들의 주량이 모두 같다고 전제할 때 독한 술은 10병, 순한 술은 9병이다.

컴퓨터 단층 촬영과 연립방정식

컴퓨터 단층 촬영Computed Tomography, CT은 X선을 여러 각도에서 인체에 투영하고, 인체 내부의 모양을 화상으로 나타내는 기술이다. 인체의 장기들은 구조와 밀도가 다르기 때문에 X선을 흡수하는 정도가 다르게 나타나는데, 컴퓨터 단층 촬영을 할 때에는 X선이 인체의 여러 부분을 통과하면서 얼마큼씩 감소하는지 측정한다.

한 방향에서 X선을 투사시킬 때 인체의 각 부분을 미지수로 하는 방정식을 얻을 수 있고, 여러 방향에서 X선을 투과시키면 결국 연립방정식이 만들어진다. 이 연립방정식을 풀고 각 부분이 X선을 흡수한 양을 알아낼 수 있으며, 이를 토대로 인체 내부의 단면을 나타낼 수 있다.

4차 산업혁명의 빅데이터, 인공지능, 클라우드, 사물 인터넷, 스마트 시티 등의 기반은 디지털이다. 실제 Google에서 '4차 산업혁명 fourth industrial revolution'보다 '디지털 전환 digital transformation'의 검색량이 훨씬 많고, 4차 산업혁명을 대체하는 용어로 디지털 전환을 쓰기도 한다. 이런 디지털 시대에 더 적합한 것은 분수보다는 소수라고 할 수 있다.

디지털 시계는 대개 소수의 방식으로 시간을 표현하기 때문에 바로 읽기만 하면 된다. 그런데 아날로그 시계는 시침과 분침의 위치를 보고 시간을 따져야 한다. 특히 세련된 디자인의 시계는 아예 숫자판이 없는 경우도 있어 읽기가 어렵다. 예를 들어, 분침이 한 바퀴를 기준으로 1/6에 위치했다면 60의 1/6을 계산하여 10분이라고 환산해야 한다. 이때 필요한 것은 분수적 사고이다.

아날로그 시계

디지털 시계

아날로그에 이어 디지털 시대가 도래했듯이 수학사에서도 분수는 소수보다 일찍 등장했다. 고대 이집트에서는 이미 분수를 널리 사용했는데, 그중에서도 주목할 만한 점은 분자가 1인 단위분수의 사용이다. 고대 이집트의 《린드 파피루스 Rhind Papyrus》에는 $\frac{2}{5} = \frac{1}{3} + \frac{1}{15}$, $\frac{2}{7} = \frac{1}{4} + \frac{1}{28}$ 과 같이 분자가 2인 분수를 단위분수의 합으로 나타낸 식이 실려 있다.

왜 그러한 시도를 했을까? 분배 상황을 염두에 두었기 때문이 아닐까 추측할 수 있다. 예를 들어, $\frac{3}{4}$은 3판의 피자를 4명이 나누는 상황이다. $\frac{3}{4} = \frac{1}{2} + \frac{1}{4}$ 이기 때문에 2판의 피자를 4로 나누어 각각 $\frac{1}{2}$씩 갖고, 1판의 피자를 4로 나누어 각각 $\frac{1}{4}$씩 가지면 된다. 단위분수의 합으로 표현하게 되면 균등한 분배 상황을 간편하게 표현할 수 있다.

사다리타기와
바이오리듬

친구들과 놀면서 사다리타기를 하고, 또 재미 삼아 바이오리듬을 알아본 경험이 있을 것이다. 그런데 이는 모두 수학 개념이나 원리와 관련된다. 사다리타기는 함수의 일대일대응과, 바이오리듬은 삼각함수와 각각 연결 지을 수 있다.

사다리타기의 규칙

사다리타기는 일을 분담할 때, 벌칙을 주거나 돈 낼 사람을 정할 때, 혹은 짝을 맞출 때 자주 동원하는 방법이다. 사다리타기를 할 때는 위와 아래에 동일한 개수의 항목을 적어 놓고 세로줄과 가로줄을 그린 뒤, 다음 두 가지 규칙을 따라 짝을 짓는다.

첫째, 세로줄을 따라 위에서 아래로 진행한다.

둘째, 가다가 가로줄을 만나면 그 가로줄을 따라 바로 옆의 세로줄로 이동
하고 다시 아래로 진행한다.

반드시 하나씩만 연결되는 사다리타기

사다리타기를 할 때 그림의 모양이 복잡해지면 혹시 두 사람이 선정
되거나 혹은 무엇과도 연결되지 않는 '꽝'이 나올지 모른다는 생각이
들기도 한다. 그러나 예상과 달리, 어떤 모양으로 사다리를 그려도 각
기 하나씩만 짝지어진다는 사실에는 변함이 없다. 이런 이유로 사다리
타기는 서로 한 항목씩만 연결해야 하는 상황에 이용된다.

1, 2, 3, 4와 a, b, c, d를 짝짓기 위하여 다음과 같이 사다리타기를 한
다고 가정해 보자. 앞의 규칙에 따라 이동을 하면 1은 b와 c를 거쳐 d
로 연결된다. 또 2는 c를 거쳐 b로 연결되며, 3은 d를 거쳐 c로, 4는 c
와 b를 거쳐 a로 연결된다.

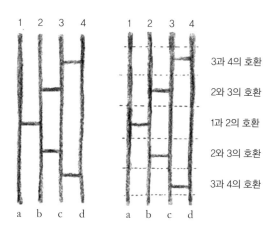

3과 4의 호환

2와 3의 호환

1과 2의 호환

2와 3의 호환

3과 4의 호환

왜 하나씩만 연결될까?

앞의 그림과 같이 직선을 따라 사다리를 단계별로 나누어 보면 하나의 세로선은 옆의 세로선과 연결되어 있다. 이를 통해 바로 옆의 것과 자리바꿈을 하는데, 수학적으로는 '호환互換, transposition'이라고 한다.

이러한 자리바꿈을 여러 번 반복하여도 서로 하나씩 맞바꾼다는 점에는 변화가 없다. 수학적으로 표현하면 '호환'을 '합성'해도 서로 하나씩만 대응되는 '일대일대응'이 된다. 따라서 처음에 일대일대응으로 시작하면 아무리 복잡한 사다리를 거치더라도 그 결과는 일대일대응이 된다.

사다리타기는 함누의 일동

중학교에서 일차함수와 이차함수, 고등학교에선 유리함수, 무리함수, 지수함수, 로그함수, 삼각함수, 함수의 극한과 연속 등 중·고등학교 수학 교과서에 가장 빈번하게 출현하는 용어 중의 하나가 '함수function'이다. 사실 사다리타기를 통한 일대일대응은 함수의 일종이다. 함수函數의 函은 상자를 뜻하는데, 함수가 입력된 것을 변화시켜서 출력하는 마술 상자와 같다는 데서 그 유래를 찾을 수 있다. 우리나라에서는 중국의 방식에 따라 '함수'라고 부르지만, 일본에서는 관계를 나타낸다는 의미에서 '관수關數'라고 한다. 하나의 개념 function이 마술 상자의 뜻을 내포하는 '함수'로 불리기도, 관계를 강조하는 '관수'로 불리기도 하는 것이다.

믿거나 말거나

'믿거나 말거나' 혹은 '아니면 말고' 하면서도 한번쯤 바이오리듬에 관심을 가져 보았을 것이다. 인체는 출생일을 기점으로 형성되는 신체physical, 감정emotional, 지성intellectual의 세 가지 바이오리듬biorhythm을 따른다고 한다.

20세기 초 독일의 의사 플리스Wilhelm Fliess는 환자의 상태가 주기적으로 변하는 것을 관찰하고, 이로부터 바이오리듬의 아이디어를 착안했다. 그는 신체 리듬을 위주로 하는 남성 인자는 23일을 주기로 하고, 감정 리듬이 지배하는 여성 인자는 28일을 주기로 한다고 보았다. 여기에 오스트리아 공학자 텔쳐Alfred Teltscher가 33일 주기의 지성 리듬을 추가했다.

바이오리듬은 사인곡선

바이오리듬은 삼각함수의 일종인 사인곡선으로 되어 있다. 그렇지만 세 가지 리듬의 주기가 다르기 때문에 함수식과 그래프의 모양은 약간 다르다. 출생일로부터 경과한 날을 t라고 할 때 세 가지 리듬의 함수식과 그래프는 다음과 같다.

$$\text{신체 리듬의 함수식: } \sin \frac{2\pi}{23} t$$

$$\text{감정 리듬의 함수식: } \sin \frac{2\pi}{28} t$$

$$\text{지성 리듬의 함수식: } \sin \frac{2\pi}{33} t$$

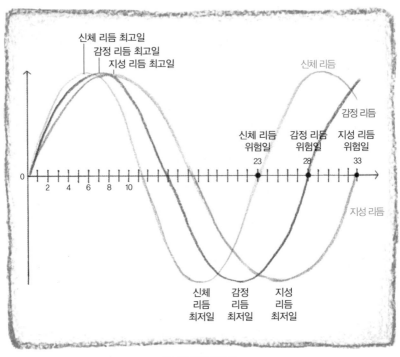

신체 리듬 최고일
감정 리듬 최고일
지성 리듬 최고일

신체 리듬

감정 리듬

신체 리듬   감정 리듬   지성 리듬
위험일   위험일   위험일

23   28   33

0

2   4   6   8   10

지성 리듬

신체   감정   지성
리듬   리듬   리듬
최저일   최저일   최저일

바이오리듬 그래프

사인곡선이 *x*축 위에 있으면 상태가 양호한 적극기이고, 아래에 있으면 침체된 소극기이다. 사인곡선이 *x*축과 만나는 때를 위험일로 보는데, 요주의일은 최저점이 아니라 신체, 감정, 지성의 기류가 변하는 불안정한 지점이라고 한다.

바이오리듬을 신뢰하는 사람들은 올림픽에서 7개의 금메달을 딴 수영 선수 스피츠Mark Spitz의 사례를 즐겨 인용한다. 1972년 9월 5일 금메달을 획득한 날 스피츠의 신체 리듬과 감정 리듬은 거의 최고점이었기 때문이다. 이에 반해 바이오리듬의 신빙성을 의심하게 만드는 예도 있다. 미국 야구 명예의 전당에 오른 잭슨Reggie Jackson에게 1977년 10월 18일은 생애 최고의 날이었다. 이날 잭슨은 LA 다저스와의 경기에서 3명의 투수를 상대로 3연타석 홈런을 날려 뉴욕 양키즈의 월드시리즈 우승을 견인했는데, 그의 바이오리듬은 거의 바닥이었다.

바이오리듬은 탄생일을 기점으로 하기 때문에 같은 날 태어난 사람들이 평생 같은 바이오리듬을 갖는다는 것을 생각하면, 사이비 과학에 가깝다는 생각이 든다. 하지만 신체, 감정, 지성의 세 가지 바이오리듬이 각각 주기를 달리하는 사인곡선이라는 사실은 기억해 둘 만하다.

자전거의 수학

자전거 종류

자전거의 대표적인 종류는 산길과 같은 비포장도로에서 강한 힘을 발휘하는 '산악자전거MTB'와 포장도로에서 높은 속도를 낼 수 있는 '로드자전거(사이클)'이다. 산악자전거와 로드자전거의 장점을 혼합한 '하이브리드', 바퀴가 작고 몸체가 접히는 '미니벨로', 고정 기어를 달아 실용성보다 디자인과 멋을 강조한 '픽시'도 있다.

자전거의 기어

자전거에는 페달에 연결된 앞기어(크랭크)와 뒷바퀴에 연결된 뒷기어(스프라켓)가 있다. 기어에는 균일한 간격으로 톱니가 배치되어 있는데, 기어의 크기는 톱니 수T, Teeth에 비례하고, 기어 단수도 톱니 수에

산악자전거

로드자전거

미니벨로

픽시

따라 정해진다. 그런데 앞기어와 뒷기어의 단을 정하는 원칙이 정반대이다. 앞기어는 톱니가 적을수록 단이 낮아지고, 뒷기어는 톱니가 많을수록 단이 낮아진다.

단수	3단	앞기어 →	1단	9단	뒷기어 →	1단
톱니 수	많음		적음	적음		많음

 자전거를 관찰해 보면, 앞기어와 뒷기어를 배열한 원칙도 다르다. 자전거의 몸체에서 바깥쪽으로 갈수록 앞기어는 크기가 커지고, 뒷기어는 크기가 작아진다. 자전거의 앞기어와 뒷기어에서 기어 단을 부여하는 원칙이 반대이고, 배열 원칙도 반대이기 때문에 앞기어와 뒷기어

앞기어   뒷기어

모두 몸체와 가장 가까운 기어가 1단이고, 멀어질수록 기어 단이 높아진다.

자전거의 회전비

자전거는 앞기어와 뒷기어의 조합에 따라 운전에 필요한 힘과 낼 수 있는 최고 속도가 달라진다. 자전거의 종류와 브랜드와 모델마다 기어 단과 톱니 수가 다른데, 앞기어 3단, 뒷기어 9단으로 총 27단인 자전거를 예로 들어 보자. 앞기어가 44×33×22T로 표시되어 있다면 기어의 3단이 44T, 2단이 33T, 1단이 22T임을 나타낸다. 뒷기어가 11×34T로 표시된 경우는 9단이 11T이고 단이 낮아질수록 점점 톱니의 개수가 많아져서 1단은 34T가 된다.

자전거는 페달을 밟아 앞기어를 회전시키면 체인으로 연결된 뒷기어가 회전하게 되고, 그 힘으로 나아가는 후륜 구동이다. 만약 앞기어를 한 번 회전시킬 때 뒷기어가 여러 번 회전하면 속도는 빠르지만 힘은 많이 든다. 예를 들어, 앞기어가 3단인 44T이고 뒷기어가 9단인 11T라면, 앞기어가 한 번 회전할 때 뒷기어는 4번 회전하여 회전비가 가장 높다. 그에 반해 앞기어를 한 번 회전시킬 때 뒷기어가 조금만 회전한다면, 속도는 나지 않지만 힘은 적게 든다. 예를 들어, 앞기어가 1단인 22T이고 뒷기어도 1단인 34T라면, 앞기어가 한 번 회전할 때 뒷기어는 0.65바퀴 회전하여 회전비가 가장 낮다. 이러한 앞기어 1단과 뒷기어 1단의 조합은 오르막에서 이용된다.

앞기어	뒷기어	회전비	속도	힘
3단	9단	높음	빠름	많이 듦
1단	1단	낮음	느림	적게 듦

자전거의 회전비는 페달을 돌려 앞기어가 한 번 회전할 때 뒷기어가 몇 번 회전하는지에 따라 결정되고, 기어의 회전수와 기어의 톱니 수는 역수 관계이므로, 다음 관계가 성립한다.

$$\text{자전거의 회전비} = \frac{\text{뒷기어의 회전 수}}{\text{앞기어의 회전 수}} = \frac{\text{앞기어의 톱니 수}}{\text{뒷기어의 톱니 수}}$$

이 공식에 따라 자전거의 회전비를 구해 보자.

뒷기어 앞기어	11T (9단)	13T (8단)	15T (7단)	17T (6단)	20T (5단)	23T (4단)	26T (3단)	30T (2단)	34T (1단)
44T (3단)	4.00	3.38	2.93	2.59	2.20	1.91	1.69	1.47	1.29
33T (2단)	3.00	2.54	2.20	1.94	1.65	1.43	1.27	1.10	0.97
22T (1단)	2.00	1.69	1.47	1.29	1.10	0.96	0.85	0.73	0.65

앞기어와 뒷기어의 조합

자전거의 단을 설정할 때는 앞
기어를 기준으로 뒷기어를 적절
하게 선택하는 조합이 필요하다.
절대적인 원칙은 아니지만, 앞기
어를 1단으로 놓았을 때 뒷기어는
1~5단, 앞기어를 2단으로 놓았을
때에는 뒷기어를 3~7단, 앞기어
를 3단으로 놓았다면 뒷기어를

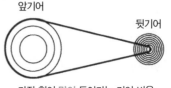

가장 힘이 많이 들어가는 기어 비율

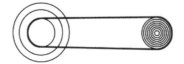

가장 힘이 적게 들어가는 기어 비율

5~9단 정도로 놓는 것이 안전하다. 만약 앞기어가 1단인데 뒷기어가
9단이라면 앞기어와 뒷기어를 연결하는 체인이 일직선이 아닌 사선으
로 놓이게 된다. 이처럼 약간 비틀린 상태로 운행하게 되면 여러 부위
에 무리가 가면서 톱니가 마모되기 쉽고 체인이 늘어질 수 있다.

뒷기어 〳 앞기어	11T (9단)	13T (8단)	15T (7단)	17T (6단)	20T (5단)	23T (4단)	26T (3단)	30T (2단)	34T (1단)
44T (3단)	4.00	3.38	2.93	2.59	2.20	1.91	1.69	1.47	1.29
33T (2단)	3.00	2.54	2.20	1.94	1.65	1.43	1.27	1.10	0.97
22T (1단)	2.00	1.69	1.47	1.29	1.10	0.96	0.85	0.73	0.65

앞의 표를 보면, 회전비가 비슷한 조합이 있다. 예를 들어 앞기어 3단
-뒷기어 3단, 앞기어 1단-뒷기어 8단의 회전비는 1.69로, 앞기어 2단-
뒷기어 5단의 회전비 1.65와 유사하다. 그러나 전자는 권장되지 않는
조합이므로 후자를 선택하는 편이 더 낫다.

자전거의 속도

자전거의 회전비를 이용해 속도를 계산해 보자. 시간당 자전거 페달을 돌리는 횟수에 자전거의 회전비를 곱하면 뒷바퀴가 돌아간 횟수이고, 여기에 바퀴의 둘레를 곱하면 자전거가 이동한 거리가 된다.

자전거의 시속 = 시간당 페달 회전수 × 회전비 × 바퀴의 둘레

페달을 1초에 한 번 돌린다고 가정하면 1시간에 3600번 페달을 돌리게 된다. 회전비는 3으로 놓자. 바퀴의 지름이 27인치, 약 68.3cm라면 바퀴의 둘레는 여기에 원주율 3.14를 곱하면 약 214.4cm이다. 이 조건에서 자전거의 시속은 약 23.2km/h가 된다.

자전거의 시속 = 3600 × 3 × 214.4(cm) = 2,316,189(cm) ≒ 23.2(km/h)

편안한 걸음으로 걸을 때의 시속이 5~6km/h, 시내에서 차의 시속이 40~50km/h 정도이니, 자전거의 속도는 인간의 걸음과 차의 중간쯤이다. 걸으면 느리게 변화하는 경치를 온전히 음미할 수 있고, 드라이브는 속도감을 즐길 수 있는데, 자전거는 속도로 보나 심리적으로 보나 걷기와 드라이브를 절충한 하이브리드라고 할 수 있다.

로그로 나타낸 단위

토기의 로그는 계산 도구

천문학적 이적료, 천문학적 상속세 등 큰 수를 나타낼 때 '천문학적'이라는 표현을 흔히 사용한다. 이처럼 관용어로 굳어진 이유는 천문학이 큰 수를 다루기 때문이다. 천문학에 대한 탐구는 고대부터 계속되어 왔지만, 16~17세기 대항해 시대를 맞이하면서 천문학은 비약적으로 발전하게 되었다. 이와 더불어 큰 수의 계산이 필요해졌는데, 컴퓨터와 같은 계산 도구가 발달하지 않은 시대였으므로 일일이 인간이 계산할 수밖에 없었다. 이에 스코틀랜드의 수학자 네이피어John Napier는 곱셈을 덧셈으로, 나눗셈을 뺄셈으로 바꿔 주는 로그logarithm를 창안했다.

네이피어 우표

$$\log AB = \log A + \log B \qquad \log\frac{A}{B} = \log A - \log B$$

곱셈 ➡ 덧셈 　　　　　나눗셈 ➡ 뺄셈

큰 수를 쉽게 나타낼 수 있도록 해주는 로그는 지금도 여러 척도에서 유용하게 사용된다.

산성도 pH

언론을 통해 'pH가 4에 가까운 강산성 비가 내렸다'와 같은 기사를 접하게 된다. 중성인 물의 pH가 7이니, pH 4라고 해야 중성과의 차이는 겨우 3이다. 그런데도 강산성이라고 하는 이유는 무엇일까?

산성도는 용액 속에 든 수소 이온 농도(pH)에 의해 결정된다. pH는 수소 이온의 몰농도를 [H+]라 할 때 $-\log$[H+]로 정의한다. pH를 구하는 식에 마이너스가 붙어 있기 때문에 수소 이온 농도가 10배 증가할 때 pH는 1 증가하는 것이 아니라 1 감소한다. 즉 중성인 물보다 수소 이온 농도가 높으면 산성이고, pH는 7보다 작아진다.

로그값은 $\log 1 = 0$, $\log 10 = 1$, $\log 100 = 2$, …이기 때문에, pH 값의 차이가 2이면 농도 차이는 100배이다. 이런 식으로 계산하면 pH 4인 산성비와 중성인 물의 수소 이온 농도는 무려 1000배나 차이가 난다. 그러니 '강산성'이라는 표현이 잘 어울린다고 할 수 있다.

pH는 0에서 14까지이다. 0과 14, 양극단의 수소 이온 농도 차이는 무려 1백조 배이니, 로그가 없었다면 산성도를 나타내기 위해 엄청나게 큰 숫자를 동원해야 했을 것이다. 이처럼 로그는 큰 숫자를 간단하게 다룰 수 있게 바꿔 준다.

지진의 강도, 리히터 규모

로그는 지진의 강도를 나타내는 리히터 규모에서도 쓰인다. 미국의 지질학자 리히터의 이름에서 유래한 '리히터 규모Richter magnitude scale'는 발생한 지진 에너지의 크기를 나타내는 척도로, 지진파의 최대 진폭과 진원으로부터의 거리 등을 고려하여 지수로 나타낸다. 그런데 최대 진폭은 지진에 따라 크게 차이가 나므로 로그를 이용하면 최대 진폭이 10배씩 커질 때마다 지진의 규모는 1씩 증가하는 식으로 간단하게 표현된다. 지진은 사람이 거의 느끼지 못하는 것에서 도시를 파괴할 만큼 엄청난 위력을 가진 것에 이르기까지 그 차이가 워낙 커서 로그를 이용한 것이다.

데시벨과 별의 등급

길거리를 다니다 보면 소음의 정도를 데시벨로 표시한 전광판을 볼 수 있다. 데시벨dB은 소리의 세기를 표준음의 세기와 비교해서 로그로 나타낸 것으로, 소리의 세기 역시 큰 차이를 보이기 때문에 로그값을 이용한다.

별의 밝기를 나타내는 등급magnitude에도 로그가 쓰인다. 등급은 기원전 150년경 그리스의 히파르코스Hipparchus가 가장 밝은 별을 1등성, 육안으로 겨우 볼 수 있는 별을 6등성이라고 정한 데서 비롯되었다. 그 후 19세기 1등성의 밝기가 6등성 밝기의 100배라는 허셜William Herschel

의 주장이 받아들여졌고, 이에 기초하여 등급 간의 척도가 정해졌다. 1등성부터 6등성까지는 5단계이므로, 5제곱을 해서 100이 되는 값은 $\sqrt[5]{100} ≒ 2.512$가 된다. 다시 말해, 2.512를 다섯 번 곱하면 100이 되므로, 1등성은 2등성보다 약 2.5배 밝고, 2등성은 3등성보다 약 2.5배 밝다. 이런 별의 등급과 밝기 사이의 관계를 표현하는 식에서도 로그가 동원된다.

큰 수의 계산을 간편화한다는 초기의 필요성은 사라졌지만 로그는 pH, 리히터 규모, 데시벨, 별의 등급과 같이 기하급수적으로 증가하는 것을 산술급수적으로 커지도록 간편하게 표현할 수 있기 때문에 여전히 애용되고 있다.

아레시보 메시지

이진법으로 표현된 아레시보 메시지

외계에 어느 정도의 지능을 가진 생명체가 존재한다고 가정할 때, 그 외계인들은 어떤 지식을 보유하고 있을까? 1974년 푸에르토리코에 위치한 아레시보 천문대에서 발사한 메시지에서 그에 대한 답을 일부 찾을 수 있다.

아레시보 천문대에서는 규모가 크면서도 비교적 가까운 거리에 있던 구상 성단 M13에 마이크로파를 보냈는데, 이를 '아레시보 메시지Arecibo message'라고 한다. 오래된 별들이 모여 있는 구상 성단 M13을 택한 이유는 지구에서 보낸 메시지를 해독할 정도의 지능을 갖추려면 생명체가 긴 시간 동안 진화하는 것이 필요하기 때문이다. 이런 고려에도 불구하고, 메시지를 보낸 지 47년이 흘렀지만 지구에서는 아무런 회신도 받지 못했다.

아레시보 메시지는 코넬 대학의 프랭크 드레이크가 칼 세이건 등의 도움을 받아 작성했는데, 7가지 내용을 이진법으로 표현했다. 그런데 아레시보 메시지는 왜 이진법을 선택했을까?

우리가 현재 사용하는 십진법은 인간의 손가락이 10개라는 사실에서 비롯된 것이다. 어떤 행성에 사는 외계인이 7개의 손가락을 갖고 있다면 그들은 칠진법을 당연시하며 사용하고 있을 수도 있다. 이에 반해 0과 1을 기본수로 하는 이진법은 가장 기본이 되기 때문에, 외계인들이 다른 진법을 사용하고 있더라도 이진법을 판독할 가능성이 높다.

둔노누인 1679

아레시보 메시지는 1679개의 0 또는 1로 이루어져 있다. 여기서 1679를 택한 이유는 1679가 소수인 23과 73의 곱으로만 표현되는 준소수semiprime number이기 때문이다. 1679개의 0 또는 1을 일렬로 늘어놓지 않고 직사각형 모양으로 배열하는 경우는,

가로 23, 세로 73

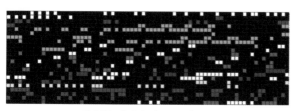

아레시보 메시지 가로 73, 세로 23

가로 23과 세로 73 혹은 가로 73과 세로 23의 두 가지밖에는 없다. 0에 해당하는 부분에는 검은색, 1에 해당하는 부분에는 검은색 이외의 색을 칠하는 방식으로 배열하면 앞의 그림과 같다. 외계인이 이 메시지를 해독하기 위해 선택해야 하는 것은 가로 23, 세로 73인 오른쪽의 경우이다.

1부터 10까지의 수

메시지의 최상단은 1부터 10까지의 수를 이진법으로 나타낸 것이다.

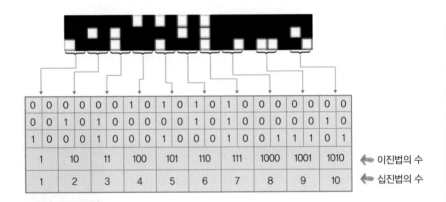

다섯 가지 원소의 원자 번호

수 다음에 오는 것은 생명이 존재하는 데 필수적인 다섯 가지 원소, 즉 수소, 산소, 탄소, 질소, 인의 원자 번호이다. 우주의 물질 세계는 공통적인 원소들로 이루어져 있고, 원자를 구성하는 양성자, 중성자, 전자도 역시 공통적이므로, 외계인들이 양성자의 수를 중요시한다면 우리와 동일한 원소 주기율표를 가지고 있을 것이다. 그렇다면 외계에서도 수소, 탄소, 질소, 산소, 인의 다섯 가지 원소를 각각의 원자 번호인 1, 6, 7, 8, 15로 인식하고 있을 것이므로, 이를 이진법으로 표현하면 지구인과 외계인이 공유할 수 있다고 생각한 것이다.

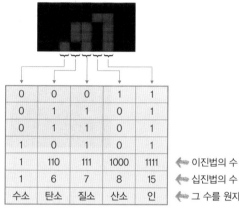

0	0	0	1	1	
0	1	1	0	1	
0	1	1	0	1	
1	0	1	0	1	
1	110	111	1000	1111	← 이진법의 수
1	6	7	8	15	← 십진법의 수
수소	탄소	질소	산소	인	← 그 수를 원자 번호로 갖는 원자

분자와 네 가지 염기의 화학식과 구조

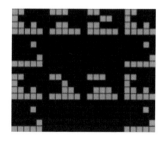

생명체에 중요한 분자와 DNA 유전 정보를 구성하는 네 가지 염기인 아데닌 (A), 티민(T), 구아닌(G), 시토신(C)의 화학식과 그들이 결합하는 방식 등을 나타낸 것이다.

DNA 이중나선 구조와 염기쌍의 개수

양옆은 DNA 이중나선 구조를 모양으로 표현한 것이다. 가운데 부분은 염색체에 있는 염기쌍의 개수를 이진법으로 나타낸 것으로 십진법으로 환산하면 약 43억 개이다. 그러나 실제 염기쌍의 개수는 32억 개 정도이므로, 현재의 관점에서 보면 착오가 있는 내용이다.

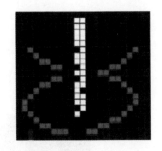

인간의 모습과 키, 세계의 인구수

가운데는 인간의 모습을 형상화한 것이고, 왼쪽 수평 방향의 표시를 이진법의 수로 바꾸면 1110이고 십진법의 수로는

14가 된다. 아레시보 메시지에서 전파의 파장인 126mm와 14를 곱하면 1764mm =176.4cm가 되는데, 이는 아레시보 메시지를 작성했던 프랭크 드레이크의 키를 나타낸 것이다. 오른쪽 부분을 이진법으로 나타내고 십진법의 수로 변환하면 4,292,853,750으로 약 43억인데, 이는 1974년 당시 세계의 인구수이다.

태양계

태양계의 행성인 태양, 수성, 금성, 지구, 화성, 목성, 토성, 천왕성, 해왕성, 그리고

현재는 태양계 행성이 아닌 명왕성을 나타낸 것이다. 태양을 가장 크게 표시했으며, 메시지를 보내는 곳이 태양으로부터 세 번째 행성인 지구라는 것을 나타내기 위해 지구를 다른 행성보다 한 칸 위에 배치했다.

아레시보 망원경의 모양과 망원경의 지름

윗부분은 아레시보 망원경을 보여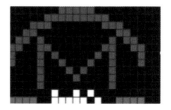
준다. 망원경의 표면은 포물면 모양으
로, 초점에서 발사된 전파가 망원경의
표면에 반사되어 포물면의 축과 평행
하게 나가는 모습을 형상화한 것이다. 그 아래 가운데 부분이 나타내
는 이진법의 수를 십진법의 수로 변환하면 2430이 된다. 여기에 전파
의 파장인 126(mm)을 곱하면 306,180(mm)＝306.18(m)이 되는데, 이는
아레시보 망원경의 지름을 나타낸 것이다.

'수'가 정신적 문명의 기초가 된다는 생각은 아레시보 천문대에서
외계를 향해 보낸 아레시보 메시지에 잘 반영되어 있다. 또한 아레시
보 메시지에서 이진법이 외계에서도 통용될 수 있는 기본적인 진법이
라는 점을 확인할 수 있다.

MATH
VITAMIN

일상 속의 기하학

3

수학에 대한 여러 정의 중의 하나가 '공간을 연구하는 학문'이다. 평면공간이나 입체공간과 같이 구체적인 실체를 탐구하는 기하학은 수학의 어느 분야보다도 일상생활에 다양하게 응용된다.

원탁과 맨홀 뚜껑

원탁과 원형 극장

중요한 외교 회담은 원탁에서 이루어지는 경우가 많다. 2019년에 한국 아세안ASEAN 특별정상회의 장소로 이용된 부산 누리마루 APEC 하우스의 회의장 탁자도 원형이었다. 탁자를 여러 모양으로 만들 수 있을 텐데, 굳이 원탁을 고집하는 이유는 무엇일까?

원은 중심에서 같은 거리에 있는 점들로 이루어지기 때문에 원탁회의 참석자들은 중심에서 동등하게 떨어진 위치에 앉게 된다. 따라서 원탁회의는 참석자 간의 수평적 관계를 상징한다고 볼 수 있다.

고대부터 극장이나 경기장은 원형으로 지어지는 경우가 많았다. 관람자가 동서남북 어느 자리에 앉아 있든 중앙에서 같은 거리만큼 떨어져 있어 모든 관람자가 무대를 잘 볼 수 있기 때문이다.

부산 누리마루 APEC 하우스의 회의장 　　　　　 로마 원형 극장

원 모양의 맨홀 뚜껑

맨홀 뚜껑은 거의 예외 없이 원 모양이다. 원의 지름은 어디에서 재더라도 같은데, 이 성질이 맨홀 뚜껑을 원 모양으로 만드는 이유다.

사각형 모양의 맨홀 뚜껑을 연상해 보면, 그 이유를 쉽게 납득할 수 있다. 사각형의 대각선은 네 변보다 길기 때문에 사각형 모양의 맨홀 뚜껑을 비스듬하게 세우면, 맨홀에 빠진다. 그렇지만 원 모양의 맨홀 뚜껑은 어떻게 세워도 맨홀에 걸리기 때문에 빠지는 일이 없다.

뢸로 삼각형

여기서 알 수 있는 맨홀 뚜껑의 조건은 어느 방향으로 재더라도 중심을 지나는 폭이 일정해야 한다는 점이다. 이러한 모양을 '정폭도형curve of constant width'이라고 하는데, 원 이외에도 다양한 모양의 정폭도형이 있다.

뒤의 그림과 같이 정삼각형 ABC를 그리고 꼭짓점 A에서 꼭짓점 B와 C를 지나는 호를 그린다. 이러한 과정을 나머지 두 꼭짓점에 대하여

롤로 삼각형

롤로 삼각형 모양의 맨홀 뚜껑

반복하면 부푼 정삼각형 모양을 얻을 수 있는데, 이런 정폭도형을 '룔로 삼각형Reuleaux triangle'이라고 한다.

롤로 삼각형은 중심을 지나는 폭이 일정하기 때문에 이 모양으로 맨홀 뚜껑을 만들면 원과 마찬가지로 뚜껑이 구멍에 빠지지 않는다. 정폭도형을 이용하면 원 모양 이외의 다양하고 개성 있는 모양의 맨홀 뚜껑을 만들 수 있다.

자동차 바퀴

자동차의 바퀴는 원 모양이다. 원 모양이면 바퀴의 각 점에서 중심까지의 거리가 같기 때문에, 중심을 축으로 바퀴를 회전시킬 때 매끄럽게 굴러간다. 바퀴의 조건은 바퀴를 굴렸을 때 높이가 일정하게 유지되

롤로 삼각형과 롤로 오각형 바퀴의 자전거

는 것인데, 그렇다면 원이 아닌 정폭도형도 바퀴가 될 수 있다. 실제 롤로 삼각형, 롤로 오각형 모양으로 바퀴를 만든 자전거도 존재한다.

신기한 드릴

릴로 삼각형의 쓰임새 중의 하나는 정사각형 모양으로 구멍을 뚫는 드릴이다. 보통의 회전 드릴로는 원형의 구멍을 뚫지만, 릴로 삼각형 모양의 날을 가진 드릴은 회전의 중심이 움직이면서 정사각형 모양을 만들어 낸다. 릴로 삼각형은 레오나르도 다 빈치의 세계 지도에 등장하기도 했다.

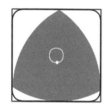

뢸로 삼각형을 이용한 드릴

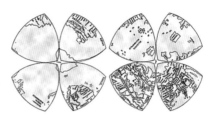

레오나르도 다 빈치의 세계 지도

정폭도형으로 만든 영국의 동전

뢸로 삼각형 이외에도 꼭짓점의 개수가 홀수인 정다각형을 변형해서 정폭도형을 만들 수 있다. 영국의 20펜스와 50펜스 동전은 정칠각형을 변형한 정

영국의 20펜스와 50펜스 동전

폭도형이다. 정형화된 원 모양을 벗어나 동전 모양에서도 다양성을 추구하고 있다. 동전을 자동판매기에 넣으면 동전의 지름을 감지함으로써 위조 동전인지를 판단하는데, 이를 위해서는 지름이 일정한 정폭도형일 필요가 있다.

뢸로 사면체

뢸로 삼각형의 작도 방법을 정사면체에 적용할
수 있다. 정사면체의 각 꼭짓점을 중심으로 하고
다른 꼭짓점들을 지나도록 구를 만들면 부푼 사
면체 모양의 뢸로 사면체가 된다. 뢸로 사면체는
뢸로 삼각형과 마찬가지로 어느 방향에서 재든
폭이 일정하다.

뢸로 사면체

네 발 의자와 네 발 의자

네 발 의자의 다리가 바닥 면에 완전히 닿지 않아 덜거덕거리는 경험
을 해 보았을 것이다. 그런데 의자의 다리가 네 개보다 하나 적은 세
개의 다리가 되면 신기하게도 수평이 잘 맞는다.

이런 이유로 사진기를 세워 놓는 삼각대tripod나 토지 측량 기구의 다
리는 세 개이다. 삼각대를 세우면 경사진 곳이나 평평한 곳이나 바닥
의 형태와 상관없이 세 다리가 모두 땅에 닿아 안
정적인 상태가 된다. 이러한 사실은 몇 개의 점
이 평면을 결정하는가와 관련이 있다.

두 점을 지나는 곡선은 무수히 많이 그릴
수 있다. 그러나 두 점을 잇는 직선은 하나
밖에 없다. 수학적으로 표현하면 두 점은
직선의 결정 조건이 된다. 마찬가지로 일직
선상에 위치하지 않는 세 점이 주어지면 하

삼각대

나의 평면이 결정되므로 세 점은 평면의 결정 조건이 된다. 이에 반해 네 점은 특수한 경우에만 한 평면을 결정한다. 네 점이 하나의 평면을 결정하지 않을 수 있다는 성질은 네 다리가 동일한 평면에 있지 않아 덜걱거릴 수 있다는 사실을 설명해 준다. 이처럼 주변의 일상적인 경험은 기하학의 성질들과 연결되어 있다.

야구의 피타고라스 승률

고대 그리스의 수학자 피타고라스

'피타고라스 정리'란 직각삼각형에서 직각을 낀 두 변 a와 b 길이의 제곱의 합이 빗변인 c의 길이의 제곱과 같다는 성질을 말한다. 피타고라스 정리는 고대 그리스의 수학자 피타고라스Pythagoras의 이름을 딴 것이다. 피타고라스는 그리스와 터키 사이의 에게 해에 위치한 사모스 섬에서 태어났는데, 이 섬에는 피타고라스를 기리는 직각삼각형 모양의 동상이 세워져 있다.

사모스 섬의 피타고라스 동상

세계 4대 문명에서 알고 있던 피타고라스 정리

역사를 살펴보면 고대 그리스 이전에 형성된 세계 4대 문명에서 이미 피타고라스 정리를 이해하고 있었던 것으로 보인다. 고대 이집트인들도 피라미드를 건축하는 데 직각삼각형 세 변의 길이 비를 활용했던 것으로 추측된다.

메소포타미아 문명에서는 당시의 수학에 대한 기록을 점토판에 남겼다. 피타고라스 정리에서 $a^2+b^2=c^2$이 성립하는 a, b, c를 '피타고라스의 세 수Pythagorean triple'라고 하는데, 기원전 1800년

플림프톤 322

경에 제작된 것으로 추정되는 '플림프톤Plimpton 322'에는 b와 c의 쌍이 15개 적혀 있다.

중국의 《주비산경》에는 피타고라스 정리와 그에 대한 증명이 그림으로 실려 있고, 인도를 중심으로 하는 인더스 문명에서도 직각삼각형 세 변의 길이 비에 대한 기록을 발견할 수 있다.

결과적으로, 이집트 문명, 메소포타미아 문명, 황하 문명, 인더스 문명에서는 모두 직각삼각형 세 변의 관계에 대해 알고 있었다. 직각삼각형 세 변의 관계를 어느 한 문명에서 발견하고 전파했다기보다는 각 문명이 독자적으로 알아냈을 가능성이 높다. 이런 면에서 볼 때 피타고라스 정리는 지성을 가진 인간이 도달할 수 있는 공통적인 지식이 아닐까 싶다.

세계 4대 문명

야구의 피타고라스 승률 공식

'야구에 웬 피타고라스?' 하고 생각하겠지만 야구에는 승률을 계산하는 '피타고라스 승률 공식Pythagorean expectation'이 있다. 미국의 스포츠 이론가인 빌 제임스가 제안한 야구의 피타고라스 공식은 승률을 제법 정확하게 예측하여 관심을 모았다. 이 공식에 따르면 야구의 승률은 총득점의 제곱을 총득점의 제곱과 총실점의 제곱의 합으로 나눈 것이다. 이때 분모는 총득점의 제곱과 총실점의 제곱의 합이므로, 피타고라스 정리와 유사한 형태라고 해서 그런 이름이 붙여진 것이다.

$$승률 = \frac{총득점^2}{총득점^2 + 총실점^2}$$

야구의 피타고라스 승률 공식에서 처음에는 제곱으로, 즉 지수를 2로 했지만, 경험적으로 지수가 1.83일 때가 더 정확하다고 한다.

$$승률 = \frac{총득점^{1.83}}{총득점^{1.83} + 총실점^{1.83}}$$

프로야구 승률

피타고라스 승률 공식으로 2018년 프로야구 정규 시즌의 기록을 분석해 보자. 두산의 경우 총득점은 944점, 총실점은 756점으로, 승률 공식에 넣으면 두산의 승률은 0.6이 된다. 그런데 실제 승률은 0.646으로, 다소간의 차이가 있다.

$$두산의 \ 피타고라스 \ 승률 = \frac{944^{1.83}}{944^{1.83} + 756^{1.83}} \fallingdotseq 0.6$$

그에 반해 삼성의 실제 승률 0.486과 피타고라스 승률 0.485의 차이는 0.001에 불과하다.

팀	실제 승률		피타고라스 승률 (n=1.83)		실제 승률 − 피타고라스 승률
	순위	승률	순위	승률	
두산	1	0.646	1	0.600	0.046
SK	2	0.545	2	0.559	−0.014
한화	3	0.535	8	0.480	0.055
넥센	4	0.521	3	0.526	−0.005
KIA	5	0.486	4	0.521	−0.035
삼성	6	0.486	6	0.485	0.001
롯데	7	0.479	5	0.486	−0.007
LG	8	0.476	7	0.484	−0.008
KT	9	0.418	9	0.456	−0.038
NC	10	0.406	10	0.389	0.017

야구의 승률을 계산하는 공식은 실제 승률을 시뮬레이션해서 예측하는 것이기 때문에 오차가 발생할 수밖에 없다. 그럼에도 불구하고

두산, SK, 삼성, KT, NC의 경우 실제 순위와 피타고라스의 승률 공식에 의한 순위가 일치한다.

팀	실제 승률		피타고라스 승률 (n=1.83)	
	순위	승률	순위	승률
두산	1	0.646	1	0.600
SK	2	0.545	2	0.559
한화	3	0.535	8	0.480
넥센	4	0.521	3	0.526
KIA	5	0.486	4	0.521
삼성	6	0.486	6	0.485
롯데	7	0.479	5	0.486
LG	8	0.476	7	0.484
KT	9	0.418	9	0.456
NC	10	0.406	10	0.389

한편 두산, 한화, 삼성, NC는 실제 승률이 피타고라스 승률보다 높았고, 그 반대로 SK, 넥센, KIA, 롯데, LG, KT는 실제 승률이 피타고라스 승률보다 낮았다. 일반적으로 불펜이 강하면 실제 승률이 높게 나오는 경향이 있다. 실제 승률 3위인 한화의 경우 피타고라스 승률로는 8위인데, 아무래도 강한 불펜 덕인 것 같다.

프로야구의 실제 승률이 피타고라스 승률 공식을 잘 만족하는 결과가 나오건 공식을 비웃는 엉뚱한 결과가 나오건 스포츠의 묘미는 예측 불허에 있으니, 끝까지 자신의 팀을 응원하며 지켜볼 일이다.

펜타그램

펜타그램과 황금비

'저 별은 나의 별, 저 별은 너의 별…'이라는 구절로 시작하는 포크 송부터 알퐁스 도데의 소설 《별》에 이르기까지 별은 인간의 감수성을 자극하는 단골 소재이다. 밤하늘에 빛나는 실제의 별은 타원형이지만 우리 마음속에 형상화된 별은 ☆ 모양이다.

별은 오각형, 즉 펜타곤의 꼭짓점들을 이은 다섯 개의 대각선으로부터 얻을 수 있기에 '펜타그램pentagram'이라고 한다. 특히 정오각형에서 만들어지는 펜타그램에는 인간이 가장 아름답다고 인식하는 황금비가 들어 있다. 정오각형의 한 변과 그 대각선의 비를 구해 보면 황금비인 약 1 : 1.618이 된다.(275~276쪽 참조) 정오각형의 대각선들은 다른 대각 선에 의해 두 부분으로 나뉘는데, 그 비를 구해 보면 역시 황금비가 된

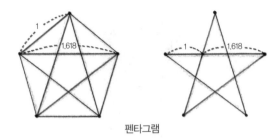

펜타그램

다. 이를 신기하게 여긴 고대 그리스의 전설적인 수학자 집단인 피타고라스 학파는 펜타그램을 학파의 상징으로 사용했다.

펜타그램의 상징

태양과 달을 제외할 때 우리가 관찰할 수 있는 가장 밝은 별은 금성으로, 반짝이는 별이라고 하면 금성부터 떠올리는 경우가 많다. 특히 8년마다 황도를 가로지르는 금성의 궤도는 다섯 개의 꽃잎으로 이루어진 별 모양이기 때문에 펜타그램과 금성은 관련이 깊다.

금성의 궤도

터키와 파키스탄과 같은 이슬람 국가의 국기에는 그믐달과 별이 그려져 있는데, 새벽에 보이는 그믐달과 새벽별인 금성은 잘 어울린다.

펜타그램은 군사력을 상징하기도 한다. 중세 유럽의 십자군은 성지 예루살렘을 탈환하기 위해 수차례 공격했지만, 결국 십자군 전쟁은 유

럽군의 완패로 끝나게 된다. 이때부터 십자군은
자신들을 이긴 이슬람의 상징인 펜타그램을 군사
력의 상징으로 사용하게 됐다. 오늘날에도 펜타
그램의 개수는 군대의 계급을 나타내는 지표가
된다. 또 펜타그램은 마귀를 쫓는 부적으로도 사
용된다. 괴테의 작품《파우스트》에서 메피스토펠
레스가 파우스트의 연구실을 떠날 수 없는 이유
는 문 입구에 그려진 펜타그램 때문이다.

파키스탄 국기

터키 국기

《다 빈치 코드》의 펜타그램

댄 브라운의 장편소설이자 영화로도 만들어진《다 빈치 코드》는 예
수에 얽힌 비밀, 시온 수도회, 오푸스 데이Opus Dei와 같이 민감한 종교
적 소재를 다루는 미스터리 스릴러 추리 소설이다. 이 소설을 읽는 재
미를 더해 주는 것은 간간이 등장하는 수학적인 소재이다.

《다 빈치 코드》를 이끌어가는 단서를 제공한 루브르 박물관장 자크
소니에르는 자신의 배 위에
펜타그램을 그려 놓고, 레오
나르도 다 빈치의 작품 〈비트
루비우스의 인체 비례〉와 동
일한 포즈로 죽는다. 펜타그
램은 황금비와 직결되며, 비
트루비우스는 황금비를 예찬

소설《다 빈치 코드》

영화 〈다 빈치 코드〉

한 로마 시대의 건축가이다.

그뿐만 아니라 소니에르의 피살 현장에는 '13-3-2-21-1-1-8-5'라는 수수께끼 같은 수의 배열이 남겨져 있는데, 얼핏 보면 난수표 같지만, 이는 1, 1, 2, 3, 5, 8, 13, 21, 34, 55, …으로 계속되는 피보나치 수열에서 처음 8개의 수를 섞어 놓은 것이다. 피보나치 수열에서 인접한 두 수의 비는 황금비가 되므로 이 소설에서 황금비가 중요한 단서임을 알 수 있다.(325쪽 참조)

명화 속의 펜타그램과 황금비

펜타그램과 황금비는 소설을 넘어 미술 작품에도 영향을 미친다. 라파엘로의 작품 〈십자가에 못 박힌 예수〉의 구도에서 펜타그램을 확인할 수 있고, 다 빈치의 〈모나리자〉에서 얼굴의 가로와 세로의 비가 황금비임을 알 수 있다.

한편 초현실주의 미술가 달리Salvador Dali의 작품 〈최후의 성찬식〉의 배경에는 정십이면체가 놓여 있다. 정십이면체는 12개의 정오각형으로 이루어져 있고, 정오각형은 황금비가 담긴

라파엘로의 〈십자가에 못 박힌 예수〉

펜타그램을 만들어 낸다는 면에서 이 그림과 황금비를 연결 지을 수 있

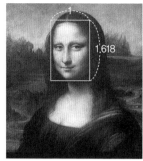

다 빈치의 〈모나리자〉　　　　　　달리의 〈최후의 성찬식〉

다. 이 작품에는 그리스도를 중심으로 12명의 제자들이 배치되어 있는데, 정십이면체는 12명의 제자와 12라는 공통 분모를 갖는다.

칠각별, 팔각별, 구각별

오각별인 펜타그램뿐 아니라, 7개의 꼭짓점을 갖는 칠각별heptagram도 있는데, 두 가지 방법으로 만들 수 있다.

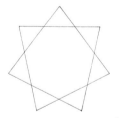

칠각별

8개의 꼭짓점을 갖는 팔각별octagram을 만드는 방법은 한 가지이고, 9개의 꼭짓점을 갖는 구각별enneagram은 두 가지 방법으로 만들 수 있다.

팔각별   구각별

이처럼 다른 모양의 별을 무한히 만들 수 있으니 '저 별은 나의 별, 저 별은 너의 별'이라는 노랫말에 맞게 사람마다 서로 다른 모양의 별을 선물할 수도 있겠다.

일필휘지
一筆揮之

중복되지 않게 다리 건너기

쾨니히스베르크Königsberg(현재는 칼리닌그라드)는 철학자 칸트가 평생을 지낸 도시로 유명하다. 칸트는 매일 같은 시간에 산책을 했기 때문에 사람들이 그의 산책 모습을 보고 시계를 맞추었다는 일화가 전해 오는 곳이다. 그런데 이 도시는 수학과 관련해서도 기념비적인 곳이다.

쾨니히스베르크는 도시를 관통하는 프레겔 강에 의해 A, B, C, D 네 지역으로 나뉘고, 이 지역들을 잇는 7개의 다리가 있었다. 당시 사람들은 같은 다리를 두 번 건너지 않고, 7개의 다리를 모두 건널 수 있는지를 궁금해했는데, 이를 '쾨니히스베르크의 다리 문제'라고 한다. 이는 연필을 떼지 않고 한 번에 그리는 '한붓그리기'를 할 수 있는가, 즉 일필휘지一筆揮之가 가능한가를 묻는 문제라고도 할 수 있다.

일필휘지

쾨니히스베르크의 다리 문제를 해결하기 위해 여러 가지 시도를 해 보아도 가능한 방법이 떠오르지 않을 것이다. 스위스의 수학자 오일러 Leonhard Euler는 1736년 같은 다리를 중복되지 않게 모든 다리를 건너는 것은 불가능함을 수학적으로 증명했다.

쾨니히스베르크의 다리 문제에서 네 지역은 점(A, B, C, D)으로, 다리는 변으로 표현할 수 있다. 한 점에 연결된 변의 개수가 홀수인 경우를 '홀수점'이라고 하는데, 한붓그리기가 가능하기 위해서는 홀수점이 없거나 2개여야 한다. 쾨니히스베르크의 다리에서 각 점에 연결된 변의 개수가 A는 3개, B는 5개, C는 3개, D는 3개로 홀수점은 A, B, C, D 4개이다. 따라서 한붓그리기가 가능하지 않고, 같은 다리를 중복으로 건너지 않으면서 모든 다리를 건너는 것은 불가능하다.

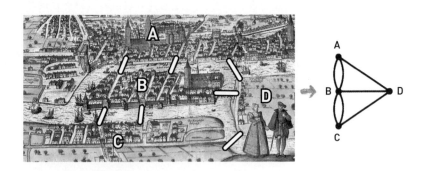

지금은 한붓그리기가 가능해졌다

쾨니히스베르크의 7개 다리 중에 2개는 제2차 세계대전 때 폭격으로 사라졌고, 현재는 5개만 남아 있다. 이제 각 점에 연결된 변의 개수가 A는 2개, B는 3개, C는 2개, D는 3개이므로 홀수점은 B와 D, 2개이다. 한붓그리기가 가능해진 것이다. 오늘날 쾨니히스베르크에서는 같은 다리를 중복해서 건너지 않고 모든 다리를 건널 수 있다.

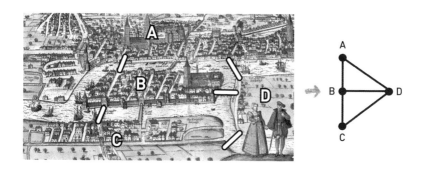

오일러 회로와 경로

왼쪽 그림과 같이 홀수점이 없으면 어느 점에서 시작하더라도 모든 선을 다 지나 그 점으로 돌아오는 '오일러 회로Euler circuit'가 된다. 또 오른쪽 그림과 같이 홀수점이 2개인 경우에는 한 홀수점에서 시작하여 모든 변을 다 돌고 다른 홀수점에서 끝나는 '오일러 경로Euler path'가 된다.

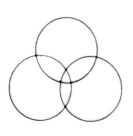

홀수점이 없는 오일러 회로

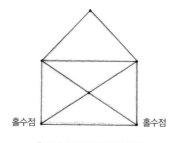

홀수점이 2개인 오일러 경로

한붓그리기는 일상에서 활용도가 높다. 예를 들어 청소차를 운행할 때 모든 도로를 중복 없이 한 번씩만 지나는 것이 효율적이다. 따라서 한붓그리기를 활용하여 청소 계획을 수립하면 지나간 도로를 또다시 지나가지 않으므로 가장 경제적인 경로를 운행할 수 있다.

해밀턴 회로

오일러 회로와 비슷한 것이 '해밀턴 회로Hamiltonian circuit'다. 모든 '변'을 한 번씩 지나는 오일러 회로와 달리 해밀턴 회로에서는 모든 '점'을 한 번씩 지난다.

그림에서 세일즈맨이 A, B, C, D, E, F 지점을 방문하고 다시 A로 돌아온다고 할 때, 이 점들을 연결하는 도로를 모두 지날 필요는 없다. 예를 들어 A-B-E-F-C-D-A의 순서로 방문한다면 모든 점을 빠지지 않고 한 번씩 지나게 되지만, 점과 점을 잇는 도로 중에는 누락되는 경우도 있다. 해밀턴 회로는 이런 상황과 결부되기 때문에 '순회 세일즈맨 문제travelling salesman problem'라고도 한다.

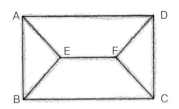

해밀턴 회로는 영국의 수학자 해밀턴William R. Hamilton이 1857년에 다음 문제를 소개하면서 본격적으로 연구되었기 때문에 해밀턴이라는

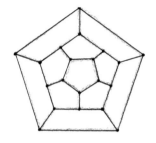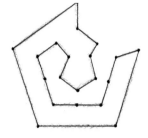

정십이면체 해밀턴 회로

이름이 붙여졌다.

정십이면체를 평면에 펼쳐 놓은 모양의 각 꼭짓점에 유명한 도시 이름이 적혀 있다. 이 도시들을 한 번씩 방문하고 출발했던 도시로 돌아올 수 있을까?

이 그림은 복잡해 보이지만 모든 꼭짓점을 한 번씩 지날 수 있기 때문에 해밀턴 회로가 된다.

그래프 이론

오일러 회로와 경로, 해밀턴 회로는 점과 변으로 이루어진 도형을 연구하는 '그래프 이론graph theory'의 중요한 연구 주제이다. 그래프 이론은 비교적 최근에 발달한 수학의 한 분야로 교통 공학, 통신 공학, 경영학 등 다양한 분야에서 활용된다. 특히 그래프 이론은 네트워크 이론이라는 새로운 분야를 파생시켰다. 네트워크 이론은 인터넷 웹 페이지의 하이퍼링크 관계, 생태계의 먹이 사슬, 초기 기독교를 전파한 사도 바울의 전도 관계 등 다양한 관계를 분석하는 데 쓰인다. 또한 코로나19와 같은 전염병의 감염 경로를 밝히는 데도 네트워크 이론이 이용된다.

6단계로 연결되는
작은 세상

케빈 베이컨의 6단계

한때 미국 대학가에서 '케빈 베이컨의 6단계Six degrees of Kevin Bacon'라는 게임이 유행했다. 배우의 이름이 주어지면 영화에 함께 출연했던 배우들을 통해 6단계 이내에 케빈 베이컨과 연결하는 게임이다.

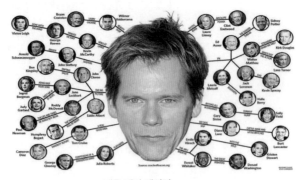

배우 케빈 베이컨Kevin Bacon

150

케빈 베이킨과 몇 단계를 거쳐 연결되는지를 나타낸 게 '베이컨 수Bacon number'이다. 같은 영화에 출연한 배우라면 베이컨 수는 1이고, 한 명의 배우를 거쳐서 연결되면 베이컨 수는 2가 된다. 예를 들어, 배우 이병헌의 경우 〈지.아이.조G.I.Joe〉에서 레이 스티븐슨과 함께 출연했고, 레이 스티븐슨은 〈내 아내의 행복한 장례식〉에서 케빈 베이컨과 함께 출연했으니, 이병헌의 베이컨 수는 2이다. 베이컨 수를 구해 주는 사이트도 있다(https://oracleofbacon.org/). 케빈 베이컨이 다작 배우이자 할리우드 마당발로 유명하긴 하지만, 대부분의 배우와 3단계 이내로 연결되는 것은 신기한 일이다.

배우 이병헌의 베이컨 수

6단계 법칙

'6단계 분리 이론six degrees of separation'은 세상 모든 사람이 여섯 단계면 연결된다는 이론이다. 예를 들어, 한 명이 45명과 연결된다고 가정하면 2단계에서는 각각이 또 45명과 연결되니까 45×45명과 연결되고, 이런 식으로 6단계까지 가면 45를 6번 곱한 45^6, 약 83억 명이 연결된다. 결국 세계 인구인 78억 명보다 많아지게 되니, 지구상의 모든 사람이 6단계로 연결된다는 주장이 설득력 있다.

최근 페이스북 사용자들의 관계를 분석한 결과, 평균 3.5단계면 대부분 연결된다고 한다. 정말 작은 세상, small world이다.

에르되시 수

헝가리 태생의 에르되시Paul Erdös는 왕성한 연구를 통해 1500여 편의 논문을 발표한 수학의 대가이다. 에르되시는 평생 전 세계를 돌아다니며 다양한 학자들과 교류하면서 공동 논문을 작성하다 보니, 에르되시와 공저자의 관계를 나타내는 '에르되시 수Erdös Number'가 만들어졌다.

에르되시와 함께 논문을 작성한 사람은 512명으로 에르되시 수는 1이다. 512명 중 헝가리의 수학자 사르코지András Sárközy는 에르되시와 62편의 논문을 공동으로 작성해서 최다를 기록한다. 에르되시와 공동 논문을 쓴 사람과 공동 논문을 작성했을 때 에르되시 수는 2가 된다. 에르되시 수가 2인 사람은 2020년 8월 기준 12,600명인데, 시간의 흐름에 따라 늘어날 것이다. 아인슈타인의 에르되시 수는 2, 천재 수학자 라마누잔은 3, 물리학자 하이젠베르크와 빌 게이츠의 에르되시 수는 4이고, 필자 역시 에르되시 수가 4이다. 물리학자 출신인 독일의 메르켈 전 총리는 에르되시 수가 5이다.

수학의 노벨상인 필즈상 수상자들의 에르되시 수는 중앙값이 3이다. 1903년부터 2016년 사이 노벨상 수상자들을 조사해 보면, 경제학상 수상자의 62%가 에르되시와 논문으로 연결되어 있고, 에르되시 수의 중앙값은 4이다. 물리학상의 경우 수상자의 80%가 에르되시와 연결되어 있고, 에르되시 수의 중앙값은 5이다.

에르되시와 논문으로 연결된 학자들이 여러 분야의 노벨상을 수상했다는 사실은 에르되시의 영향력을 입증함과 동시에 수학이 여러 분야와 광범위하게 관련되어 있음을 방증한다.

에르되시와 10살의 타오

테렌스 타오 교수

에르되시와 타오

에르되시는 평생 가족도 없이 여행 가방 하나를 들고 떠돌며 누구와도 수학 이야기를 하는 것을 즐겼다. 위의 사진에서 에르되시가 10살 꼬마와 함께 수학 문제를 푸는 장면이 인상적이다. 이 꼬마는 테렌스 타오로, 2006년에 31살의 나이로 필즈상을 받은 천재 수학자다. 현재 타오는 UCLA 교수인데, 부인이 한국인이라 그런지 친근하게 느껴진다.

에르되시-베이컨 수

베이컨 수와 에르되시 수를 동시에 갖는 사람도 있다. 배우 케빈 베이컨은 논문을 쓴 적이 없으니 에르되시 수가 없지만, 에르되시는 다큐멘터리 영화에 출연했기 때문에 그 연결고리로 베이컨 수는 4이다. 에르되시 수를 베이컨 수와 더한 것을 '에르되시-베이컨 수'로 정의한다. 《코스모스》로 유명한 칼 세이건은

칼 세이건의 《코스모스》

에르되시 수가 4, 베이컨 수가 2여서 에르되시-베이컨 수는 6이고, 리

처드 파인만도 6이다.

　에르되시 수는 인터넷 웹 페이지의 링크와 그 관련성에 가중치를 매기는 방법으로 확장된다. 이 개념을 발전시켜 래리 페이지와 세르게이 브린은 '페이지랭크PageRank'를 개발했는데, 페이지랭크는 Google 검색 엔진의 원리이다.

　에르되시는 "수학자란 커피를 정리로 바꾸는 장치이다A mathematician is a machine for turning coffee into theorems"라는 명언을 남겼다. 수많은 사람에게 커피가 그러하듯, 에르되시에게도 커피는 영혼을 깨우고 직관력을 상승시키는 작용을 했나 보다.

미로 찾기

래버린스: 미궁

걸 그룹 '여자친구'는 2020년 〈회:래버린스回: LABYRINTH〉를 발표했다. BTS를 키워 낸 방시혁이 함께해서 화제를 모은 이 앨범의 제목인 래버린스labyrinth는 '미궁'이라는 뜻이다.

GFRIEND ✻
回:LABYRINTH

여자친구 앨범 〈회: 래버린스〉

2004학년도 수능에서 복수 정답 시비가 있었던 언어 영역 17번 문제에는 그리스 신화에 등장하는 미궁에 대한 지문이 나온다. 아이러니하게도 이 복수 정답 파문으로 수능은 미궁에 빠졌다.

(가) 고향

백석

나는 북관(北關)에 혼자 앓아 누어서
어느 아츰 ⓐ 의원(醫員)을 뵈이었다
의원은 여래(如來) 같은 상을 하고 관공(關公)의 수염을
드리워서
먼 옛적 어느 나라 신선 같은데
새끼손톱 길게 돋은 손을 내어
묵묵하니 한참 맥을 짚드니
문득 물어 고향이 어데냐 한다
평안도 정주라는 곳이라 한즉
그러면 아무개씨 고향이란다
그러면 아무개씰 아느냐 한즉
의원은 빙긋이 웃음을 띄고
막역지간(莫逆之間)이라며 수염을 쓴다
나는 아버지로 섬기는 이라 한즉
의원은 또다시 넌즈시 웃고
말없이 팔을 잡어 맥을 보는데
손길은 따스하고 부드러워
고향도 아버지도 아버지의 친구도 다 있었다

17. (가)의 ⓐ과 유사한 기능을 하는 것을 <보기>에서 고르면?

<보 기>
　　그리스 신화에 나오는 영웅 테세우스는 미궁으로 들어가 비밀의 방에 이르고자 한다. 비밀의 방에는 인간을 잡아먹는 괴물 미노타우로스가 있다. 미궁을 통과하는 길은 복잡하게 얽혀 있어 한번 들어가면 길을 잃기 십상이다. 미궁으로 들어가는 문은 누구에게나 보이는 것이 아니다. 들어가고자 하는 사람에게만 존재하고 열리는 문이다. 테세우스는 미궁의 문을 찾아 실 끝을 미궁의 문설주에 묶어 놓은 뒤 자신의 예지와 본능으로 미로를 더듬어 비밀의 방에 이른다. 테세우스는 괴물을 죽인 후 실을 따라 무사히 밖으로 나온다. 이 '미궁의 신화'는 문학 예술 작품에서 다양하게 변형되어 사용되기도 한다.

① 테세우스　　　　　② 미노타우로스
③ 미궁의 문　　　　　④ 비밀의 방
⑤ 실

2004학년도 수능 언어 문제

미노스의 미궁

　　그리스 신화에서 크레타의 왕 미노스는 바다의 신 포세이돈에게 황소를 보내 달라고 요청했다. 이에 포세이돈은 파도로 황소를 만들어 미노스에게 제물용으로 보내 주었는데, 미노스는 멋진 황소를 탐해서 죽이지 않고 대신 다른 황소

미궁에 갇힌 미노타우로스
(피렌체의 스트로치 궁전)

를 제물로 바쳤다. 이에 크게 노한 포세이돈은 미노스의 아내 파시파에에게 저주를 내리고 그 결과 파시파에는 인간의 몸에 황소의 머리를 갖는 미노타우로스를 낳게 된다. 미노스 왕은 미노타우로스를 가두

기 위해 들어가면 길을 찾아 나오기 어려운 궁전 라비린토스를 만들었고, 이게 미궁의 시초가 되었다.

미궁과 미로

미궁은 복잡해 보이지만 굴곡진 외길을 따라가면 중심에 닿을 수 있고, 또 출구와 입구가 같다. 미궁과 비슷한 개념이 미로, 메이즈maze다. 미로는 길이 복잡하게 얽혀 있어 선택한 길이 막다른 골목이 될 수도 있고 밖으로 나가는 길이 될 수도 있다. 또 대개 출구와 입구가 달라 빠져나오기가 어렵다.

영화 〈메이즈 러너〉

영화 〈메이즈 러너〉는 거대한 미로로 둘러싸인 낯선 공간에 보내진 주인공 딜런 오브라이언이 미로에서 탈출하는 과정을 그린다. 학습 능력을 알아보는 데 효과적인 미로 찾기는 지능 개발 퍼즐로도 많이 만들어진다.

미궁   미로

조르당 곡선의 정리

단일폐곡선simple closed curve은 원과 연결 상태가 같은 곡선을 말한다. 프랑스의 수학자 조르당Camille Jordan의 이름을 따서 '조르당 곡선'이라고도 한다. 조르당 곡선을 따라 한 방향으로 움직이면 출발점으로 되돌아오고, 이 곡선을 기준으로 내부와 외부가 나뉜다. 단일폐곡선으로 만들어진 미로라면, 단일폐곡선의 성질을 활용해서 벽 따라가기wall follower, 즉 한 손을 벽에 대고 앞으로 나아가기만 하면 미로에서 탈출할 수 있다.

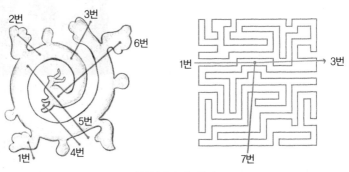

조르당 곡선에서 미로찾기

조르당 곡선에서는 내부와 내부, 혹은 외부와 외부를 이으면 곡선과 만나지 않거나 짝수 번 만난다. 그렇지만 위의 오른쪽 그림과 같이 내부와 외부를 이으면 곡선과 홀수 번(1번, 3번, 7번) 만나게 된다. 따라서 조르당 곡선으로 이루어진 복잡한 미로에서 어떤 지점이 외부와 연결되는지 확인하려면 선분을 그어 곡선과 만나는 횟수가 짝수인지 홀수인지 알아보면 된다.

햄프턴 궁전 정원과 김녕 미로 공원

영국 런던 근처에 있는 햄프턴
궁전의 정원은 사다리꼴 형태로,
정원에 심어진 나무들이 미로를 형
성하고 있다. 어떤 길로 들어서면
막다른 골목이 되기도 하고, 빠져
나오는 경로가 되기도 한다.

햄프턴 궁전의 정원

제주도에도 미로로 된 정원이 있
다. 김녕 미로 공원은 제주의 역사
와 지리를 말해 주는 7가지 상징물
로 디자인되어 있는데, 렐란디 나

김녕 미로 공원

무를 제주도의 실제 섬 모양으로 심어 놓았다. 미로 찾기를 통해 종착
지에 도달하면 골든벨이 울린다.

우리 삶은 어쩌면 미로를 찾는 것과 같다. 미로를 빨리 빠져나가는
것도 중요하지만, 탈출 과정을 슬기롭게 즐기는 것도 못지않게 중요할
것이다.

포물선과
파라볼라 안테나

아치형의 승선교

선암사는 우리나라에서 아름답기로 유명한 사찰로, 선암사로 들어가는 길에 승선교를 만날 수 있다. 승선교는 무지개 모양이기 때문에 무지개 홍虹, 무지개 예蜺를 써서 '홍예'라고도 한다.

승선교는 공학적으로 볼 때 아치arch형이다. 이런 아치형 구조는 로

선암사의 승선교(무지개 다리)

아치형 로마 수도교

아치형 터널

마 수도교와 같은 다리뿐 아니라 터널, 건축물, 우물, 댐 등에서 찾아볼
수 있다. 아치형은 건축의 3요소인 구조, 기능, 아름다움을 모두 만족
시키기에 고대부터 많이 활용되었다.

　아치형은 구조물의 무게를 효율적으로 분산시킨다. 인체를 지탱하는
발바닥이 대부분 아치형인 이유도 그 때문이다. 발바닥이 평평한 평발
은 발바닥이 하중을 많이 받기 때문에 오래 걷지 못하지만, 아치형이면
하중이 분산되어 오래 걸을 수 있다. 또 팔을 낄 때 자연스럽게 아치형
을 만드는데, 아치형은 수직 방향과 수평 방향의 힘을 적절하게 분산시
키기 때문이다. 두 팔 사이를 좁게 하면 수직 방향의 힘이 과도해지고,
두 팔 사이를 넓게 하면 수평 방향의 힘을 많이 받아 불안정하다.

아치형을 뒤집으면 현수선

　아치형을 거꾸로 뒤집은 모양을 '현수선catenary'이라고 한다. 현수선
은 끈의 양 끝을 같은 높이에서 잡고 늘어뜨렸을 때 만들어지는 곡선
이다. 끈의 길이가 같다면 가벼운 끈이건 무거운 체인이건 상관없이
동일한 모양의 현수선이 만들어진다.

현수선의 수식은 하이퍼볼릭 코사인함수, 지수함수로 나타낼 수 있다.

$$y = a \cosh\left(\frac{x}{a}\right) = \frac{a}{2}\left(e^{\frac{x}{a}} + e^{-\frac{x}{a}}\right)$$

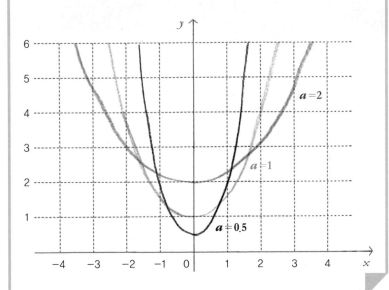

현수교와 포물교

다리의 케이블이 멋지게 늘어져 있는 영종대교와 광안대교, 샌프란시스코의 금문교를 '현수교suspension bridge'라고 한다. 현수교라는 명칭은 현수선에서 따온 것이다.

그런데 현수선 모양으로 늘어진 줄에 일정한 간격으로 하중을 주면 현수선은 모양이 살짝 바뀌어 '포물선'이 된다. 현수교의 케이블은 공중에 떠 있는 게 아니라, 일정한 간격으로 설치된 줄에 의해 다리의 상

| 영종대교 | 광안대교 | 금문교 |

판과 연결되어 있으므로, 케이블은 현수선이 아니라 포물선을 그린다. 따라서 '현수교'가 아니라 '포물교'가 더 적절한 표현일 수 있다. 실제 현수선과 포물선은 모양이 상당히 유사해서, 갈릴레오와 같은 과학자도 현수선과 포물선을 구별하지 못했다고 한다.

파라볼라 안테나

위성 방송을 보기 위해 설치하는 위성 안테나는 포물선을 회전시킨 포물면 모양이다. 그래서 포물선을 뜻하는 파라볼라parabola를 붙여 '파라볼라 안테나parabola antenna'라고 한다.

파라볼라 안테나

위성 안테나가 포물면 모양인 이유는 포물선의 성질과 관련되어 있다. 포물선의 축과 평행하게 들어오는 전파가 입사각과 반사각이 같도록 꺾이면 모두 포물선의 초점에 모이게 된다. 포물면도 포물선의 특징을 가지므로, 파라볼라 안테나는 멀리서 날아온 약한 전파라도 모두 한곳에 효율적으로 모을 수 있다.

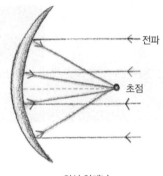
위성 안테나

포물면 거울

이런 포물선의 성질은 다양하게 활용된다. 대표적인 예가 반사면이 포물면으로 돼 있는 '포물면 거울parabolic mirror'이다. 파라볼라 안테나와 마찬가지로 포물면 거울에서도 축과 평행하게 들어온 빛은 초점에 모인다. 이러한 성질을 알고 있던 알렉산드리아의 수학자 아르키메데스가 로마와의 포에니 전쟁에서 포물면 거울로 태양 광선을 모아 적군의 배에 불을 붙였다는 일화가 전해 온다.

아르키메데스의 일화를 표현한 16세기 벽화

태양열 발전소는 포물면 거울을 이용하여 태양열을 효과적으로 모아 동력으로 이용한다. 신재생 에너지를 연구하는 이스라엘의 국립 태양 에너지 센터에는 태양열을 집적하는 대형 포물면 거울이 설치되어 있다.

이스라엘 국립 태양 에너지 센터의 포물면 거울

상향등과 하향등

포물면 거울을 이용하여 빛을 초점에 모으는 것과 반대로, 포물면 거울의 초점에 광원을 놓으면 거울에 반사된 빛은 축과 평행하게 나가게 된다. 이러한 성질은 손전등이나 탐조등에 이용된다. 전등의 반사면을 포물면으로 만들면, 초점에 위치한 전구에서 나온 빛이 포물면에 부딪혀 축과 평행하게 나가므로 멀리까지 밝힐 수 있다.

자동차 전조등의 상향등과 하향등 역시 포물면의 원리를 이용한다. 어두운 밤길을 갈 때 켜는 상향등은 반사 거울이 포물면으로 되어 있고 전구가 초점에 위치하기 때문에 멀리까지 밝게 비춘다. 한편, 다른 운전자에게 눈부심을 주지 않는 하향등은 전구가 초점에서 벗어난 위치에 있어 빛이 반사된 뒤 사방으로 퍼지므로 멀리 나가지 않는다.

전구

자동차 전조등

타원과 속삭이는 회랑

'속삭이는 회랑'의 비밀

영국 런던의 세인트 폴 대성당에는 '속삭이는 회랑whispering gallery'이라는 신비한 장소가 있다. 속삭이는 회랑은 돔 아래의 원형 모양 복도를 말하는데, 한쪽에서 속삭인 소리를 조금 떨어진 곳에서는 잘 못 듣지만, 더 멀리 있는 건너편 복도에서는 또렷하게 들을 수 있다. 이런

세인트 폴 대성당(런던)

그랜드센트럴역(뉴욕)

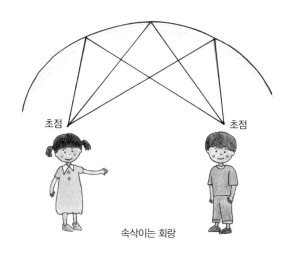

초점　　　　　　　　　　　　　　초점

속삭이는 회랑

곳은 뉴욕의 교통 중심지인 그랜드센트럴역에도 있다. 실제 그랜드센트럴역에는 속삭이는 회랑 효과를 확인하기 위해 양쪽 기둥에서 속삭이는 사람들을 볼 수 있다. 이런 신기한 현상이 발생하는 원인은 타원형 천장 때문이다.

타원에는 두 개의 초점focus이 있으며, 이 두 초점으로부터 거리의 합이 일정한 점들을 찍으면 타원이 된다. 타원의 한 초점에서 낸 소리가 타원형 천장에 부딪히면, 반사되면서 건너편 초점에 모인다. 다시 말해, 소리가 서로 또렷하게 잘 들리는 두 지점이 바로 타원의 두 초점이다.

신장결석 파쇄기

타원의 성질은 의료기기에도 응용되는데, 그 대표적인 예가 타원형으로 생긴 신장결석 파쇄기Lithotripter이다. 신장결석 파쇄기로 신장결석을 치료할 때, 인체에 생긴 결석을 타원의 한 초점에 위치시키고

다른 한 초점에서 충격파를 발생시키는
데, 이때 충격파가 타원형 반사 장치에
부딪혀 결석의 위치에 모인다. 따라서 인
체의 다른 부분에 큰 손상을 주지 않고
결석에만 충격파를 집중시킬 수 있다.

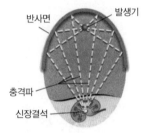

신장결석 파쇄기

달걀과 타원

달걀과 같은 알은 타원처럼 보이지만, 사실은 타원보다 한쪽이 더
둥근 모양이다. 알의 모양이 대칭이 아닌 이유는 굴러서 보금자리 밖
으로 나가지 않고 빙 돌아 제자리로 돌아오기 쉽게 하기 위해서라는
설이 있다.

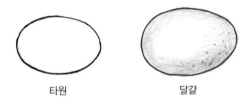

타원　　　　　　　　달걀

행성의 궤도

태양계의 행성은 태양을 한 초점으로 하는 타원 궤도를 따라 운동한
다. 코페르니쿠스는 기존의 천동설을 뒤집고 지동설을 주장했지만, 행
성은 원 운동을 한다고 생각했다. 케플러도 초기에는 행성의 궤도가
원이라고 생각했지만, 브라헤가 남긴 방대한 천체 관측 자료를 분석한
끝에 타원임을 밝혀냈다.

태양계의 행성은 모두 타원 운동을 하지만 타원 궤도의 모양은 약간씩 다르다. 타원의 모양이 원에 가까운지 길쭉한지를 나타내는 것이 '이심률eccentricity'이다. 이심률은 0과 1 사이의 값으로, 타원의 모양이 원에 가까울수록 수치는 0에 가깝다.

태양계 행성들의 이심률은 다음과 같다.

수성	금성	지구	화성	목성	토성	천왕성	해왕성	명왕성
0.206	0.007	0.017	0.093	0.048	0.056	0.047	0.009	0.248

이심률을 조사해 보면, 행성 중에 궤도가 원에 가장 가까운 것은 금성이며, 가장 길쭉한 궤도를 그리는 것은 명왕성이다. 그런데 명왕성은 태양계의 행성에서 제외되었기 때문에, 이제 태양계에서 이심률이 가장 큰 행성은 수성이다. 한편, 헬리 혜성도 타원 운동을 하는데, 그 이심률은 0.967로 거의 1에 가깝다. 그러니 타원이라고 보기 어려울 정도로 길쭉한 궤도를 그린다.

핼리 혜성

태양과 행성의 거리

태양에서 지구까지의 거리를 1이라고 하면 태양에서 수성까지는 0.4, 금성까지는 0.7만큼 떨어져 있다. 이런 식으로 거리를 늘어놓으면

$$0.4, 0.7, 1.0, 1.6, 5.2, \cdots$$

이다. 독일의 천문학자 티티우스Johann Daniel Titius와 보데Johann Elert Bode는 이 수열에서 다음과 같은 티티우스-보데의 법칙을 만들었다.

$$0.4 + 0.3 \times 2^n$$

지금까지 발견된 행성들은 대략 티티우스-보데의 법칙을 따른다. 금성은 $n=0$인 경우로 0.7, 지구는 $n=1$로 1이 된다. $n=4$인 목성은 5.2로 티티우스-보데 법칙에 정확히 맞고, 이 법칙이 만들어진 이후에 발견된 천왕성은 $n=6$인 거리에 위치한다. 티티우스-보데의 법칙에 $n=3$을 대입해서 예측한 거리에서 화성과 목성 사이의 소행성인 세레스Ceres가 발견되었다.

튀코 브라헤 천문관

덴마크 출신의 천문학자 튀코 브라헤Tycho Brahe를 기리는 천문관은 코펜하겐에 위치하는데, 원기둥을 절단한 모양이다. 비스듬하게 절단된 원기둥의 단면은 타원이므로, 이 천문관의 천장은 타원

튀코 브라헤 천문관

형이다. 브라헤의 관측 자료는 행성의 궤도가 타원이라는 것을 밝히는 데 귀중한 근거가 되었으니, 이를 기리는 멋진 디자인이 아닐 수 없다.

원뿔곡선 vs. 이차곡선

포물선과 타원은 원뿔을 절단했을 때 얻을 수 있기 때문에 '원뿔곡선'이라고 한다. 원과 쌍곡선 역시 원뿔곡선이다. 원뿔곡선은 영어로 'conic section'이라고 하는데, 단어의 뜻을 직역하면 '원뿔의 단면'이라는 의미이다.

타원, 포물선, 쌍곡선에 대응되는 영어 용어는 각각 ellipse, parabola, hyperbola로, 이는 각각 '부족하다', '적당하다', '초과하다'라는 의미의 그리스어에서 비롯되었다. 원뿔의 밑면과 모선이 이루는 각을 θ라고 할 때, 밑면과 절단면이 이루는 각이 보다 작은 경우가 타원이고($\theta_1 < \theta$), 같은 경우가 포물선이며($\theta_2 = \theta$), 큰 경우가 쌍곡선이라는($\theta_3 > \theta$) 점을 고려하면 그 의미가 잘 와 닿는다.

원, 타원, 포물선, 쌍곡선을 나타내는 방정식은 모두 이차식으로 표현될 수 있기 때문에 '이차곡선quadratic curve'이라고도 한다. 이차곡선을 나타내는 일반식에서 타원, 포물선, 쌍곡선을 결정하는 조건은 다음과

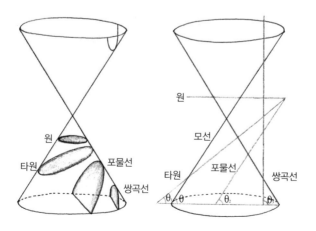

같은데, 여기서도 0을 기준으로 '부족하다', '적당하다', '초과하다'라는
의미를 연결시킬 수 있다.

$$Ax^2+Bxy+Cy^2+Dx+Ey+F=0 \quad (A, B, C는 동시에 0이 아님)$$

$$B^2-4AC<0 \quad 타원$$

$$B^2-4AC=0 \quad 포물선$$

$$B^2-4AC>0 \quad 쌍곡선$$

원뿔곡선은 원, 타원, 포물선, 쌍곡선이 원뿔의 절단을 통해 얻을 수
있다는 점에서 비롯된 '기하적' 용어인 반면, 이차곡선은 원, 타원, 포
물선, 쌍곡선의 방정식이 모두 이차식이라는 '대수적' 측면에 주목한
용어이다. 다시 말해 원뿔곡선과 이차곡선은 동일한 수학적 대상을 지
칭하지만, 서로 다른 관점에서 비롯된 용어이다.

전통 기와의 곡선과
비누막 디자인

사이클로이드

자전거 바퀴에 야광등을 설치하고 자전거를 움직이면 야광등은 어떤 모양을 그릴까? 야광등은 바퀴가 돌아갈 때마다 동일한 모양을 반복하는데, 그림과 같이 잔잔한 파도를 뒤집어 놓은 모양이 된다. 이와 같이 원을 직선 위에서 굴렸을 때 원 위의 한 점이 그리는 곡선을 '사이클로이드cycloid'라고 한다.

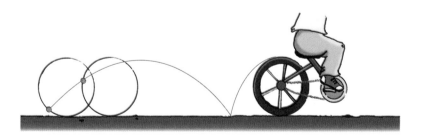

최단강하곡선

원, 직선, 사이클로이드 모양으로 미끄럼틀을 만들고, 같은 높이에서 공 3개를 동시에 굴려 보자. 두 점을 잇는 최단 경로는 직선이므로, 직선을 따라 굴린 공이 가장 먼저 바닥에 도착한다고 생각하기 쉽지만, 사이클로이드를 따라 굴린 공이 더 빠르다. 동일한 속도로 움직인다면 최단 시간을 보장하는 게 직선이지만, 속도가 변한다면 결론은 달라진다. 사이클로이드에 놓인 공은 최적으로 가속되면서 움직이기 때문에 가장 먼저 바닥에 도착한다. 이런 측면에서 사이클로이드는 '최단강하곡선最短降下曲線, brachristochrone'이라고 한다.

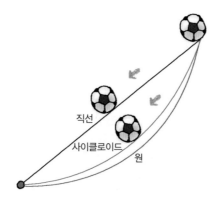

직선

사이클로이드

원

심층

사이클로이드가 최단강하곡선이라는 것은
다음과 같은 사이클로이드 방정식을 미분해서 증명할 수 있다.

$x = r(t - \sin t)$
$y = r(1 - \cos t)$

암키와의 곡선과 독수리의 비행

사이클로이드의 이런 성질은 전통 가옥의 기와지붕에 활용된다. 기와는 암키와와 수키와로 구성되는데 그중 암키와와 그 끝에 얹힌 암막새의 곡선은 사이클로이드에 가깝다. 빗물이 기와에 스며들어 목조 건물이 부식되는 것을 막기 위해서는 가능한 한 빗물이 기와에 머무는 시간을 줄여야 한다. 그

암막새

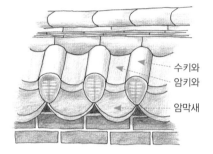

수키와
암키와

암막새

러기 위해서는 빗물이 기와에서 빠르게 흘러내리도록 사이클로이드 모양으로 기와를 만드는 것이 효과적이다.

동물은 본능적으로 최적의 곡선을 선택한다. 독수리나 매는 땅 위의 토끼를 잡을 때 직선으로 날지 않는다. 아래로 내려오다가 목표물을 향해 곡선 비행을 하는데, 그 궤도는 사이클로이드에 가깝다.

등시곡선

사이클로이드는 또 하나의 주목할 만한 성질을 갖는다. 사이클로이드에서는 어떤 높이에서 공을 굴리든지 동시에 바닥에 떨어진다. 서로 다른 높이에서 굴린 공이 바닥에 도달하는 데 걸리는 시간은 같기 때문에, 사이클로이드는 '등시곡선等時曲線, tautochrone'이라고 한다. 네덜란드의 물리학자 호이겐스는 어디서 시작해도 같은 시간 동안 추가 진동

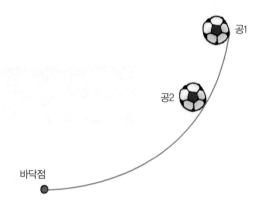

공1

공2

바닥점

하는 시계를 만들었는데, 사이클로이드의 성질을 곡선으로 왕복 운동 하는 시계추에 적용한 것이다.

기하학의 헬레네

수학사에서 가장 많은 수학자를 배출한 가 문이 바로 스위스의 베르누이Bernoulli 일가이 다. 베르누이 가문은 유전학자들의 관심을 끌 정도로 17, 18세기 수학계를 주름잡는 수학자

자코브 베르누이 우표

를 다수 배출했다. 형제지간인 자코브Jakob와 요한Johann뿐 아니라 요한 의 세 아들인 다니엘, 요한 2세, 니콜라스 2세도 수학과 물리학에서 돋 보이는 업적을 남겼다. 그중 가장 유명한 자코브와 요한은 사이클로이 드를 둘러싸고 많은 논쟁을 벌였고 이는 형제간의 심각한 다툼으로 이 어지기도 했다. 그런 연유로 사이클로이드는 그리스 신화에 나오는 헬 레네(트로이 전쟁의 원인이 되었다는 절세의 미녀)에 비유하여 '기하학의 헬 레네'라고 불리기도 한다.

파스칼의 치통

프랑의 철학자이자 수학자인 파스칼 Blaise Pascal은 어느 날 밤에 지독한 치통을 잊기 위하여 사이클로이드에 대한 연구를 시작했다고 한다. 보통 사람에게는 수학 문제가 치통에 이어 두통까지 더해 주겠지만, 파스칼에게는 수학 문제가 진통제였다. 파스칼은 불과 8일 만에 사이클로이드에 관한 문제를 풀었다고

파스칼 우표

하니, 위대한 수학자에게는 치통마저도 축복이었던 것이다.

비눗방울은 공 모양

비눗물을 빨대에 묻히고 불면 영롱한 빛깔의 비눗방울이 만들어진다. 잡히는 순간 야속하게 터져 버리는 비눗방울은 구 모양이다.

'표면장력'이란 액체와 기체같이 서로 다른 상태의 물질이 접할 때 그 경계면의 넓이를 최소화하려는 힘을 말한다. 비눗방울은 공기와 맞닿아 있기 때문에 경계면의 넓이를 최소화하려는 표면장력이 작용한다. 부피가 일정할 때 표면적이 가장 작은 것은 구球이므로 비눗방울은 구 모양이 된다.

한편, 같은 크기의 비눗방울 세 개를 붙여 보면 경계면의 각도가 120°가 되는데, 이 역시 비눗방울의 표면적을 최소화하는 방식이다. 이러한 연결 방식은 벌집, 잠자리의 날개, 현무암 기둥 등에서도 찾아볼 수 있다.

비누막은 최소 넓이를 갖는 곡면

둥글게 휘어진 철사를 비눗물에 담갔다 꺼내면 비누막이 만들어진다. 19세기 초 벨기에의 물리학자 플래토Joseph Plateau는 다양한 모양의 철사로 비누막 실험을 하고, 이를 통해 비누막이 주어진 경계를 연결하면서 최소 넓이를 갖는 극소곡면minimal surface이라는 것을 알아냈지만, 일반적인 경우에 대한 증명에 이르지는 못했다.

고정된 경계로 결정되는 극소곡면을 구하는 문제를 '플래토 문제Plateau problem'라고 하는데, 이 문제는 미국의 수학자 더글러스Jesse Douglas와 헝가리의 수학자 라도Tibor Radó가 독립적으로 풀어냈다. 더글러스는 이 연구를 통해 1936년 수학의 노벨상이라 불리는 필즈상의 첫 번째 수상자가 되었다.

뮌헨 올림픽 경기장과 덴버 공항의 지붕

독일의 건축가 귄터 베니쉬는 뮌헨 올림픽 경기장의 지붕을 설계할 때 비누막을 관찰했다. 최소의 표면적을 갖는 비누막을 건축에 활용해 최소의 비용으로 튼튼한 지붕을 만들기 위해서였다. 미국 덴버 공항의

뮌헨 올림픽 경기장

덴버 공항

지붕 역시 극소곡면에서 모티브를 얻어 만들어졌다. 뮌헨 올림픽 경기장과 덴버 공항의 지붕이 인간의 심미안도 만족시킨다는 점에서 비누막 모양의 극소곡면은 경제성과 예술성이라는 두 마리 토끼를 동시에 잡는 최적의 선택이라고 할 수 있다.

과일 쌓기와 매듭짓기

과일 쌓기

과일 가게에서 과일을 진열할 때 보통 피라미드 모양으로 쌓아 올린다. 우선 제일 아래층의 과일을 가로세로로 줄을 맞춰 배열한다. 그다음 층의 과일은 아래층에 있는 과일들 사이에 생긴 틈 dimple 에 배열하는 방식으로 계속 쌓아 올린다. 이 쌓기 방식은 주어진 공간에 구를 가장 빽빽하게 쌓는 방법으로, 전체 공간의 약 74.05%를 채울 수 있다.

직관적으로, 또 경험적으로 자명해 보이는 구 쌓기 문제는 1611년 케플러가 처음 제기했

과일 쌓기

다. 케플러는 동일한 크기의 구를 쌓을 때 과일 가게의 방법보다 더 촘촘하게 쌓는 방법은 없다는 가설을 세웠다. 이것이 바로 390년 가까이 미제로 남아 있던 '케플러의 추측Kepler's conjecture'이다.

케플러의 투툭

케플러는 행성 운동의 법칙을 발견한 천문학자이지만 수학에도 일가견이 있어, '페르마의 마지막 정리'만큼이나 유명한 수학의 난제, 케플러의 추측을 제기했다.

구를 규칙적으로 배열하는 경우에 케플러의 추측이 맞다는 것은 1800년경에 가우스가 증명했다. 하지만 불규칙하게 쌓는 경우까지 포함해서 케플러의 방법이 가장 효율적이라는 것은 1998년, 미국의 수학자 헤일스Thomas Hales가 오랜 연구 끝에 증명했다.

헤일스는 구를 배열하는 모든 가능한 방법들을 기술하는, 150개의 변수를 가진 방정식을 만들고 컴퓨터로 이 방정식을 풀어냈고, 250쪽의 논문과 함께 3기가바이트에 달하는 컴퓨터 파일로 증명을 제출했다. 이 논문은 이례적으로 12명의 심사위원이 4년 넘게 심사한 뒤 2003년 99%의 정확도로 인정했다. 이후 헤일스는 보다 공식화된 증명을 제출했고, 2017년 수학계에서 최종적으로 인정되었다.

사각조밀쌓기와 육각조밀쌓기

과일 가게에서 과일을 쌓아 올리는 방법은 '사각조밀쌓기cubic close packing'이거나 '육각조밀쌓기hexagonal close packing'이다. 사각조밀쌓기는

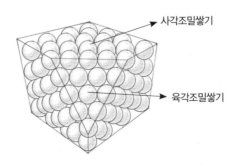

사각조밀쌓기

육각조밀쌓기

구를 정사각형 모양으로 모아 놓을 때 가운데 생기는 틈 위에 구를 배열한다. 육각조밀쌓기는 구를 정육각형 모양으로 놓고 그 위에 구를 놓는데, 세 개의 구 사이에 생기는 틈에 구를 배열한다. 언뜻 생각하면 세 개마다 하나씩 올려놓는 방식이 네 개마다 하나씩 올려놓는 방식보다 밀도가 더 높을 것으로 생각되지만, 사각조밀쌓기에서 생기는 틈이 육각조밀쌓기보다 더 깊기 때문에 밀도는 같다.

사실 이 두 가지는 같은 방법이라고 볼 수 있다. 육각조밀쌓기를 해놓고 옆에서 보면 사각조밀쌓기가 되고, 역으로 사각조밀쌓기를 옆에서 보면 육각조밀쌓기가 되기 때문이다.

세잔 작품에서의 사과 쌓기

프랑스의 인상주의 화가 세잔Paul Cézanne은 사과를 모티브로 하는 작품을 다수 남겼다. 그래서 인류의 3대 사과를 이브의 사과, 뉴턴의 사과, 그리고 세잔의 사과라고 하기도 한다.

세잔의 〈사과〉

세잔은 앞의 그림에서 사과를 다양한 방식으로 배열했다. 왼쪽은 사과 세 개 위에 생긴 틈에 사과를 올려놓았고, 오른쪽은 사과 네 개 위에 생긴 틈에 사과를 놓았다. 즉 사각조밀쌓기와 육각조밀쌓기를 하나의 그림에 담은 것이다.

밀도는 74.05%

구를 쌓아 놓은 것을 동일한 분포가 되도록 단위 직육면체로 잘라 보면, 하나의 직육면체에 반구 1개와 사등분된 구 4개, 즉 구가 하나씩 들어가는 패턴이 반복되는 것을 알 수 있다. 구의 반지름의 길이가 1일 때 부피는 $\frac{4}{3}\pi$이고, 직육면체는 가로 2, 세로 2, 높이 $\sqrt{2}$ 이므로 부피는 $2 \times 2 \times \sqrt{2} = 4\sqrt{2}$ 가 된다. 밀도는 직육면체의 부피에서 구의 부피가 차지하는 비율이므로,

$$\frac{\frac{4}{3}\pi}{4\sqrt{2}} = \frac{\pi}{3\sqrt{2}} = 0.74048\cdots$$

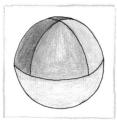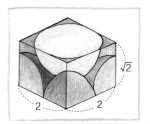

밀도는 약 74.05%이다.

고르디온의 매듭

고대 도시 고르디온에는 수레에 복잡하게 묶인 밧줄의 매듭을 푸는 사람이 세상의 지도자가 된다는 전설이 전해 내려왔다. 많은 사람들이 이 매듭을 풀고자 시도했으나 성공하지 못했다. 마침 알렉산더 대왕이 원정을 가다가 고르디온에 들러 단칼에 끊어 버리는 방법으로 이 매듭을 풀고 고대 오리엔트를 정복했다고 한다. '고르디온의 매듭Gordian knot' 이야기는 문제를 단순하고 대담하게 생각해야 오히려 쉽게 풀린다는 쾌도난마快刀亂麻의 메시지를 전한다. 또 이 이야기는 매듭을 푸는 일이 생각처럼 단순하지 않다는 것을 의미하기도 한다.

매듭 이론

수학에는 '매듭 이론knot theory'이라는 분야가 있다. 매듭 이론에서는 하나의 매듭을 끊지 않고 매끄럽게 움직여서 다른 매듭으로 바꿀 수 있을 때, 같은 종류equivalent의 매듭이라고 한다. 따라서 모양이 달라도 매듭 이론의 관점에서는 같은 종류의 매듭이다. 매듭 이론의 중요한 과제 중의 하나가 매듭의 종류를 분류하는 것인데, 수학자들은 이를 위해 많은 노력을 기울여 왔다.

매듭의 종류

매듭을 분류하는 기준 중의 하나는 교차점crossing number의 개수이다. 교차점이 없는 고리와 같은 모양은 '영 매듭zero knot'이라 한다. 어린 시절 즐겨 하던 실뜨기를 떠올려 보자. 하나의 모양을 다른 모양으로 바

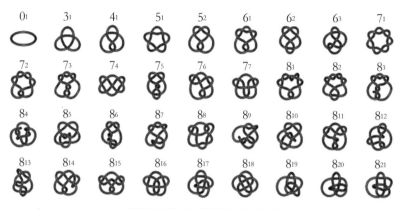

교차점이 3개부터 8개까지인 매듭의 종류

꿀 수 있지만, 수학적으로 볼 때는 모두 영 매듭이다.

19세기 말 영국의 수학자 테이트Peter Tait는 교차점의 수에 따라 매듭을 분류해 냈다. 교차점이 3개와 4개인 매듭은 각각 1가지, 5개인 매듭은 2가지, 6개인 매듭은 3가지, 7개인 매듭은 7가지, 8개인 매듭은 21가지이며, 매듭의 종류는 교차점의 수가 늘어남에 따라 크게 증가한다.

DNA 복제

매듭 이론은 물리학의 양자장 이론과 깊은 관련이 있으며, DNA 복제 과정을 밝히는 데도 활용된다. 이중나선으로 된 DNA가 전체적으로 원 모양을 이루는데, 이때 DNA는 그 자체의 장력으로 인해 원 모양을 유지하지 못하고 꼬여서 뭉치게 된다. 유선 전화기의 선이 서로 꼬이면서 뭉친 것을 연상하면 될 것이다.

DNA가 복제를 할 때에는 이중나선이 분리되어야 하기 때문에 꼬인 DNA를 풀어야 한다. 효소는 DNA의 적당한 부분을 끊고 복제가 끝난 후에는 다시 잇는 역할을 하는데, 이 과정에서 효소는 최적 지점을 선택하여 최소한의 횟수로 이중나선을 끊는다. 매듭 이론은 이런 과정을 규명하는 데 유용한 정보를 제공한다.

동서고금을 막론하고 매듭은 실용적 목적으로, 또 심미적 목적으로 이용되어 왔다. 물건을 포장하기 위해 끈으로 매듭을 짓기도 하고, 매듭을 연결하여 아름다운 장식물을 만들기도 한다. 그런데 이 매듭조차도 수학적 탐구의 대상이 된다니, 수학의 연구 분야는 참으로 광범위한 것 같다.

일상 속의 통계

4

"세상에는 세 가지 거짓말이 있다: 거짓말lies, 새빨간 거짓말damned lies, 그리고 통계statistics." 《톰 소여의 모험》을 쓴 미국 소설가 마크 트웨인이 자서전에 써서 유명해진 문구다. 그렇다고 해서 통계가 모두 거짓이라는 의미는 아니다. 통계 자체는 타당성과 객관성을 갖지만, 통계를 오용하면 실제를 왜곡할 가능성이 있음을 경고한 것이다.

퍼센트 바로 알기

임금 협상을 둘러싸고 노사정勞使政이 머리를 맞대고 숙의를 하는 게 바로 임금 인상률이다. 임금 인상률뿐 아니라 물건 할인율, 경제 성장률 등은 모두 퍼센트로 표현된다. 퍼센트(백분율)는 기준량을 100으로 했을 때 비교하는 양이 차지하는 비율로, 변화를 퍼센트로 나타내면 한결 이해하기 쉽다. 예를 들어 야구 선수가 재계약을 했는데, 연봉이 얼마 올랐다고 하는 것보다 몇 퍼센트 인상되었다고 하면, 그 선수의 이전 시즌 성적에 따라 연봉이 어느 정도 상승했는지 쉽게 파악할 수 있다.

기준량에 따라서 달라지는 퍼센트

퍼센트는 객관적으로 산출된 수치이기에 무조건적으로 신뢰하는 경항이 있는데, 퍼센트를 구할 때 기준을 무엇으로 하는가에 따라 값이 달라진다는 점을 주의해야 한다. 예를 들어 우리나라의 최저임금은 2018년 7530원에서 2019년에는 8350원으로 인상되었다. 이때의 인상률은 8350원과 7530원의 차액인 820원이 인상 전의 최저임금인 7530원에서 차지하는 비율로, 계산하면 약 10.9%가 된다.

$$\frac{8350-7530}{7530} = \frac{820}{7530} ≒ 10.9\%$$

2019년의 최저임금이 결정된 후 두 자릿수의 높은 인상률에 대한 비판이 제기되었다. 그런데 만약 최저임금의 차이인 820원을 인상 후의 최저임금인 8350원에서 차지하는 비율로 계산할 경우, 인상률은 약 9.8%로 한 자릿수가 된다.

$$\frac{8350-7530}{8350} = \frac{820}{8350} ≒ 9.8\%$$

물론 최저임금 인상률은 변화 전의 값을 기준으로 잡은 10.9%가 맞다. 그러나 인상률을 계산할 때 변화 후의 값을 기준으로 삼은 경우가 실제로 있었다. 1991년 고속도로 통행료를 인상했을 때였다. 당시 서울에서 광주까지 고속도로 통행료가 6300원에서 8400원으로 올랐으므로 인상률은 $\frac{8400-6300}{6300} = \frac{2100}{6300} ≒ 33\%$였다. 그런데 통행료를 대폭 인상했다는 비판을 피하기 위해, 원래 통행료가 아니라 오른 후의 통행료를 기준으로 $\frac{8400-6300}{8400} = \frac{2100}{8400} = 25\%$라고 제시했다.

기준을 변화 이전으로 잡아야 한다는 것과 더불어 주의할 것은 기준량의 크기이다. 어떤 양이 동일하게 1만큼 증가하더라도 1에서 2로 증가했을 때의 증가율은 100%, 2에서 3으로 증가했을 때의 증가율은 50%, 3에서 4로 증가했을 때의 증가율은 33%로 낮아지며, 100에서 101로 증가했을 때의 증가율은 1%가 된다. 따라서 증가율을 볼 때는 결과적 수치뿐 아니라 전체적인 맥락도 함께 고려할 필요가 있다.

퍼센트포인트, 또 하나의 함정

2015학년도 수능 영어 문제에 등장하면서 두 퍼센트 사이의 차이를 말하는 '퍼센트포인트(%p)'가 주목을 받았다. 수능 영어 25번은 도표의 내용과 일치하지 않는 것을 고르는 문제인데, 출제자가 의도한 정답은 ④번이다. 그런데, ⑤번에서 핸드폰 번호를 공개하는 비율이 2%에서 20%로 늘어났으니까 18%p 증가했는데, 18% 늘었다고 했으니 이것도 잘못된 선택지였다. 이 문제는 결국 복수 정답으로 처리되었다.

실업률의 변화에 대한 %와 %p를 살펴보자. 우리나라의 2019년 12월의 실업률은 3.4%이고 2020년 3월의 실업률은 4.2%이므로, 실업률이 0.8%p 높아졌다. 하지만 3.4%에서 높아진 0.8%가 차지하는 비율을 기준으로 실업률이 24% 증가했다고 볼 수도 있다. 0.8%p와 24%라는 두 수치가 주는 느낌은 매우 다르다. 전자는 실업률의 변화가 미미하기 때문에 경제 상황이 그리 나쁘지 않다는 인상을 줄 수 있고, 후자는 실업률이 급격하게 높아지고 있다는 위기의식을 불러일으킬 수 있다.

25. 다음 도표의 내용과 일치하지 <u>않는</u> 것은?

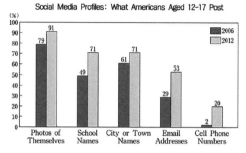

Social Media Profiles: What Americans Aged 12-17 Post

The above graph shows the percentages of Americans aged 12-17 who posted certain types of personal information on social media sites in 2006 and in 2012. ① The year 2012 saw an overall percentage increase in each category of posted personal information. ② In both years, the percentage of the young Americans who posted photos of themselves was the highest of all the categories. ③ In 2006, the percentage of those who posted city or town names was higher than that of those who posted school names. ④ Regarding posted email addresses, the percentage of 2012 was three times higher than that of 2006. ⑤ Compared to 2006, 2012 recorded an eighteen percent increase in the category of cell phone numbers.

2015학년도 수능 영어 문제

할인하는 순서가 영향을 미칠까?

패밀리 레스토랑은 멤버십 카드를 소지한 사람에게 할인 혜택을 주는 경우가 많다. 이때 어떤 순서로 계산하는 것이 더 유리할까? 예를 들어, 식대에 10%의 봉사료를 붙인 뒤 여기서 10% 할인을 받는 경우와 식대의 10%를 먼저 할인받고 여기에 10%의 봉사료를 지불하는 경우를 비교해 보자. 봉사료를 먼저 부담하고 할인 혜택을 받으면 할인되는 원금이 더 크기 때문에 더 이득이라고 생각할 수 있다. 또 할인을 받은 뒤 봉사료를 내면 할인된 금액에 봉사료가 붙기 때문에 추가로

부과되는 봉사료가 줄어든다고 생각할 수도 있다.

어느 경우가 맞을까? 식대가 10000원이라고 하자. 첫 번째 경우에는 10% 봉사료를 더한 11000원에서 10%(1100원)를 할인해 9900원을 내게 된다. 두 번째 경우에는 먼저 10%를 할인한 9000원에 봉사료 10%(900원)를 더해 마찬가지로 9900원을 내게 된다.

이 상황을 식으로 따져 보아도 된다. 할인→봉사료의 순서라면 10%를 먼저 할인하므로 식대에 0.9를 곱하고, 여기에 10%의 봉사료를 부과하므로 1.1을 곱하면 된다. 이를 식으로 표현하면 지불해야 하는 금액은 (식대×0.9)×1.1이다. 봉사료→할인의 순서라면 식대에 10%의 봉사료를 부과하므로 1.1을 곱하고 여기에 10%를 할인하므로 0.9를 곱해 마지막에 지불하는 금액은 (식대×1.1)×0.9이다. 두 식이 같아지는 이유는 교환법칙과 결합법칙을 적용해 보면 자명하다.

실제 계산을 해 보면, 할인 순서와 상관 없이 지불하는 금액은 같다는 걸 알 수 있다. 이처럼 퍼센트에 관한 상황들은 잘 따져 보지 않으면 헷갈리는 경우가 종종 있다.

비율의 마술

코로나19를 예언한 영화 <컨테이젼>

2011년 영화 〈컨테이젼Contagion〉은 전 세계를 강타하면서 우리의 일상을 바꾸어 버린 코로나19의 상황을 정확하게 예측했다고 해서 유명세를 탔다. 삼림 개발로 숲이 파괴되면서, 숲에 살던 박쥐가 돼지 축사로 날아들어 바이러스를 전파하고, 그 돼지를 잡은 요리사가 손을 씻지 않고 악수를 하면서 전염이 시작되고, 결국 팬데믹을 맞닥뜨리는 과정을 그린 영화이다.

영화 〈컨테이젼〉

코로나19 치사율

코로나19와 관련해 전 세계적인 통계를 내서 비교하는 게 치사율과 사망률이다. '치사율case fatality rate'은 질병의 위험 정도를 수치화한 것으로, 확진자 중 사망자 비율로 계산한다. 2021년 3월 7일 기준 대한민국의 확진자는 92,471명, 사망자는 1,634명이므로 치사율은 약 1.8%이다. 동일한 방식으로 구해 보면 멕시코의 사망률은 대한민국의 5배인 약 9.0%에 이르고, 미국의 경우 확진자는 많지만 사망자는 상대적으로 적어 치사율은 약 1.8%이다.

치사율을 구하는 방법에 대한 다른 의견도 있다. 확진자 가운데 투병 중인 경우는 궁극적으로 완치되거나 사망하거나 둘 중의 하나로 판정될 것이고, 치사율을 계산하는 시점에서는 불확실한 상태이기 때문에 제외해야 한다는 지적이다. 즉 치사율을 계산할 때 $\frac{\text{사망자}}{\text{확진자}} \times 100$이 아니라 $\frac{\text{사망자}}{\text{사망자} + \text{완치 생존자}} \times 100$으로 해야 한다는 주장으로, 이 경우 분모가 작아지기 때문에 치사율은 높아진다.

이런 논란은 2003년 전 세계적으로 중증 급성 호흡기 증후군인 사스SARS가 만연했을 때 벌어졌다. 사스가 종식된 후에는 확진자=(사망자+완치 생존자)이므로 두 가지 버전의 치사율이 동일하지만, 감염병이 진행 중일 때는 분모를 확진자에서 사망자와 완치 생존자의 합으로 축소할 경우 치사율이 높아진다.

$$\frac{\text{사망자}}{\text{사망자} + \text{완치 생존자}} \times 100 \geq \frac{\text{사망자}}{\text{확진자}} \times 100$$

코로나19 사망률

'사망률_{death rate}'은 어떤 질병으로 사망하는 사람의 비율을 말한다. 대체로 인구 10만 명당 사망자 수로 계산한다. 2021년 3월 7일 기준 대한민국의 코로나19 사망자는 1,634명이고 총인구는 5,182만 명이므로 사망률은 약 3.15이다. 미국의 인구 10만 명당 사망률은 약 157, 일본은 약 6.52, 중국은 약 0.33으로, 우리나라는 일본과 중국 사이에 놓여 있다. 치사율과 사망률은 사람들을 불안하게 할 수도, 안심시킬 수도 있는 매우 민감한 지표이기 때문에 어떤 방식으로 계산할지 고심해야 한다.

이혼율 46%?

이혼율을 계산하는 방법도 여러 가지이다. 단순하게 결혼건수에서 이혼건수가 차지하는 비율로 구하면, 2019년에 약 239,200쌍이 결혼하고 약 110,800쌍이 이혼했기 때문에 이혼율은 46%가 넘는다. 충격적인 수치이다.

$$\frac{\text{연간 이혼건수}}{\text{연간 결혼건수}} \times 100 = \frac{110,800}{239,200} \times 100 ≒ 46\%$$

그런데 조금만 생각하면 이 방식의 허점이 보인다. 2019년에 이혼한 부부가 모두 2019년에 결혼한 것이 아니기 때문이다. 요즘처럼 결혼 기피 현상이 심화되면서 결혼건수가 줄어들고, 과거에 결혼한 부부 중 이혼하는 부부가 많아진다면, 이혼율이 100%를 넘길 수도 있다.

조이혼율

이혼율과 관련하여 일반적으로 많이 사용되는 방법은 OECD 회원 국 대부분이 채택하고 있는 '조(粗)이혼율crude divorce rate'이다. 조이혼율 은 인구 1000명당 이혼건수로, 당해 연도의 7월 1일 기준 인구수 대비 그 해의 이혼건수의 비율을 백분율인 퍼센트(%)가 아니라, 천분율인 퍼밀(‰)로 구한 것이다. 2019년 우리나라의 조이혼율은 약 2.2‰이다.

$$\text{조이혼율} = \frac{\text{이혼건수}}{\text{인구수}} \times 1000$$

조이혼율은 국제적으로 공인되어 외국과 비교 가능한 지표이지만, 인구 구조에 민감하다는 한계를 갖는다. 총인구의 연령 분포와 상관없 이 전체 인구에서 이혼건수를 계산하기 때문이다. 예를 들어 노인 인 구가 상대적으로 많은 국가에서는 조이혼율이 낮고, 이혼이 주로 일어 나는 중간 연령대가 두꺼운 종 모양의 인구 구조에서는 조이혼율이 상 대적으로 높게 나온다.

취업률을 계산하는 두 가지 닉

2020년 조사한 직업계 고등학교 졸업생 취업률에 대한 두 언론의 기사 제목이다.

> ① **직업계高 취업률 51%→28%, 文정부 3년만에 주저앉았다**
>
> ② 올해 직업계고 졸업생
>   두 명 중 한 명 취업했다

①번 언론은 취업률을 28%로 보도하면서 3년 만에 급감했다는 비판적인 제목을 달았고, ②번 언론은 기사 내용에서 취업률을 50.7%로 보도하면서 '두 명 중 한 명 취업'이라는 중립적 제목을 달았다.

그러면 우선 취업률 28%와 50.7%의 차이는 어디서 기인한 것일까? 취업률을 두 가지 다른 공식으로 구했기 때문이다. 28%는 첫 번째 공식에서, 50.7%는 두 번째 공식에서 도출된 수치이다.

$$취업률(\%) = \frac{취업자}{졸업자} \times 100$$

$$취업률(\%) = \frac{취업자}{졸업자 - (진학자 + 제외 \ 인정자)} \times 100$$

2020년 2월 직업계고 졸업자는 89,998명이고, 취업자는 24,938명이다. 취업률을 산정할 때 분모를 졸업자 전체로 놓고 취업자의 비율을 계산하면

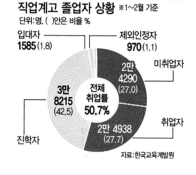

$$\frac{24,938}{89,998} \times 100 ≒ 27.7\%$$

가 된다. 하지만 졸업자 중 진학자 38,215명, 입대자 1,585명, 제외 인정자 970명을 제외하고, 취업의 의지가 있는 학생들을 분모로 놓고 취업자의 비율을 계산하면 $\dfrac{24,938}{89,998 - (38,215 + 1,585 + 970)} ≒ 50.7\%$가 된다.

조사 방법이 달라지면 단순비교가 어려워

통계치를 비교할 때에는 동일한 방식으로 조사된 값을 비교 대상으로 삼아야 함에도 불구하고, 앞의 기사 중 2017년 51%에서 2020년 28%로 주저앉았다는 기사는 이를 지키지 않았다. 즉 서로 다른 조사 방식으로 진행한 두 통계를 연속 선상에 놓고 비교한 것이다.

2017년 취업률은 학교에서 자체 파악하고 입력한 자료이기 때문에, 취업자에 임시직과 아르바이트, 혹은 취업 약정서를 쓴 경우까지 모두 포함되었다. 하지만 2020년부터는 건강·고용보험 등 공공 데이터베이스에 기반해 취업률을 계산한다. 즉 취업 여부를 엄격히 검증하기 때문에 취업자는 줄어드는 경향이 있다. 따라서 2017년과 2020년의 취업률은 동일 선상에 놓고 비교하기 어렵다.

실업률과 고용률

실업률과 고용률도 짚어 볼 필요가 있다. 주위를 돌아 보면 실업자가 꽤 많아 실업률이 높을 것 같은데 2020년 10월 기준 실업률은 3.7%이다. 얼핏 생각하면 1에서 실업률을 빼면 고용률이 될 것 같고, 그렇다면 고용률이 90%를 상회해야 하지만, 2020년 10월의 고용률은 60.4%에 불과하다. 이런 간극이 생긴 이유는 실업률과 고용률의 산출 방식에 있다. 실업률은 경제활동인구에서 실업자가 차지하는 비율로, 고용률은 만 15세 이상 생산가능인구에서 취업자가 차지하는 비율로 계산한다. 실업률은 실업자의 비율, 고용률은 취업자의 비율을 따지지만, 분모가 다른 것이다.

$$\text{실업률} = \frac{\text{실업자}}{\text{경제활동인구}} \times 100$$

$$\text{고용률} = \frac{\text{취업자}}{\text{만15세 이상 생산가능인구}} \times 100$$

실업률에서 경제활동인구는 만 15세 이상 인구 중 재화나 용역을 생산하기 위해 노동을 제공할 의사와 능력이 있는 사람으로 규정한다. 따라서 군인, 주부, 학생, 노인, 장애인, 취업 준비생 등은 모두 비경제활동인구로 간주되어 제외되는데, 이는 경제활동인구뿐 아니라 실업자 수를 줄이는 효과도 가져온다. 비경제활동인구를 제외함으로써 분모와 분자가 모두 감소하지만, 분자에 미치는 영향이 더 크기 때문에 실업률이 낮아지게 된다. 실제 체감하는 정도보다 실업률이 낮은 이유이다.

통계의 명암

지금까지 알아본 치사율, 사망률, 이혼율, 취업률, 실업률, 고용률 이외에도 우리는 살아가면서 수많은 통계치를 접한다. 통계는 합리적인 의사결정의 근거를 제공하는 유용한 정보이지만, 현실을 호도하는 면도 없지 않다. "통계로 거짓말하기는 쉬워도, 통계 없이 진실을 말하기는 어렵다It is easy to lie with statistics. It is hard to tell the truth without it"라는 스웨덴의 수학자 둥켈스Andrejs Dunkels의 언급을 떠올리며, 통계의 명암을 되새겨 본다.

그래프의 마술

그래프의 눈금

수치화된 통계 자료를 시각적으로 표현한 그래프는 한눈에 전체적인 경향을 파악하는 데 도움을 준다는 장점이 있지만, 그래프를 읽을 때는 비판적 관점에서 여러 가지를 따져 봐야 한다. 대표적인 것이 축의 눈금이다. 눈금을 어떻게 잡느냐에 따라 그래프의 증감이 크게 느껴지기도 하고, 큰 변화 없이 안정적으로 보이기도 하기 때문이다.

2017년부터 2021년까지 5년간의 최저임금을 꺾은선그래프로 표현해 보자. 왼쪽 그래프에서는 최저임금의 눈금을 6000부터 잡았다. 0부터 6000까지는 의미가 없으므로 생략한 것으로, 이런 경우에는 생략했다는 표시로 물결선을 그려 넣는다. 이렇게 그래프를 그릴 경우 최저임금의 인상이 급격하게 이루어진 것으로 보인다.

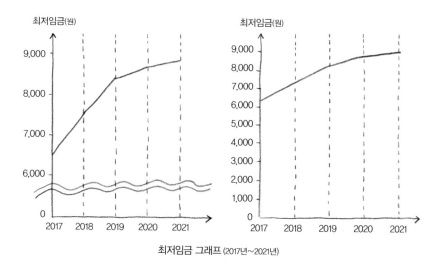

최저임금 그래프 (2017년~2021년)

　　오른쪽 그래프는 최저임금의 눈금을 0부터 잡은 것으로, 눈금 한 칸의 크기가 커지면서 최저임금의 인상이 완만하게 이루어진 것으로 보인다.

　　어떤 기업이 쑥쑥 성장하고 있는 유망한 기업이라는 것을 보이기 위해 매출액 그래프를 그릴 때 눈금을 0부터 일정 값까지는 생략하고 물결선을 넣으면 눈금 한 칸의 크기가 작아져서 가파르게 증가하는 것으로 보이게 할 수 있다. 또 주식 시장이나 환율이 안정적이라는 점을 부각하기 위해서 눈금 한 칸의 크기를 크게 잡아 변동 폭이 적어 보이게끔 만들기도 한다.

흑백사진 vs. 컬러사진

통계 자료를 담은 그래프로 인해 착시 현상이 나타날 수 있다는 점을 생각하면 어린 시절의 경험이 떠오른다. 70년대 필자가 초등학생이던 시절, 학기 초가 되면 교실 환경 미화 작업이 이루어졌다. 대개 한 면은 새마을 운동 홍보에 할당되었는데, 새마을 운동의 효과를 극적으로 보여 주기 위해 그 전후 사진을 대비시켰다. 그런데 문제는 60년대 농촌은 작은 흑백사진으로, 70년대 농촌은 큰 컬러사진으로 게시했다. 60년대 사진은 흑백이 대부분이었기 때문일 수도 있으나, 어린 마음에도 공평하지 않다는 생각이 들었다. 동일한 장면이라도 작은 흑백사진과 큰 컬러사진이 주는 인상은 천양지차이기 때문이다. 마찬가지로 동일한 자료로도 사뭇 다른 인상의 다른 그래프가 만들어질 수 있기 때문에, 그래프를 읽을 때는 항시 경각심을 가져야 한다.

미나르의 인포그래픽

프랑스의 토목 공학자 미나르Charles Joseph Minard는 다양한 정보를 담은 인포그래픽infographics 분야를 개척했다. 미나르는 51개의 인포그래픽을 남겼는데, 그중에서 가장 유명한 것이 1812년 나폴레옹의 러시아 원정 상황을 효과적으로 시각화한 인포그래픽이다.

나폴레옹은 러시아와 폴란드 국경에 있는 니에멘 강에서 422,000명의 병사를 이끌고 모스크바까지 진격했는데, 그때 남은 병사는 10만 명이었다. 그리고 다시 모스크바에서 니에멘 강으로 돌아왔을 때 마지막까지 생존한 병사는 1만 명에 불과했다. 나폴레옹 군대는 혹독한 추위와 전염병과 기근으로 크게 패한 것이다. 그래프를 보면 니에멘 강에서 모스크바까지는 갈색 선으로, 되돌아온 것은 검은색 선으로 표시

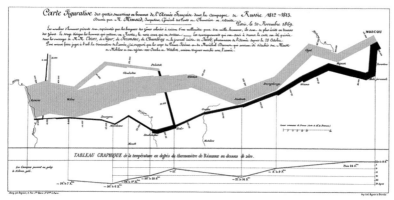

미나르의 인포그래픽

되어 있다. 그래프에서 선의 두께는 병사의 수를 나타내는데, 모스크바에 도착했을 때 갈색 선의 두께는 원정을 시작할 때 선의 두께의 $\frac{1}{4}$로 좁아졌음을 알 수 있다.

그래프에서 선의 방향과 모양은 니에멘 강에서 모스크바를 왕복한 경로를 나타낸다. 한편 갈색 선이 갈라져 나온 부분은 일부의 병사가 다른 경로를 택했음을 나타낸다. 그래프의 아래에 있는 꺾은선그래프는 온도 변화를 나타내는데, 영하 30도까지 떨어지는 강추위가 몰아쳤음을 알 수 있다. 이처럼 그래프가 고정된 양식에 얽매일 필요는 없다. 하나의 그래프에 여러 정보를 효율적이고 집약적으로 담아내 창의적으로 구성할 수 있다.

흥미로운 인포그래픽을 다수 만날 수 있는 사이트로《팩트폴니스》의 저자 한스 로슬링Hans Rosling의 갭마인더(https://www.gapminder.org/)가 있다. 이 사이트의 대표적인 그래프는 국가의 수입을 x축, 기대수명을 y축으로 설정한 물방울그래프이다. 물방울의 크기는 인구를 나타내고

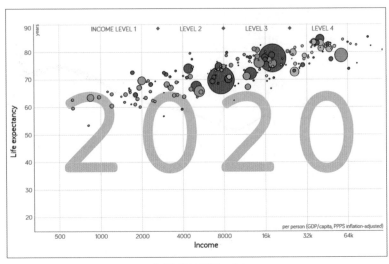

갭마인더의 물방울그래프

물방울의 색깔은 대륙별로 달라진다. 1800년부터 현재까지 연도별 변화를 동영상으로도 볼 수 있다.

나이팅게일의 장미도표

백의천사로 알려진 영국의 간호사 나이팅게일Florence Nightingale은 통계를 적시 적소에 활용하고 그 효용성을 알린 통계 전도사이기도 하다. 나이팅게일은 1853년 러시아와 연합국 사이에 크림전쟁이 일어나자 전장에 파견되어 부상병들을 보살폈다. 당시 사망의 원인이 대부분 전투로 인한 부상이라고 생각했지만, 실제로는 병원의 불결한 위생 상태로 인한 질병이 사망으로 이어지는 경우가 많았다. 나이팅게일은 이를 효과적으로 보여 주는 도표를 만들었다.

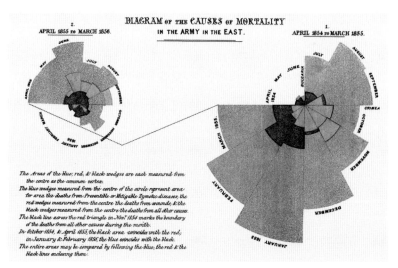

나이팅게일의 장미도표

원을 한 바퀴 돌면 $360°$, 이 도표는 중심각이 $30°$인 12개의 부채꼴로 이루어져, 1년 12달을 나타낸다. 각 부채꼴의 넓이는 월별 사망자에 비례하기 때문에 부채꼴의 크기가 다르고, 부채꼴들이 마치 꽃잎처럼 보여 '장미도표rose diagram'라는 이름이 붙여졌다.

부채꼴 내에서도 분홍색은 부상으로 인한 사망, 회색은 전염병 등 질병으로 인한 사망, 검은색은 기타 원인으로 인한 사망을 나타내고, 각 부분의 넓이는 사망자 수에 비례한다. 오른쪽 장미도표는 1854년 4월부터 12달을 나타내는데, 시계 방향으로 그래프를 따라가 보면 사망자 수가 증가하다가 감소하는 것을 알 수 있다. 왼쪽 장미도표는 1855년 4월부터 12달을 나타내는데 회색 부분, 즉 질병으로 인한 사망자 수가 감소한 것을 확인할 수 있다.

이처럼 일목요연하게 사망 원인을 보여 주는 장미도표 덕분에 병원의 위생 상태를 개선해야 한다는 주장이 설득력을 갖게 되었고, 결과적으로 많은 생명을 구할 수 있었다. 크림전쟁에서 혁혁한 공을 세운 나이팅게일은 이후 영국왕립통계학회의 최초 여성 회원으로 선출되어 통계학자로도 인정을 받았다.

평균의 역설

평균의 함정

평균 점수, 평균 수명, 월 평균 기온 등 자료를 대표하는 값으로 가장 광범위하게 사용되는 것은 평균이다. '평균mean'을 구하기 위해서는 자료의 값들을 모두 더한 뒤 자료의 개수로 나누면 된다. 평균은 대부분의 경우 대푯값으로서의 역할을 충실히 수행하지만, 자료에 아주 높거나 낮은 값이 있을 때 그 영향을 민감하게 받는다.

미세먼지가 심해지면 '주의보'를 발령하는데 그 기준은 $75\mu g/m^3$, 더 심해질 때 발령하는 '경보'의 기준은 $150\mu g/m^3$이다. 우리나라 17개 지자체 중 6곳은 '주의보'나 '경보'를 내릴 때, 여러 곳에서 측정한 미세먼지의 '평균'을 기준으로 한다. 그러다 보니 한 곳이 높아도 다른 곳이 낮으면, 평균이 기준치 이하가 되면서 미세먼지 주의보를 내리지 않게 된다. 바로 '평균의 함정'이다. 예를 들어 어떤 지자체에 4개의 측정소가 있는데, 미세먼지 농도가 30, 40, 50, 160이라고 하자. 그러면 평균은 70이다. 일부 지역의 미세먼지 농도는 경보 기준을 상회하는 160인데도, 평균 농도가 주의보 발령 기준인 75보다 낮기 때문에 지자체에서는 주의보조차 발령하지 않는 경우가 생길 수 있다.

2020년 프로야구 개막전 엔트리에 등록된 현역 선수의 평균 연봉은 2억 7187만 원이다. 연봉 삼사천만 원인 선수도 수두룩 하지만, 10억 원 이상을 받는 선수들이 평균을 끌어 올렸음은 당연하다. 이처럼 극단적인 값이 영향을 미치는 것을 방지하기 위해, 체조나 피겨 스케이팅에서는 평가 위원들의 최고점수와 최저점수를 제외한 뒤에 평균을 내기도 한다.

중앙값과 최빈값

평균이 대푯값으로 적절하지 않은 가상적인 상황을 생각해 보자. 어느 회사에 월 급여가 200만 원인 직원이 6명, 400만 원인 직원이 4명, 1000만 원인 임원이 2명이 있다고 하자. 이때 12명의 평균을 구하면 400만 원이다.

$$\frac{(200만\ 원 \times 6명) + (400만\ 원 \times 4명) + (1000만\ 원 \times 2명)}{12명} = 400만\ 원$$

그런데 이를 대푯값이라고 하는 것은 왠지 부당하다는 생각이 든다. 월 급여 1000만 원으로 인해 평균이 크게 높아졌기 때문이다. 이 경우에는 자료를 크기 순서대로 나열했을 때 중간에 위치하는 '중앙값median'이 더 적절한 대푯값이다. 중앙값은 자료가 홀수 개일 때는 한가운데 오는 값, 자료가 짝수 개일 때는 중간의 두 값을 평균 낸 값이다. 위의 경우 자료는 12개이므로 중앙값은 6번째와 7번째 값인 200만 원과 400만 원의 평균인 300만 원이다.

대푯값 중에 '최빈값mode'도 있는데, 이는 자료에서 가장 높은 빈도를 보이는 값을 말한다. 예를 들어 반 학생들의 신발 크기를 조사하니 245mm 16명, 240mm 8명, 250mm 7명, 235mm 5명, 230mm 3명, 255mm 1명이라고 하자. 이 학생들을 위해 동일한 크기의 실내화를 비치해 놓는다고 할 때 평균인 242.75mm로 하면 누구에게도 맞지 않는다. 이 경우에는 최빈값인 245mm를 구비하는 것이 합리적이다.

난쟁이의 행렬

평균의 맹점을 지적할 때 동원되는 모델이 네덜란드의 경제학자 얀 펜Jan Pen이 고안한 '난쟁이의 행렬'이다. 사람들의 키가 소득에 비례한다고 가정하고, 키 순서대로 한 시간 동안 행진을 한다고 하자. 소득 분배의 구조에 따라 달라지기는 하겠지만 대부분의 자본주의 국가에서 이 행렬은 다수의 난쟁이와 소수의 거인으로 구성된다. 그러다 보니 평균 소득에 해당하는 사람은 한 시간의 중간인 30분이 아니라 훨씬 더 늦게 등장하게 된다. 한 시간의 딱 절반인 30분에 지나가는 사람이 중앙값이다.

소득 불평등 정도를 완화하기 위한 정책은 소득 행진에서 평균 소득

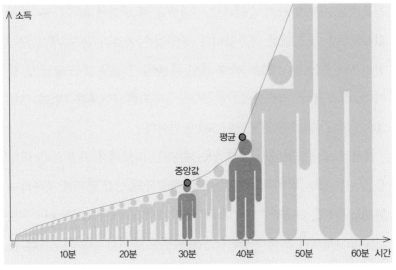

소득

평균

중앙값

10분   20분   30분   40분   50분   60분 시간

얀 펜의 난쟁이 행렬로 본 소득 분포

인 사람이 30분 근처에 등장하도록, 다시 말해 평균이 중앙값에 가까워지도록 하는 노력이라고 할 수 있다.

기하평균

흔히 평균이라고 할 때에는 '산술평균arithmetic mean'을 말하며, 앞서 알아본 평균도 산술평균이다. 그러나 그 이외에도 여러 가지 평균이 있다. '기하평균geometric mean'은 인구 증가율, 물가 상승률과 같이 변화하는 비율을 나타낼 때 주로 이용된다. 두 양수 a, b의 기하평균은 $\sqrt{ab}$이다. 예를 들어 자본금 100만 원으로 사업을 시작하여 첫해에 자본금이 2배, 이듬해에는 8배 증가했다고 하자. 2년간의 평균 증가율을 기하평균으로 구하면, $\sqrt{2 \times 8}$이므로 $x = 4$이다. 산술평균을 적용하면

$x = \dfrac{2+8}{2}$ 이므로 $x=5$이다. 이처럼 산술평균을 이용할 경우, 실제 평균 증가율을 상회하기 때문에 자본금의 평균 증가율을 구할 때는 기하평균을 주로 사용한다.

기하평균이라는 용어는 고대 그리스부터 사용되기 시작했다. 앞의 상황에서는 기하평균이 유리수인 4이지만 기하평균은 제곱근을 취하므로 무리수가 되는 경우가 많다. 고대 그리스에서는 무리수를 수로 인정하지 않았기 때문에, 이러한 평균은 기하적인 의미만을 갖는다고 하여 기하평균이라는 이름을 붙였다. 기하평균을 기하에서 다루는 도형과 연관 지을 수 있다. 가로와 세로의 길이가 a, b인 직사각형과 같은 넓이를 갖는 정사각형의 한 변의 길이는 a와 b의 기하평균인 $\sqrt{ab}$ 이다.

조화평균

두 양수 a, b의 '조화평균harmonic mean'은 $\dfrac{2ab}{a+b}$ 로 구하는데, 이는 음계와 관련된다. 예를 들어 현악기에서 원래 현의 길이를 1이라고 할 때 길이를 $\dfrac{1}{2}$로 줄이면 한 옥타브 높은 음이 되며, 여기서 1과 $\dfrac{1}{2}$의 조화평균을 구하면 $\dfrac{2}{3}$가 된다. 현악기의 현의 길이를 $\dfrac{2}{3}$로 하면 5도 높은 음을 얻게 되는데, 1도와 5도, 즉 '도'와 '솔'은 잘 어울리는 음이다. 이처럼 조화평균은 하모니를 이루는 조화로운 음을 만든다는 의미에서 붙여진 이름이다.

조화평균이 적용되는 예로 평균 속력을 들 수 있다. 일정한 거리 d를 x의 속력으로 가고 y의 속력으로 돌아온다고 하자. 시간은 $\dfrac{거리}{속력}$ 이므로 갈 때 걸린 시간은 $\dfrac{d}{x}$, 올 때 걸린 시간은 $\dfrac{d}{y}$이다. 한편 총 이동 거리는 $2d$이고, 속력은 $\dfrac{거리}{시간}$이므로 평균 속력은 $\dfrac{2d}{\dfrac{d}{x}+\dfrac{d}{y}}=\dfrac{2d}{\dfrac{d(x+y)}{xy}}=\dfrac{2xy}{x+y}$이며, 이는 바로 x와 y의 조화평균이다.

제곱평균

평균을 구할 때 값들을 제곱하여square 평균mean을 구한 후 제곱근root을 씌우는 경우도 있다. 이를 '제곱평균root mean square'이라고 하며, 두 수 a, b의 제곱평균은 $\sqrt{\dfrac{a^2+b^2}{2}}$이 된다. 제곱평균은 전기공학에서 많이 사용되는데, 대표적인 예가 교류(AC) 전압이다. 우리나라에서 사용되는 220V 전압은 일정하게 공급되는 것이 아니라 1초에 60번씩 전압의 크기와 방향이 바뀐다. 최대는 대략 311V로, 311V, 0V, −311V, 0V, … 와 같은 식으로 바뀌며, 이를 연속적으로 나타내면 사인함수 모양이다. 이에 대해 산술평균을 구하면 ＋와 −가 상쇄되면서 평균은 0이 된다. 그러나 311V, 0V로 변하는 2개의 전압에 대해 제곱평균을 구하면 220V이다.

$$\sqrt{\dfrac{311^2+0^2}{2}}=\sqrt{48360.5}\fallingdotseq 220$$

'산포도'는 산에서 나는 포도가 아니다

평균과 더불어 관심을 가져야 할 것은 자료의 분포를 나타내는 '산포도散布度'이다. 어느 중학교 수학 수업에서 '산포도'라고 했더니 '산에서 나는 포도'인 줄 알았다는 이야기가 있는 것처럼, 용어를 한글로만 받아들이면 엉뚱한 생각을 하게 된다. 하지만 흩어질 산散을 떠올리면, 산포도가 자료의 값들이 흩어져 있는 정도를 의미한다는 것을 유추할 수 있다. 산포도를 나타내는 데 흔히 사용되는 것은 범위, 분산, 표준편차 등이다.

산포도를 유의해야 하는 예를 들어 보자. 전쟁터에서 병사들을 이끌고 적진을 향해 가던 한 장군이 강을 만나게 되었다. 강의 평균 수심은 140cm였고, 병사들의 평균 키는 170cm였다. 장군은 마음을 놓고 강을 건너라며 진격 명령을 내렸다. 그러나 쉽게 예상할 수 있듯이, 강의 수심이 병사의 키보다 훨씬 깊은 곳이 있어 곤욕을 치렀다. 평균이 생사람을 잡은 이 상황에서 중요한 것은 평균 수심이 아니라 수심의 범위range이고, 판단을 내릴 때는 수심의 최댓값과 병사들 키의 최솟값을 비교해야 한다.

해외여행을 떠나기 전에 여행지에 맞는 옷을 챙기기 위해서 현지의 평균 기온을 확인한다. 이때 평균만을 고려한다면 잘못 챙겨 가기 십상이다. 예를 들어 평균 기온이 20°라고 할 때 최저 기온과 최고 기온이 15°와 25°인지 아니면 10°와 30°인지에 따라 가져가야 할 옷이 달라지기 때문이다. 또 병에 걸린 환자의 평균 생존 기간도 마찬가지이다. 평균 생존 기간이 3년이라 할 때 2.5년에서 3.5년 정도에 분포하는 경우와 1년에서 5년인 경우가 존재할 수 있으며, 이에 따라 환자의 마음가짐은 달라질 것이다.

여론조사의 허와 실

여론조사의 유명한 스캔들

여론조사 결과가 빗나갈 때마다 여론
조사 무용론이 나온다. 그런데 예전의 여
론조사는 더 허술한 경우가 많았다. 오
래전 외국의 사례를 살펴보자. 1936년
미국의 대통령 선거를 앞두고 시사 잡지
〈리터러리 다이제스트Literary Digest〉는 잡
지 구독자, 전국 전화번호부, 자동차 등
록명부 등에서 찾은 약 1000만 명의 유
권자를 대상으로 대규모의 여론조사를

〈리터러리 다이제스트〉

했다. 그중 약 227만 명의 응답을 분석하여 공화당의 랜던Alfred Landon

후보가 당시 대통령인 민주당의 루스벨트Franklin Roosevelt를 57:43으로 이길 것이라고 예측했다. 그러나 이 예상은 보기 좋게 빗나가고 루스벨트 대통령은 62%를 득표하면서 재선했다. 왜 이런 현상이 나타났을까?

여론조사를 할 때 전체 유권자에서 일부를 뽑는다. 즉 모집단에서 표본을 추출하고, 표본에서 나타난 의견을 전체 의견으로 확대하여 해석한다. 비유하자면 여론조사는 국을 한 솥 가득 끓였을 때 한 국자만 떠서 간을 보는 것, 혹은 인간의 신체에서 소량의 혈액을 뽑아서 검사하는 것과 비슷하다. 솥에 담긴 국은 어느 부분을 떠도 맛이 동일하고 신체의 혈액 역시 마찬가지이기 때문에 이상적인 표본이다.

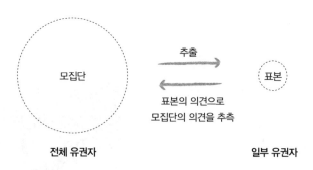

표본은 전체 유권자를 충분히 대변하도록 선정되어야 하지만, 〈리터러리 다이제스트〉의 여론조사에서는 그런 원칙이 지켜지지 않았다. 대공황 직후 루스벨트 대통령이 제시한 뉴딜 정책은 서민층으로부터 큰 지지를 받고 있었는데, 조사 대상으로 삼은 잡지 구독자, 전화와 자동차 소유자는 대부분 부유층이었다. 즉, 대표성이 낮은 편향된 표본이었던 것이다.

갤럽의 경마식 여론조사 포기

1936년 미국 대선에서 〈리터러리 다이제스트〉와 다른 예측을 내놓으며 혜성같이 등장한 미국의 통계학자가 갤럽George Gallup이다. 그가 세운 여론조사 회사 〈갤럽〉은 〈리터러리 다이제스트〉의 500분의 1 수준인 5,000명을 대상으로 여론조사를 실시해 루스벨트의 재선을 맞추었다. 그 후 〈갤럽〉은 여론조사의 대명사로 불릴 정도로 대표적인 여론조사 기관으로 자리매김했다.

그런 〈갤럽〉도 2016년 미국 대선부터 1등 후보를 예측하는 경마식 여론조사horse race polling를 중단했다. 결정적인 계기는 2012년 대선에서의 빗나간 예측 때문이다. 당시 〈갤럽〉은 공화당의 롬니 후보가 민주당의 오바마 후보를 간발의 차이로 이길 것으로 예측했으나, 실제 투표에서는 오바마가 여유 있게 이기면서 재선에 성공했다.

이런 상황이 바다 건너의 일만은 아니다. 우리나라의 2016년, 2020년 총선은 여론조사 기관의 무덤이라 할 만큼 예측이 부정확했다. 여론조사 때의 유선전화와 휴대전화의 비율이 오차의 원인이 되기도 했고, 사전 투표율이 높아지면서 투표 당일의 본투표만을 반영하는 출구조사가 정확도를 떨어뜨리기도 했다. 여론조사로 투표 결과를 예측하는 시대는 서서히 저물고, 이제는 빅데이터로 유권자의 선호도를 파악하는 시대가 도래하고 있다.

브래들리 효과

'브래들리 효과Bradley effect'는 1982년 미국 캘리포니아 주지사 선거

때 흑인 후보 브래들리Thomas Bradley가 백인 후보에게 패배한 결과에서 시작된 용어로, 비非백인 후보가 여론조사에서는 지지율이 높았지만 실제 선거에서는 득표율이 낮게 나오는 현상을 말한다.

이 현상의 원인은 백인 유권자 일부가 여론조사에서는 자신의 인종적 편견을 숨기기 위해 브래들리를 지지한다고 했다가 실제 선거에서는 백인 후보에 투표했기 때문인 것으로 밝혀졌다. 브래들리 효과는 일회성으로 끝난 것이 아니라 1983년의 시카고 시장 선거와 1989년의 뉴욕 시장 선거에서도 재연되었다. 여론조사 결과는 표본의 대표성뿐 아니라 응답자의 정직성과 심리적 요인에도 좌우됨을 알 수 있다.

통계 조사의 결과는 조사의 목적에 따라 달라질 수 있다. 오래전 중국에서 기아 구제를 위하여 인구조사를 하고, 몇 년 후 세금 부과와 징병을 목적으로 인구조사를 했다. 그 결과가 어떠했을까? 처음 조사에서는 혜택을 받기 위해 가족 수를 부풀렸고, 나중 조사에서는 세금과 징병을 피하기 위해 의도적으로 가족 수를 줄인 탓에 두 인구조사의 결과는 크게 달랐다고 한다.

선후관계, 상관관계, 인과관계를 구분하다

통계와 관련하여 명확히 구분해야 하는 개념이 선후관계, 상관관계, 인과관계이다. '선후관계'는 단순하게 A가 일어난 후 B가 일어나는 것이고, '상관관계correlation'는 A가 증가함에 따라 B가 증가하거나 감소하는 경향과 같이 A와 B가 관련되어 있음을 말한다. '인과관계causality'는 A가 원인이고 B가 그 결과인 관계를 의미한다. 이런 차이에도 불구하고 이 세 가지를 혼동하는 경우가 많다.

2020년 가을, 코로나 국면에서 독감까지 겹치는 것을 우려하여 독감 백신을 접종하겠다는 사람이 많았다. 그런데 독감 백신 접종 후 사망 논란이 빚어지자 접종을 기피하는 현상이 벌어졌다. 결론부터 말하면, 백신 접종과 사망의 인과관계는 의학적으로 확인되지 않는 것으로 밝혀졌다.

우리나라에서 연간 사망자 수는 대략 30만 명인데, 가을에는 사망자가 하루 평균 1000명 가량이 된다. 국민의 50%가 두 달 동안 인플루엔자 예방주사를 맞는다고 하면, 하루에 평균 1% 정도의 국민이 접종을 하니, 사망자 1000명 중에 접종을 한 사람도 10명 정도 될 것이다. 이런 경우를 독감 백신 접종으로 인해 사망하는 인과관계로 해석하여 해프닝이 벌어진 것이다.

상관관계와 인과관계도 잘 구별해야 한다. 한 조사에 따르면, 아이스크림 판매량과 강력 범죄 발생건수 사이의 상관관계가 높게 나타났다. 그렇다고 해서 아이스크림을 먹으면 난폭해져서 강력 범죄를 저지른다는 인과관계로 해석하면 곤란하다. 아이스크림이 많이 팔릴 정도의 날씨라면 불쾌지수가 높을 수 있고, 그로 인해 강력 범죄가 많이 발생했을 수도 있다. 인과관계에 대한 명확한 검증이 이루어지기 전에 상관관계를 인과관계로 판단하는 우를 범해서는 안 된다.

통계는 현대 사회를 살아가는 열쇠

통계를 뜻하는 영어 단어 statistics의 어원은 국가state이다. 국가를 통치하기 위해서는 농작물의 생산량을 조사하여 세금을 부과하고 군사를 모집하기 위한 인구조사를 해야 한다. 《성경》의 〈민수기〉 1장에는 병사를 징집하기 위한 인구조사가 언급되기도 하는데, 고대 중국, 이집트, 로마에서 통계는 나라를 잘 다스리기 위한 수단이었다. 이처럼 인류 역사와 함께 해 온 통계는 17세기 영국에서 학문적으로 연구되기 시작했다. 영국의 사회통계학자 그랜트John Graunt는 각 연령별 기대 수명을 반영하여 생명표를 만들면서 인구 통계학 분야를 개척했다.

우리는 다양한 매체를 통해 무수히 많은 통계 정보를 접하게 된다. 그런 의미에서 통계는 현대 사회를 살아가는 '열쇠'라고 할 수 있다. 최근 주목을 받는 빅데이터는 21세기의 '원유'에 비유된다. 원유에서 다양한 것을 추출하고 가공하여 제품으로 만드는 것처럼, 빅데이터를 분석하면 인간의 사고와 행동 패턴을 알아내고 산업과 서비스에 이용하면서 큰 가치를 창출할 수 있기 때문이다. 빅데이터 시대에는 방대하고 복잡한 자료를 신속하게 처리하는 통계 기술이 필수적이므로, 통계의 중요성은 날이 갈수록 높아지고 있다.

일상 속의 확률

5

"신은 주사위 놀이를 하지 않는다." 아인슈타인의 유명한 말이다. 양자론에서는 원자의 핵 주변에 전자가 분포하는 것을 확률적으로만 나타낼 수 있다고 보는데, 아인슈타인은 확률에 기반한 설명을 받아들이려 하지 않았다. 주사위 놀이를 하지 않는다는 표현은 그런 생각을 비유적으로 드러낸 것이다.

로또의 확률

로또의 1등 당첨 확률

로또는 숫자의 조합이 만들어 낸 최고의 확률 게임이다. 대표적인 복권인 〈나눔로또 6/45〉에서 1등에 당첨되려면, 1부터 45까지의 숫자에서 선택한 여섯 개의 숫자가 당첨 번호와 모두 일치해야 한다.

나눔로또 6/45

복권의 확률을 계산하기 위해서는 조합Combination 개념을 알아야 한다. n개 중에서 순서에 상관없이 r개를 고르는 경우의 수를 $_nC_r$이라고 한다. 예를 들어 4개 중에서 순서와 상관없이 2개를 고르는 조합인 $_4C_2$는 6이다. ①②③④의 4개 중에서 2개를 선택하는 경우는 ①②,

①③, ①④, ②③, ②④, ③④의 6가지이기 때문이다. 로또에서 1등의 확률은 45개 중에서 순서를 고려하지 않고 6개를 선택하는 경우의 수 $_{45}C_6$을 분모로 하고, 당첨 숫자 6개를 선택하는 경우의 수 1을 분자로 하는 $\frac{1}{_{45}C_6} = \frac{1}{8,145,060}$ 이다. 매주 10장씩 로또를 산다고 가정할 때, 약 1만 6000년 동안 계속 구입해야 1등에 당첨될 수 있을 만큼 희박한 확률이다. 이처럼 당첨 가능성이 워낙 낮다 보니 로또 당첨 숫자를 예측해 준다는 사이트가 횡행하기도 한다. 6개 중 5개의 숫자와 보너스 숫자를 맞춰 2등에 당첨될 확률은 $\frac{1}{1,357,510}$, 5개의 숫자를 맞춰 3등에 당첨될 확률은 $\frac{1}{35,724}$로 높아진다.

로또 당첨 번호들을 살펴보면

1회부터 946회까지 당첨 번호를 보면(보너스 번호 미포함), 가장 빈도가 높은 숫자는 34로 147번 나왔다. 그에 반해 가장 빈도가 낮은 숫자는 9인데 97번밖에 나오지 않았다. 1회부터 946회까지 당첨 번호는 6개씩이므로 당첨 번호의 총 개수는 $946 \times 6 = 5676$이고 이를 번호의 개수인 45로 나누면 약 126이다. 즉 모든 번호가 동등하게 당첨 번호로 뽑혔다면 126번씩인데. 이에 해당하는 번호는 3, 36, 44이다. 출현 빈도의 평균이 126인데, 최다 출현과 최소 출현 횟수가 각각 147과 97인 걸 보면, 편차가 꽤 큰 편이다.

로또의 특징은 각 등수의 당첨자가 여러 명 나올 수 있다는 점이다. 그럴 때는 상금을 균등하게 나누기 때문에 당첨자 수에 따라 금액이 달라진다. 예를 들어 910회의 1등 당첨자는 21명이나 되어 당첨금은

	제 910 회차	제 900 회차
1등 당첨자	21명	6명
1등 당첨금	941,316,375원	3,349,851,375원

941,316,375원이었고, 900회의 1등 당첨자는 6명으로 당첨금은 3,349,851,375원이었다. 910회와 900회의 당첨 번호의 분포를 살펴보면 특별한 차이를 보이지 않는데도 1등 당첨자의 수, 그리고 그에 따른 당첨금에서 3.5배나 차이가 났다.

큰 수의 법칙

확률에는 시행의 횟수를 늘리면 통계적 확률이 수학적 확률에 가까워진다는 '큰 수의 법칙'이 있다. 그렇다면 당첨 번호가 될 확률은 수학적 확률에 가까워져야 하므로, 드물게 나왔던 번호는 앞으로 좀 더 빈번하게 나와야 하고, 역으로 많이 나왔던 번호는 앞으로 드물게 나와야 한다고 생각할 수도 있다.

그러나 당첨 번호 선택은 이전의 결과와 무관한 독립시행이므로 1부터 45까지의 숫자가 당첨 번호가 될 확률은 매번 $\frac{1}{45}$이다. 프랑스의 수학자 베르트랑Joseph Bertrand은 확률의 무작위성을 강조하기 위해 "룰렛의 바퀴는 양심도, 기억도 없다The roulette wheel has neither conscience nor memory"는 말을 남겼다.

복권은 고통 없는 세금

복권 판매 금액은 모두 당첨 상금에 할당되는 것이 아니라 일부는 공익을 위하여 사용된다. '나눔 lotto'라는 명칭도 그런 의미다. 복권은 '고통 없는 세금'이니, 만약 복권을 한 장 산다면 행운을 바라는 마음을 한쪽에 두고, 또 다른 한쪽에는 의무적인 세금이 아닌 선택적인 세금을 낸다고 생각하라. 그러면 복권 추첨 후의 실망감이 조금은 줄어들 것이다.

포커의 확률

도박을 소재로 한 만화이자 영화로 유명한 게 〈타짜〉 시리즈이다. 〈타짜 1〉과 〈타짜 2〉는 화투를 중심으로 전개되었는데, 〈타짜 3: 원 아이드 잭〉에서는 포커로 종목이 바뀌었다.

포커 장면으로 유명한 드라마가 이제는 추억의 된 〈올인〉이다. 이병헌이 연기한 주인공은 포커의 달인으로, 라스베이거스에서 열린 세계 포커 대회에 출전해 풀하우스 패로 우승을 거둔다.

포커 카드는 하트(♥), 다이아몬드(♦), 스페이드(♠), 클로버(♣)의 4가지 모양이 있고, 모양마다 2, 3, 4, 5, 6, 7, 8, 9, 10, J, Q, K, A의 13가지 숫자/문자가 있어 총 52장이다. 〈올인〉에 나온 풀하우스는 5장의 카드 중 3장과 2장의 수가 각각 같은 경우를 말한다. 이 3장과 2장의 카드로 집 모양을 만들 수 있어 풀하우스full house라고 한다.

그러면 풀하우스를 패로 갖게 될 확률은 얼마일까? 포커를 칠 때 7장의 카드를 받고 그중에서 5장을 골라서 게임을 한다면 그 확률은 약 0.026이다. 그렇지만 5장의 카드를 받아 그대로 게임을 할 경우 풀하우스가 될 확률은 약 0.0014로 낮아지는데, 이때의 확률을 계산해 보자.

포커의 '풀하우스'

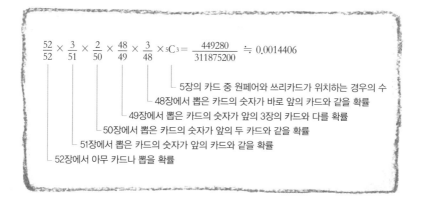

$$\frac{52}{52} \times \frac{3}{51} \times \frac{2}{50} \times \frac{48}{49} \times \frac{3}{48} \times {}_5C_3 = \frac{449280}{311875200} \fallingdotseq 0.0014406$$

5장의 카드 중 원페어와 쓰리카드가 위치하는 경우의 수
48장에서 뽑은 카드의 숫자가 바로 앞의 카드와 같을 확률
49장에서 뽑은 카드의 숫자가 앞의 3장의 카드와 다를 확률
50장에서 뽑은 카드의 숫자가 앞의 두 카드와 같을 확률
51장에서 뽑은 카드의 숫자가 앞의 카드와 같을 확률
52장에서 아무 카드나 뽑을 확률

포커 카드 조합의 서열은 원페어, 투페어, 쓰리카드, 스트레이트, 플러시, 풀하우스, 포카드, 스트레이트 플러시, 로열스트레이트 플러시 순으로 높아진다.

포커에서 5장의 카드를 받아 게임을 하는 경우, 각각의 확률을 구해 보면 다음과 같다. 확률이 높아 잘 나오는 것의 서열이 낮게 매겨져 있고, 확률이 낮아 잘 안 나오는 것의 서열이 높게 정해진 것을 보면, 포커는 상당히 수학적으로 고안된 게임이다.

원페어	3♣ 3♥	0.423	확률이 높음	포커의 서열이 낮음
투페어	8♦ 8♠ J♣ J♦	0.048		
쓰리카드	4♠ 4♣ 4♦	0.021		
스트레이트	6♠ 7♥ 8♣ 9♥ 10♦	0.004	↑	↑
플러시	2♠ 3♠ 6♠ 8♠ J♠	0.002		
풀하우스	10♠ 10♦ 10♣ 3♠ 3♥	0.0014	↓	↓
포카드	7♥ 7♦ 7♣ 7♣	0.00024		
스트레이트 플러시	3♣ 4♣ 5♣ 6♣ 7♣	0.000014	확률이 낮음	포커의 서열이 높음
로열스트레이트 플러시	10♥ J♥ Q♥ K♥ A♥	0.0000015		

블랙잭의 필승 전략

카지노에서 포커만큼이나 인기 있는 게 블랙잭이다. 블랙잭은 가지고 있는 카드 숫자의 합이 21을 넘지 않으면서 21에 가까운 사람이 이기는 게임이다. 카드의 A는 1 또는 11로 계산하고, J, Q, K는 10으로 계산되며, 나머지 카드는 적혀 있는 숫자로 계산된다.

미국의 수학자 소프Edward O. Thorp는 1962년 책《딜러를 이겨라Beat the Dealer》를 통해 이미 나온 카드를 쉽게 기억할 수 있는 카운팅 기법을 소개하고, 확률 계산에 기반해서 블랙잭의 성공 전략을 소개했다. '도박계의 아인슈타인'으로 불리는 소프는 이 기법을 활용해 블랙잭으로 돈을 불려 자신의 전략이 유효함을 입증했다. 블랙잭의 전략은 가지고 있는 카드 숫자의 합과 딜러가 공개한 카드 숫자에 따라 복잡한 경우들로 나뉘는데, 간단한 경우를 소개하면, 가지고 있는 카드 숫자의 합이 17 이상이면 카드를 더 받지 않고, 카드 숫자의 합이 8 이하이면 더 받는다. 카드 숫자의 합이 13~16이면서 딜러의 카드가 2~6일 때는 카드를 더 받지 않고, 딜러의 카드가 7~10이나 A일 때는 카드를 더 받는다.

소프는 확률을 이용하여 블랙잭을 정복한 후에는 금융시장으로 관심 분야를 옮겨 1967년 《시장을 이겨라_{Beat the Market}》라는 책을 내고 헤지펀드 회사를 설립했다.

수학자 중에 펀드 매니저로 변신한 경우가 드물지 않다. 대표적인 예가 미국의 사이먼스_{James H. Simons}로, 그는 일찍이 수학자로 명성을 떨치다가, 44세에 수학과 교수직을 버리고 금융계에 뛰어들어 억만장자가 되었다. 헤지펀드 회사 르네상스 테크놀로지를 창립하고 현재는 명예회장인 사이먼스는 2014년 서울에서 개최된 세계수학자대회_{ICM}에서 대중 강연을 펼쳤는데, 수많은 청중이 모여들어 대성황을 이루었

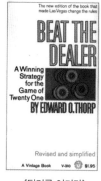

《딜러를 이겨라》

《시장을 이겨라》

다. 사이먼스는 투자 수익을 최대화하기 위해 수학을 이용하여 금융 상품의 모델을 만들고 엄밀한 확률과 통계적 분석을 통해 해답을 찾는다. 그의 투자 비법은 수학인 셈이다. 세계 증시의 심장인 월 스트리트에 수학자들이 대거 포진해 있는 이유이기도 하다.

확률을 알면 도박을 잘할까?

확률에 기초한 전략에 따라 게임을 하면 카지노에서 돈을 딸 수 있을까? 그렇다면 확률을 잘 아는 수학자들은 모두 갑부가 되어 있을 터인데, 그렇지 못한 것을 보면 확률에 대한 지식과 돈을 따는 것은 별 상관이 없는 것 같다.

확률은 수없이 많은 시행을 하면 어떤 사건이 일어나는 상대적인 빈도가 특정한 값에 가까워진다는 것을 알려 줄 뿐, 이론적으로 계산되는 수학적 확률과 실제 시행을 통해 얻은 통계적 확률은 일치하지 않는 경우가 대부분이다. 단, 여러 게임의 승률과 성공 전략을 염두에 둔다면 카지노에서 돈을 잃을 가능성이 조금은 낮아질 것이다. 카지노 게임 중 확률적으로 고객에게 가장 유리한 것은 블랙잭이고, 그다음이 크랩이며, 바카라나 룰렛은 이기기 어렵다는 것은 수학적으로 증명되어 있다.

윷놀이의 확률

윷놀이의 유래

윷놀이는 1년 12달 남녀노소가 장소의 구애를 받지 않고 즐길 수 있는 가족 놀이이다. 윷놀이의 유래에 대한 한 가지 설에 따르면, 윷놀이는 부여족 시대에 다섯 종류의 가축을 다섯 부락에 나누어 주고, 그 가축들을 경쟁적으로 번식시키는 것을 상징하는 놀이라고 한다.

윷가락을 던졌을 때 나오는 도, 개, 걸, 윷, 모는 각각 동물에 비유된

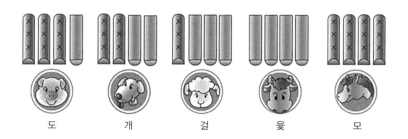

도   개   걸   윷   모

다. 도는 돼지, 개는 개, 걸은 양, 윷은 소, 모는 말에 해당하는데, 각각
이 나왔을 때 윷말이 움직이는 거리는 동물의 속도가 고려된 것이다.
예를 들어 돼지는 가장 느리고 말은 가장 빠르기 때문에, 도가 한 칸을
움직이면 모는 다섯 칸을 움직이도록 정했다.

윷가락의 각 면이 위로 향할 가능성이 같을 때의 확률

경우의 수를 이용하여 윷놀이의 확률을 구해 보자. 네 개의 윷가락
을 던졌을 때 나올 수 있는 경우의 수는 16이다. 왜냐하면 윷가락을
던질 때 위로 오는 면, 즉 보이는 면이 곡면이 나오거나 평면이 나오는
2가지가 있으므로, 4개의 윷가락을 던질 때 일어날 수 있는 경우의 수
는 2를 4번 곱한 16이 된다.

우선 윷가락의 곡면과 평면이 나올 확률이 각각 $\frac{1}{2}$로 동일하다고 가
정하자. 도는 윷가락 4개 중 1개의 평면이 나오므로 4가지 경우가 있
고, 따라서 도의 확률은 $\frac{4}{16}$이다. 걸은 도와 반대로 윷가락 4개 중 1개
의 곡면이 나오므로 걸의 확률 역시 $\frac{4}{16}$이다. 개는 윷가락 4개 중 2개
의 곡면이 나오므로, 모두 6가지 경우가 되어 개의 확률은 $\frac{6}{16}$이 된다.
한편 모나 윷은 모든 윷가락이 곡면이거나 평면이 나오는 한 가지 경
우밖에 없으므로 확률은 $\frac{1}{16}$이다. 따라서 확률을 내림차순으로 배열하
면 개〉도=걸〉윷=모가 된다.

실제 윷가락의 모양에 따른 확률

그런데 이 확률은 실제 윷놀이 경험과는 좀 다르다. 윷가락의 단면

의 모양이 반원에 가까운지 원에 가까운지에 따라 곡면과 평면이 나오는 비율이 달라지고, 바닥의 재질에 따른 마찰력의 영향도 받는다. 그뿐만 아니라 윷을 위로 던지면 평면이 나올 확률이 높고, 옆으로 굴리면 곡면이 나올 확률이 높다. 이처럼 여러 변인이 있지만, 윷가락을 던졌을 때 평면과 곡면이 나오는 비율은 대략 6:4라고 한다. 이에 따라 확률을 계산해 보자.

도는 윷가락 중 평면이 1개, 곡면이 3개 나오고, 평면이 나온 윷가락이 위치하는 경우가 4가지이므로, 확률은 $0.6 \times (0.4)^3 \times 4 = 0.1536$이다. 같은 방법으로 계산하면

개: $(0.6)^2 \times (0.4)^2 \times 6 = 0.3456$

걸: $(0.6)^3 \times (0.4) \times 4 = 0.3456$

윷: $(0.6)^4 = 0.1296$

모: $(0.4)^4 = 0.0256$

따라서 확률이 높은 쪽부터 낮은 쪽으로 배열하면 개＝걸〉도〉윷〉모가 된다. 만약 평면과 곡면이 나오는 비율을 6.1 : 3.9라고 하면 걸〉개〉도〉윷〉모가 되고, 비율이 5.9:4.1이라고 하면 개〉걸〉도〉윷〉모가 된다.

신라 시대의 십사면체 주사위

'확률' 하면 생각나는 것이 주사위이다. 주사위라고 하면 흔히 정육면체를 떠올리지만, 신라 시대에는 '목제주령구木製酒令具'라는 십사면

체 주사위를 고안해서 사용했다. 목제주령구는
1975년 경주 안압지에서 발굴되었는데, 유물을
보존 처리하던 도중에 불타 버렸고, 현재 남아 있
는 것은 목제주령구의 복제품이다.

목제주령구

목제주령구는 6개의 정사각형과 8개의 육각형으로 구성되며, 14개
의 면에는 각 면이 나왔을 때 받게 되는 벌칙이 적혀 있다. 이 주사위
가 벌을 내리기 위해 만들어졌음은 명칭인 '주령구酒令具'의 뜻이 '술酒
과 관련된 명령令을 내리는 도구具'라는 데서 잘 드러난다.

정사각형 6개 면의 벌칙

금성작무禁聲作舞 – 소리 없이 춤추기

중인타비衆人打鼻 – 여러 사람 코 두드리기

음진대소飮盡大笑 – 술을 다 마시고 크게 웃기

삼잔일거三盞一去 – 한 번에 술 석 잔 마시기

유범공과有犯空過 – 덤벼드는 사람이 있어도 가만히 있기

자창자음自唱自飮 – 스스로 노래 부르고 마시기

육각형 8개 면의 벌칙

곡비즉진曲臂則盡 – 팔뚝을 구부려 다 마시기

농면공과弄面孔過 – 얼굴을 간질여도 꼼짝 않기

임의청가任意請歌 – 누구에게나 마음대로 노래시키기

월경일곡月鏡一曲 – 달을 보며 노래 한 곡조 부르기

공영시과空詠詩過 - 시 한 수 읊기

양잔즉방兩盞則放 - 술 두 잔이면 쏟아 버리기

추물막방醜物莫放 - 더러운 물건을 버리지 않기

자창괴래만自唱怪來晚 - 노래를 부르며 휘청거리는 모양새를 재연하기

목제주령구는 정다면체가 아니므로 각 면이 나올 확률이 완전히 같지는 않다. 하지만, 계산해 보면 정사각형 면의 넓이는 6.25(cm²)이고 육각형 면의 넓이는 6.265(cm²)로 거의 같기 때문에, 이처럼 각 면이 나올 확률은 거의 같다. 따라서 목제주령구는 주사위의 기능을 수행하기에 적합하다. 정형적인 모양이 아니라 독창적인 모양의 주사위를 만들어 낸 선조들의 창의성에 감탄하게 된다. 이를 기려 경주에서는 주령구 모양의 빵을 특산품으로 판매하고 있다.

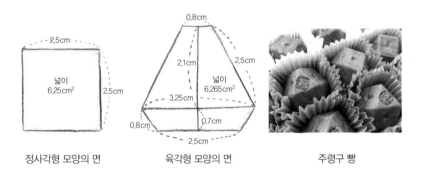

정사각형 모양의 면　　　　　육각형 모양의 면　　　　　주령구 빵

머피의 법칙과
샐리의 법칙

생일이 같을 확률

축구장에 양 팀 선수 22명, 주심 1명, 선심 2명, 총 25명이 뛰고 있다. 이 중에서 생일이 같은 사람이 있을 확률은 얼마일까?

놀랍게도 57%나 된다. 1년이 365일임을 감안할 때 생일이 같은 사람을 만나려면 366명은 모여야 하지 않을까 하고 생각하기 쉽기 때문에 잘 믿어지지 않는 결과이다.

생일이 같을 확률을 계산할 때 2명의 생일이 같아도 되고 3명이나 4명의 생일이 일치해도 되며, 생일이 같은 쌍이 여럿 나올 수도 있어 모든 경우의 수를 고려하려면 상당히 복잡하다. 이럴 때는 반대로 생일이 모두 다를 경우를 제외하는 게 훨씬 간편하다. 확률을 계산할 때 첫 번째 사람에게는 아무 제약이 없으므로 확률은 1이다. 두 번째 사람의 생일이 첫 번째와 다를 확률은 $\frac{364}{365}$이다. 세 번째 사람의 생일이 앞의 두 사람과 다를 확률은 $\frac{363}{365}$이다. 이런 식으로 하면, 25명의 생일이 모두 다를 확률을 구하는 식은 $\frac{364}{365} \times \frac{363}{365} \times \frac{362}{365} \times \cdots \times \frac{341}{365}$로, 계산하면 약 0.43이다. 따라서 25명 중 생일이 같은 경우가 한 쌍이라도 있을 확률은 1에서 0.43을 뺀 약 0.57이 된다.

확률이 이렇게 높게 나오는 이유는 생일이 같게 되는 경우의 수가 많기 때문이다. 인원이 25명일 때 2명을 선택하는 방법은 $_{25}C_2 = \frac{25 \times 24}{2}$ =300이므로, 300가지나 되고, 3명이나 4명을 선택하는 경우 등등을 고려하면 경우의 수는 아주 많아진다. 그렇기에 생일이 같을 확률은 직관으로 추론했을 때보다 직접 계산했을 때 훨씬 더 높다.

머피의 법칙과 샐리의 법칙

확률과 관련하여 떠오르는 것 중의 하나가 '머피의 법칙Murphy's law'이다. 머피의 법칙은 미국의 항공 엔지니어 머피Edward Murphy가 충격 완화 장치 실험이 실패로 끝나자 "잘못될 가능성이 있는 것은 항상 잘못된다"고 언급한 데서 유래했다. 이때부터 머피의 법칙은 원하지 않는 방향으로 일이 계속 틀어지는 경우를 일컫는 용어가 되었다. 예를 들어 내가 주식을 사면 주가가 떨어지고 주식을 팔면 주가가 올라가는 것, 마트에서 내가 서 있는 줄이 다른 줄에 비해 느리게 줄어드는 것, 세차하고 나면 비가 오는 것, 모두 머피의 법칙이다.

머피의 법칙와 상반되는 것이 영화 〈해리가 샐리를 만났을 때〉의 여주인공 이름을 딴 '샐리의 법칙Sally's law'이다. 영화에서 샐리에게 일어나는 상황들은 해피엔딩으로 귀결되는데, 이처럼 샐리의 법칙은 잘될 가능성이 있는 것이 항상 잘되는 경우를 말한다. 많은 사람들이 샐리의 법칙보다는 머피의 법칙이 자신에게 적용된다고 믿는 이유는, 성공한 사례보다는 실패한 사례를 주로 기억하는 현상인 '선택적 기억 selective memory' 때문일 것이다. 인간의 기억력에는 한계가 있기 때문에, 문제없이 해결된 것은 기억에서 지워 버리는 경향이 있다.

O.J. 심슨 사건의 판결

확률은 경우에 따라 구하는 방법과 해석이 다양하기 때문에 종종 논란이 벌어지곤 한다. 미국을 비롯한 전 세계적 관심을 모았던 O.J. 심슨 사건을 보면 이를 실감하게 된다. 전설적인 미식축구 선수 O.J. 심슨의 아내가 피살되었고, 심슨은 유력한 용의자였다. 일반적으로 DNA 분석 결과가 우연히 일치할 확률은 1만 분의 1에 불과한데, 피살 현장에서 채취한 DNA가 심슨의 것과 일치했다. 이를 근거로 검사는 심슨이 범인일 확률이 99.99%라고 주장했다.

하지만 심슨의 변호인은 LA 인근의 인구 300만 명 중 DNA가 일치할 수 있는 사람은 300명이고, 심슨은 이 300명 중의 1명이기 때문에 심슨이 범인일 확률은 0.33%에 불과하다고 주장했다. 검사와 변호인의 상이한 주장은 서로 다른 측면의 확률에 주목한 결과인데, 재판부는 변호인 측의 손을 들어 주었다. 이후 심슨은 흑인이고 부인은 백인 여배우라는 사실에 세간의 관심이 모이면서 사건은 인종 문제로 비화되었고, 미국 전역은 흑백 공방으로 들끓었다.

질병 검사의 정확도

질병 검사 결과를 확률적으로 해석할 때에도 의외의 상황과 만나게 된다. 예를 들어, 바이러스 검사법이 감염 여부를 옳게 판정할 확률이 99%라고 하자. 그런데 실제 감염자의 수가 비감염자의 수에 비해 극히 적을 경우, 바이러스 검사의 정확도가 기대치에 훨씬 못 미칠 수 있다.

예를 들어, 우리나라 전체 인구 5,000만 명 중에서 실제로 감염된 사람이 3,000명이라고 하자. 판정이 정확할 확률을 99%로 하면 다음과 같이 분석할 수 있다.

	검사 결과 감염자로 판정	검사 결과 비감염자로 판정	합계
실제 감염자	2,970명	30명	3,000명
실제 비감염자	499,970명	49,497,030명	49,997,000명
합계	502,940명	49,497,060명	50,000,000명

실제 감염자 중 검사를 통해 감염자로 판정되는 경우는 3,000명의 99%인 2,970명이고, 1%인 30명은 비감염자로 오판되는 위음성false negative이 된다. 한편 실제 비감염자인 49,997,000명 중에서 99%인 49,497,030명은 비감염자로 올바르게 분류되지만, 1%인 499,970명은 감염자로 오판되는 위양성false positive이 된다.

이제 확률을 따져 보면, 검사 결과 감염자로 판정받았을 때 실제로 감염자일 확률은 $\dfrac{2,970}{502,940}$ 이므로 약 0.6%에 불과하다. 이런 연유로 임상에서는 유의할 검사 결과가 나와도, 보다 확실한 진단을 위해 다른 검사 방법을 추가로 이용한다.

99%와 0.6%의 차이는 하늘과 땅만큼 크다. 만약 감염자로 판정받으면 '머피의 법칙'을 떠올리겠지만 진짜 감염 여부는 '샐리의 법칙'이 될 수도 있으니, 확률은 정말이지 희비쌍곡선인 것 같다.

스포츠의 확률

골퍼의 백팔번뇌

야구는 통계와 확률의 게임이다. 타자 아홉 명의 타순을 정하는 방법은 9의 계승, 즉 $9 \times 8 \times 7 \times 6 \times 5 \times 4 \times 3 \times 2$로 약 36만 가지나 된다. 야구에는 선수들의 경기 결과를 바탕으로 계산한 승률, 타율, 출루율, 방어율, 자책률 등 다양한 통계가 등장하는데, 이는 다음 경기에서 어떤 수준의 경기가 펼쳐질지 알려 주는 지표이기도 하다.

골프에서 단 한 번의 샷으로 그린의 홀컵에 공을 넣은 것을 홀인원hole-in-one이라고 한다. 골프공이 멀리 떨어진 홀컵으로 단번에 빨려 들어가는 것은 거의 기적에 가깝기 때문에 홀인원은 모든 골퍼의 꿈이자 최고의 영예이다. 그렇다면 홀인원이 일어날 확률은 얼마나 될까? 프로 골퍼의 홀인원 확률은 $\dfrac{1}{2,500}$, 아마추어 골퍼의 경우는 $\dfrac{1}{12,500}$

정도로 추정된다.

골프 홀컵의 지름은 4.25인치인데, 이를 미터법으로 환산하면 108mm가 된다. 혹자는 골프를 칠 때 백팔번뇌百八煩惱를 경험하기 때문에 108이라는 수치가 의도적이라는 해석을 한다. 그렇지만 서양에서 시작된 골프가 불교 사상에서 비롯된 백팔번뇌의 아이디어를 반영했을 리 없기 때문에 이 추측의 개연성은 높지 않다.

테니스 게임의 확률

테니스의 점수는 0에서 시작하여 15-30-40으로 점수가 올라가고, 여기서 한 번 더 점수가 나면 게임의 승패가 결정된다. 물론 탁구나 배드민턴과 마찬가지로 40-40의 듀스가 되면 어느 쪽이든 두 번을 먼저 이겨야 게임의 승패가 가려진다. 여기까지의 과정을 한 '게임'이라고 하는데, 여섯 게임을 먼저 이기는 사람이 한 '세트'를 이기게 된다. 또 이러한 세트를 여러 번 하여 3전 2승제 혹은 5전 3승제로 최종적인 승부를 가린다.

두 선수 A, B가 테니스 경기를 한다고 하자. A와 B가 서로 상대를 대상으로 한 점을 딸 확률이 각각 0.6과 0.4라고 할 때, B가 경기에서 이길 확률은 얼마나 될까?

경기에서의 승리 확률이 한 점을 딸 확률과 비슷할 거라고 생각하기 쉽지만, 계산을 해 보면 큰 차이가 있다.

옆의 그림에 표시된 대로 각 단계에서 A와 B가 이길 확률은 0.6과 0.4이다. 이를 바탕으로 15:15가 될 확률을 계산해 보자. 15:15가 되기

242

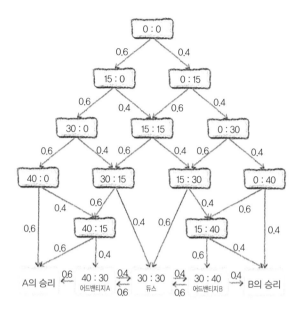

위해서는 15:0에서 B가 한 점을 따거나 0:15에서 A가 한 점을 따야한다. 0:0에서 A가 한 점을 따 15:0이 될 확률은 0.6이고, 15:0에서 B가 한 점을 따 15:15가 될 확률은 0.4이므로, 15:0을 거쳐 15:15가 될확률은 $0.6 \times 0.4 = 0.24$이다. 마찬가지로 0:15를 거쳐 15:15가 될 확률은 $0.4 \times 0.6 = 0.24$이다. 따라서 15:15가 될 확률은 0.48이 된다. 이러한 식으로 복잡한 확률을 계산해 보면, B가 한 게임을 이길 확률은 약 0.264이고, B가 한 세트를 이길 확률은 0.034밖에 되지 않으며, 3전 2승제로 시합을 할 때 B가 이길 확률은 0.004에 불과하다. 한 점을 딸 확률에서 나타난 미미한 차이가 게임, 세트로 이어지면서 계속 누적되기 때문이다.

그렇기는 하지만 한국 테니스의 간판인 정현 선수가 자신보다 세계

랭킹이 훨씬 높은 선수를 당당히 이기기도 하고, 또 랭킹이 낮은 선수에게 힘없이 무너지기도 한다. 이와 같이 확률적인 예측이 무색한 경기가 펼쳐지기도 하기에 스포츠의 재미가 배가되는 것 같다.

예술 속의 수학

6

수학과 예술의 유사점은 무엇일까? 수학의 진리를 터득할 때 느끼는
감동이 예술 작품을 감상할 때의 벅찬 감동과 비견될 수 있다는 점이다.

음악 속의 수학

순정률의 원리

합창단 구성원 하나하나의 목소리는 유명한 솔로 가수의 목소리에 못 미칠 수 있지만, 합창단 전체가 만들어 내는 화음에는 솔로 가수에게서 느낄 수 없는 매력이 깃들어 있다. 이러한 매력의 근원에는 수학이 있다고 할 수 있다. 화음은 수학적인 원리에 따라 조화롭게 구성되기 때문에 아름다운 소리로 들리는 것이다.

소리는 공기의 진동이고, 진동이 빠를수록 높은 소리가 난다. 그런데 진동수는 현의 길이와 반비례하기 때문에 현의 길이가 짧을수록 진동수가 크며, 진동이 빨라져 높은 소리가 난다.

음정을 정하는 방법에는 '순정률pure temperament'과 '평균율equal temperament'의 두 가지가 있다. 순정률은 음 사이의 진동수의 비가 유리수가 되도록 음계를 만든 것이고, 평균율은 인접한 음들의 진동수의 비가 균일하도록 음계를 정한 것이다.

만물을 수로 설명하려고 했던 피타고라스는 음정 역시 수의 지배를 받는다는 사실을 발견했다. 두 현의 길이가 간단한 비로 표현될 때 현을 퉁기면 어울리는 소리가 난다는 것을 알아냈는데, 이것이 바로 순정률이다.

순정률은 1과 $\frac{1}{2}$을 출발점으로 하고, 1과 $\frac{1}{2}$의 산술평균인 $\frac{3}{4}$, 조화평균인 $\frac{2}{3}$를 기본으로 구성된다. 원래 현의 길이를 기준으로 다른 현의 길이가 $\frac{3}{4}$, 즉 진동수가 $\frac{4}{3}$이면 '도'와 '파'처럼 4도 높은 음이 난다. 또 현의 길이가 $\frac{2}{3}$, 즉 진동수가 $\frac{3}{2}$이면 '도'와 '솔'처럼 5도 높은 음이 나고, 길이가 $\frac{1}{2}$, 즉 진동수가 2이면 '도'와 한 옥타브 위의 '도'처럼 8도 높은 음이 난다.

피타고라스의 순정률에 대한 아이디어를 이어받은 프톨레마이오스

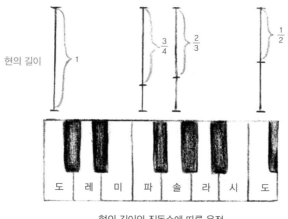

현의 길이와 진동수에 따른 음정

는 진동수를 나타내는 분수를 간단한 값으로 고쳐 개선된 순정률을 내놓았다.

	도	레	미	파	솔	라	시	도
피타고라스	1	$\frac{9}{8}$	$\frac{81}{64}$	$\frac{4}{3}$	$\frac{3}{2}$	$\frac{27}{16}$	$\frac{243}{128}$	2
프톨레마이오스	1	$\frac{9}{8}$	$\frac{5}{4}$	$\frac{4}{3}$	$\frac{3}{2}$	$\frac{5}{3}$	$\frac{15}{8}$	2

프톨레마이오스의 순정률에서 으뜸화음인 '도-미-솔'의 진동수의 비는 $1:\frac{5}{4}:\frac{3}{2}$인데, 이를 정수로 나타내면 4:5:6이다. 딸림화음 '솔-시-레'와 버금딸림화음 '파-라-도'의 비 역시 4:5:6이 된다.

천구의 음악

순정률은 한때 행성의 운동과 관련지어 해석되기도 했다. 케플러의 제2법칙에 의하면 행성과 태양을 연결하는 선분이 같은 시간 동안 쓸고 지나가는 넓이는 항상 같다. 이 법칙이 성립하려면 태양에서 가까운 근일점에서의 공전 각도(▨ 부분)는 태양에서 먼 원일점에서의 공전 각도보다(▨ 부분) 커야 한다.

화성이 근일점과 원일점에서 하루 동안 공전하는 각도의 비는 대략 3:2가 된다. 그런 연유로 케플러는 화성이 5도 음정과 관련된다고 생각했다. 토성의 경우 근일점과 원일점에서 하루 동안 공전하는 각도를 간단한 비로 나타내면 5:4가 되어 3도 음정과 연결된다. 이처럼 각 행성과 대응되는 음정이 있기에 케플러는 천체가 움직이면서 '천구의 음악music of the spheres'을 만들어 낸다고 여겼다.

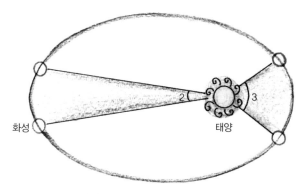

화성이 근일점과 원일점에서 공전하는 각도

평균율의 원리

현악기에 광범위하게 쓰이는 순정률에서는 인접한 두 음의 진동수의 비가 일정하지 않다. 예를 들어, '도'와 '레'의 진동수의 비는 $\frac{9}{8}$, '레'와 '미'는 $\frac{10}{9}$, '미'와 '파'는 $\frac{16}{15}$이다. 이때, $\frac{9}{8}$와 $\frac{10}{9}$은 온음이고 $\frac{16}{15}$은 반음이다. 본래 온음은 두 개의 반음을 가진 음의 간격인데, 순정률에선 두 반음을 합해도 온음이 되지 않는다. 반음의 진동수의 비를 두 번 곱한 값, 즉 $\frac{16}{15} \times \frac{16}{15} \fallingdotseq 1.1378$이 온음의 진동수의 비 $\frac{9}{8} = 1.125$나 $\frac{10}{9} \fallingdotseq 1.1111$보다 크다. 이러한 문제는 조바꿈할 때 어려움으로 작용한다.

이를 보완하여 진동수의 비가 일정하도록 정한 것이 건반 악기에 주로 이용되는 평균율이다. 평균율도 순정률과 마찬가지로 진동수를 2배 하면 한 옥타브 높은 음이 된다. 기준이 되는 '도'에서부터 한 옥타브 위의 '도'까지는 '도-도#-레-레#-미-파-파#-솔-솔#-라-라#-시-도'까지 12단계이다. 따라서 인접한 두 음 사이의 진동수의 비를 x라

할 때, x를 12번 곱하면 한 옥타브 높은 음의 진동수 비인 2가 되어야 한다. 즉 x는 12제곱을 하면 2가 되는 무리수 $\sqrt[12]{2}$ ≒ 1.0595가 된다.

$$x^{12}=2 \quad \Rightarrow \quad x=\sqrt[12]{2} ≒ 1.0595$$

평균율의 진동수 비는 무리수로 표현되지만, 유리수로 표현되는 순정률과 크게 다르지는 않다. 예를 들어 순정률에서 4도 음정인 '도-파'의 진동수의 비는 $\frac{4}{3}$ ≒ 1.3333이다. 평균율에서 '도-파'까지는 '도-도#-레-레#-미-파'까지 모두 5번 올려야 하므로 $(1.0595)^5$이며, 계산하면 약 1.3351이 되어 순정률의 4도 음정 진동수의 비와 비슷해진다.

악기의 소리는 사인함수와 코사인함수로 표현

소리는 일종의 파동인 음파인데, 소리를 결정하는 것은 음의 높낮이, 음의 세기, 음색이라는 세 가지 요소이다. 이때 음의 높낮이는 파동의 진동수, 음의 세기는 파동의 진폭에 따라 결정되고, 음색은 파동 방정식을 이루는 사인함수나 코사인함수와 관련된다.

18세기 프랑스의 수학자 푸리에Joseph Fourier 는 주기적으로 반복하는 함수는 삼각함수인 사인함수와 코사인함수의 합으로 나타낼 수 있음을 알아냈다. 즉 악기의 소리는 사인함수와 코사인함수의 합으로 표현할 수 있고, 역

푸리에 우표

으로 사인함수와 코사인함수의 결합을 통해 여러 가지 음색을 만들어 낼 수 있다.

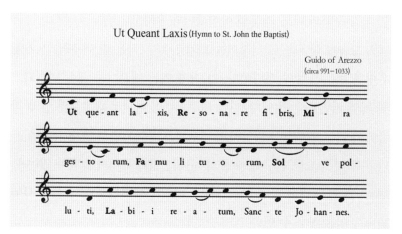

귀도 다레초의 기보법

기보법과 전자음악

17세기의 수학자이자 철학자인 데카르트René Descartes는 x축과 y축으로 이루어진 좌표평면을 고안했으며, 11세기의 음악이론가 귀도 다레초Guido d'Arezzo는 음악의 기보법을 만들어 냈다. 기보법에서는 여러 개의 음표를 x축을 따라 배열하고 오선에서의 위치, 즉 y축에서의 높이에 따라 음의 높낮이를 표현한다. 따라서 수학의 좌표평면과 음악의 기보법은 비슷한 아이디어에서 출발한 것이다. 이런 점에서 좌표축의 아이디어는 수학에서 활발히 사용되기 600여 년 전에 음악에서 먼저 꽃을 피웠다고 볼 수 있다.

수학의 한 분야인 미적분학과 컴퓨터 음악도 서로 통하는 바가 있다. 컴퓨터 음악에서 전자음을 무한히 세분화하는 아날리시스analysis와 분화된 요소를 다시 종합하는 신세시스synthesis는 중요한 수단인데, 이는 각각 수학의 미분, 적분의 아이디어와 유사하다.

'도도솔솔 라라솔'로 시작되는 모차르트의 〈작은 별 변주곡〉은 가장 유명한 변주곡 중의 하나이다. 이 곡의 기본 멜로디는 계속 변형되면서 곡의 저변에 깔려 있다. 비단 변주곡뿐만 아니라 대부분의 음악 작품에서 기본 멜로디는 다양하게 변형되고 분화되면서 곡 전체를 이끈다. 수학의 중요한 연구 주제 중의 하나는 변화 속에서도 남아 있는 불변invariant의 성질을 탐구하는 것인데, 이런 점에서도 수학과 음악 사이의 공통점을 찾을 수 있다.

과학의 여왕과 예술의 여왕

음의 조화로 인간의 감성을 자극하는 음악은 일면 무미건조하게 보이는 수학과 관련성이 별로 없을 것 같다. 그렇지만 음악의 토대가 되는 음정 이론의 수학적 원리를 살펴보고 나면, "수학은 이성의 음악 Mathematics is the music of reason"이라는 수학자 실베스터James J. Sylvester의 말을 실감하게 된다. 이와 같이 '과학의 여왕'인 수학과 '예술의 여왕'인 음악은 서로 밀접한 관계를 맺고 있다.

미술 속의 수학

원근법과 사영기하학

중세는 종교가 모든 분야에서 우선권을 갖는 시대였다. 그림에서도 신과 천사는 중심에 크게 자리 잡고, 인간은 주변적인 것으로 묘사되었다. 그러나 르네상스 시대부터 인간 중심 사상(휴머니즘)에 입각하여 눈에 비치는 것을 있는 그대로 그리기 시작했다. 이 시기에 멀리 있는 대상은 작게, 가까이 있는 대상은 크게 그림으로써 원근감을 부여하는 '원근법perspective'이 처음으로 등장했다.

수학에서 미술의 원근법과 관련된 것은 '사영기하학projective geometry'이다. 그림에 원근법을 적용하기 위해 화가들은 눈의 위치와 대상의 윤곽을 가상의 직선으로 연결했다. 그런 뒤에 직선이 캔버스와 만나는 점을 계산해서 그림을 그렸다. 사영기하학은 대상을 사영projection한다

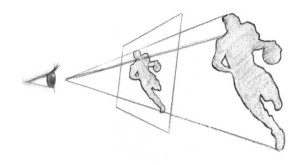

는 점에서 원근법과 공통점을 갖는다.

소실점과 무한원점

원근법에서는 멀고 가까움을 표현하기 위해 실제로는 만나지 않는 평행선들이 그림의 어느 한 점에서 만나도록 그린다. 이를 '소실점vanishing point'이라고 한다. 예를 들어, 15세기 말 다 빈치Leonardo da Vinci의 〈최후의 만찬〉은 예수 그리스도의 이마 위에 소실점이 오도록 원근법을 적용한 작품이다. 이에 반해 14세기 초 조토Giotto di Bondone의 〈최후의 만찬〉은 멀고 가까움이 느껴지지 않는 평면적인 그림이다.

다 빈치의 〈최후의 만찬〉　　　　　조토의 〈최후의 만찬〉

사영기하학에서는 그 이전까지 기하학이 다루어 왔던 공간에 가상의 점을 더했는데, 이를 '무한원점point at infinity'이라고 부른다. 무한원점은 서로 평행한 직선들이 공유하는 점으로, 미술에서의 소실점과 비슷하다고 할 수 있다. 사영기하학을 모르더라도 원근감이 느껴지는 그림을 그릴 수 있을지 모르지만 사영기하학 덕분에 원근법이 확고한 이론적 체계를 갖출 수 있었고, 원근감이 더 정교하게 느껴지는 그림이 탄생할 수 있었다.

화법기하학에서 사영기하학으로

나폴레옹 시대의 수학자 몽주Gaspard Monge는 프랑스 육군 작전에 중요한 역할을 했다. 적의 요새를 공격하기에 앞서, 여러 정보를 종합하여 요새의 도면을 정확하게 그려 낸 것이다. 이와 같이 3차원적 대상을 2차원으로 투사하는 방법은 '화법기하학descriptive geometry'의 출발점이 되었다. 화법기하학은 퐁슬레Jean Victor Poncelet에 의해 체계화되어 근대적인 사영기하학으로 발전했다.

화법기하학을 이용한
3차원 입체의 2차원 표현

몽주의 제자였던 퐁슬레는 군대에서 포로 생활을 하면서 스승으로부터 배운 기하학을 되새길 기회를 가졌다. 퐁슬레는 감옥의 벽에 그림을 그리면서 사영기하학의 토대가 되는 연구를 했다고 하니, 화법기하학과 사영기하학은 전쟁이 남긴 성과물이라고도 할 수 있다.

네덜란드의 미술가 에셔

네덜란드의 미술가 에셔Maurits Cornelis Escher는 수학적 원리를 이용하여 독창적이고 매혹적인 작품을 다수 남겼다. 에셔가 수학을 전문적으로 배운 것은 아니었으나, 〈폭포〉나 〈상대성〉 같은 작품에서 드러나듯 원근법의 왜곡과 공간 착시 현상을 이용해 현실에서 불가능한 장면을 사실적으로 그려 냈다.

'테셀레이션tessellation'이란 동일한 모양을 이용해 틈이나 포개짐 없이 평면이나 공간을 완전하게 덮는 것을 말하는데, 에셔는 테셀레이션을 미술의 한 장르로 정착시키는 데 기여했다. 테셀레이션의 예로는 바닥과 벽에 깔린 타일과 모자이크 등을 들 수 있다. 순우리말로는 '쪽매 맞춤'이라고 하는데, 우리나라 궁궐의 단청, 문창살, 조각보에서도 찾아볼 수 있다.

에셔의 〈폭포〉　　　　　　　　에셔의 〈상대성〉

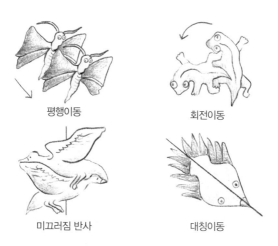

평행이동   회전이동

미끄러짐 반사   대칭이동

테셀레이션은 도형을 일정한 거리만큼 움직이는 '평행이동translation',
한 점을 중심으로 도형을 돌리는 '회전이동rotation', 거울에 반사된 것처
럼 대칭으로 변환하는 '대칭이동reflection', 평행이동과 대칭이동을 결합
한 '미끄러짐 반사glide reflection'의 네 가지 변환을 통해 만들 수 있다.

에셔의 테셀레이션 작품(1)을 분석해 보면, 조개껍질과 소라껍질을
각각 90°씩 회전이동해서 만들었음을 알 수 있다. 작품(2)는 흰색의

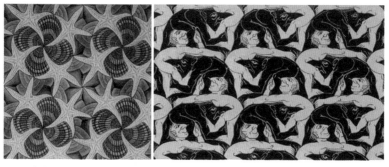

에셔의 테셀레이션 작품(1)   에셔의 테셀레이션 작품(2)

사람을 좌우로 평행이동해서 한 줄을 만들고 미끄러짐 반사를 통해 아래와 위의 줄들을 채워 갔으며, 동일한 방식으로 검은색 사람의 부분도 채웠음을 알 수 있다.

에셔의 작품 〈도마뱀〉은 테셀레이션과 차원 개념을 결합한 작품이다. 이 작품에서 도마뱀은 2차원 평면에서 나와 3차원 입체로 옮겨 갔다가 다시 2차원 그림 속으로 들어간다. 또 그 바닥에는 도마뱀들로 이루어진 테셀레이션

에셔의 〈도마뱀〉

이, 그 위에는 정십이면체가 놓여 있다.

수의 예술가 오팔카

폴란드의 미술가 오팔카Roman Opałka는 평생 수를 모티브로 작품 활동을 한 '수의 예술가'이다. 오팔카가 일생에 거쳐 계속한 프로젝트는 〈1965/1-∞〉 연작이다. 프로젝트 제목 〈1965/1-∞〉는 1965년 시작해서 1부터 연속된 수를 계속 적어 나가 무한대(∞)에 도달한다는 의미를 담고 있다.

오팔카는 동일한 규격의 캔버스(196×135cm)에 가느다란 붓을 이용해 2만 개에서 3만 개 사이의 수를 흰색으로 적었는데, 한 작품의 수가 n으로 끝났다면 그다음 작품은 n+1로 시작했다. 1972년부터는 작품의 바탕을 검은색에서 시작해서 1%씩 흰색 물감을 섞어 점진적으

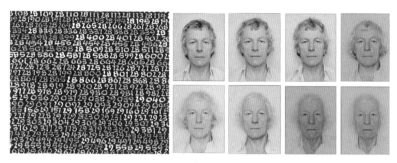
오팔카의 〈1965/1-∞〉

로 밝아지도록 했기 때문에 나중에는 흰색 바탕에 이르게 된다. 오팔
카는 7,777,777에 도달할 때는 흰색 바탕에 흰색 수를 적게 될 것이라
예측했지만, 그가 작고하기 전인 2011년에 마지막으로 남긴 수는
5,607,249이다. 오팔카는 작품을 끝낼 때마다 그 작품을 배경으로 사진
을 찍었는데, 연속된 수를 통해 시간의 궤적을 표현하고자 한 것처럼 사
진 속 얼굴의 변화도 수십 년에 걸친 시간의 흐름을 보여 준다.

점묘주의와 집합론

19세기 말 프랑스의 화가 쇠라Georges Seurat는 캔버스에 점을 찍어 형
상과 색채를 표현한 점묘주의pointillisme 화가로 유명하다. 인상파는 빛
을 그림에 표현하는데, 빛의 색깔을 물감으로 나타내기는 쉽지 않다.
빛을 섞으면 밝아지지만 물감을 섞으면 어두워지기 때문이다. 빛을 물
감으로 그리기 위해 쇠라는 여러 방법을 모색한 끝에 점을 찍어 빛을
표현하는 방법을 택했다. 그런 의미에서 쇠라는 모네와 같은 이전의
인상파 화가와 차별화된다. 이런 쇠라의 화풍을 신인상파라고 한다.

사실 점 하나하나를 찍어 화폭을 메우는 쇠라의 작업은 엄청난 시간을 요구했다. 수학에서 점들이 모여 선을 이루고, 선들이 모여 면을 이루는 것과 마찬가지로 쇠라가 화폭에 찍은 점들도 모여서 다양한 사물

쇠라의 〈그랑드자트섬의 일요일 오후〉

과 풍경을 만들어 낸다. 쇠라가 미세한 필촉으로 찍은 원색의 작은 점들은 잔상 효과에 의해 망막 위에서 혼합되어 인간의 눈에는 중간색으로 감지된다.

쇠라가 점묘주의를 추구하던 시기에 수학자 칸토어Georg Cantor는 '집합론'을 발표하여 현대 수학의 초석을 닦았다. 원소들의 모임인 집합을 연구하는 집합론은 점의 집합으로 그림을 그린 쇠라의 화풍과 상통하는 바가 있다.

피카소의 큐비즘

피카소Pablo Picasso의 화풍은 흔히 큐비즘cubism(입체주의)이라고 하는데, 큐비즘의 큐브cube는 정육면체를 말한다. 우리가 정육면체를 바라볼 때, 어떤 방향에서 보더라도 기껏해야 세 면을 볼 수 있을 뿐, 여섯 면을 동시에 보는 것은 불가능하다. 큐비즘은 이러한 제약에서 벗어나기 위해 여러 각도에서 바라본 모양을 하나의 평면에 표현한다.

아인슈타인은 절대 시간의 개념을 넘어선 시간의 동시성同時性,

synchronicity 을 주장했는데, 피카소의 그림은 이러한 동시성을 담고 있다. 입체를 한쪽에서 보면 일부의 면이 보이고, 다른 쪽에서 보면 또 다른 일부의 면이 보인다. 피카소는 시간의 제약을 넘어 한 번에 위, 아래, 앞, 뒤, 오른쪽, 왼쪽을 모두 볼 수 있도록 그렸다. 피카소의 〈아비뇽의 처녀들〉에서 보듯이 여러 방향에서 본 모양이 하나의

피카소의 〈아비뇽의 처녀들〉

화폭에 겹쳐지도록 그린 것은 아인슈타인의 동시성을 화폭에 담아 낸 것이라고 할 수 있다.

위상수학이란?

20세기에 들어 본격적으로 연구된 현대 수학의 한 분야가 '위상수학'이다. 현대 수학의 가장 큰 특징은 추상성으로, 위상수학은 그중에서도 고도로 추상화된 분야이다. 위상수학에서 다루는 대상은 시각화하여 나타내기 어려운 경우가 많아, 수학을 전공하는 사람에게도 난해하기 이를 데 없는 분야이다. 위상수학은 영어로 topology(토폴로지)인데, 이 발음을 패러디해서 '또모르지'라고 불리기도 한다. 최근 빅데이터 분석에 위상수학을 활용하는 '위상적 데이터 분석 기법topological data analysis'이 각광을 받고 있다.

커피잔과 도넛은 동형

위상수학은 어떤 대상을 연속적으로 변형해도 변하지 않는 성질을 연구하는 분야이다. 위상수학에서는 도형의 크기나 모양이 변해도 연결 상태만 같으면 같은 도형, 즉 동형同型으로 간주한다. A와 B가 연결 상태가 같다는 것은 늘이거나 줄이거나 구부리는 것을 통해 A를 B로 변형할 수 있음을 말한다. 만약 손잡이가 있는 커피잔이 유연성이 높은 고무로 만들어져 있다면 도넛 모양으로 변형할 수 있기 때문에 커피잔과 도넛은 위상적으로 동형이다. 카드의 네 가지 무늬(◇♡♧♤)는 서로 모양은 다르지만, 단일폐곡선이라는 점에서는 동일하기 때문에 위상적으로 동형이다.

1991년 발표되어 빌보드 차트에서 7주 동안 1위를 한 마이클 잭슨의 〈black or white〉는, 흑인이건 백인이건 똑같은 사람이라며 인종 차별 금지 메시지를 전하고 있다. 실제로 모든 인간은 위상적으로 동형이다.

262

추상화 · 단순화된 마티스의 그림

프랑스의 화가 마티스Henri Matisse는 형태를 단순화하여 나타내는 각별한 재능을 지녔다. 마티스는 복잡하고 정교한 인간의 모습을 위상적 변화를 통해 단순화한 그림으로 표현했다. 마티스가 위상수학을 공부하고 이를 그림에 의도적으로 반영하지는 않았겠지만, 20세기 초 위상수학이 연구되기 시작한 무렵에 그려진 마티스의 그

마티스의 〈파란 누드〉

림에는 추상화 · 단순화라는 위상수학의 아이디어가 들어 있다.

수학은 인간 정신의 산물이자 결정체이므로 각 시대에 출현한 수학에는 당시를 살아간 인간의 사고가 배어 있다. 수학의 발전을 이끈 당대의 사고는 다른 분야에서도 발현된다. 그런 걸 보면 수학과 미술처럼 상이한 분야에서 동질적인 아이디어가 발견되는 것이 우연만은 아닐 것이다.

문학 속의 수학

수학과 문학은 평행선?

수학과 문학은 만날 수 없는 평행선같이 느껴진다. 감성의 정수를 담은 문학 작품에 수학이 등장하면 왠지 어울리지 않을 것 같기도 하다. 그렇지만 의외로 수가 등장하는 문학 작품을 찾는 것은 그리 어렵지 않다. 신경숙의 소설《아름다운 그늘》에는

> "… 우리들의 권태도 51퍼센트를 향해 나귀 걸음을 걷고 있었다."

는 표현이 나온다. 또 아쿠타가와 류노스케의《나생문》에는

> "… 하인은 60퍼센트의 두려움과 40퍼센트의 호기심에 이끌려
> 한동안은 숨 쉬는 것도 잊고 있었다."

라는 구절이 나온다. 이런 작품에서 수는 문학적인 표현에 악센트를 주는 보조 장치이다. 그런가 하면 수학이 보다 본격적으로 반영된 문학 작품들도 있다.

《난장이가 쏘아올린 작은 공》

조세희의 《난장이가 쏘아올린 작은 공》(이하 《난쏘공》)은 1970년대 산업화 과정에서 삶의 기반을 빼앗기고 몰락해 가는 도시 빈민(난쟁이)의 삶을 다룬 사회 고발적인 소설이다. 지난 40년 동안 수많은 독자들의 비판의식을 일깨워 준 이 스테디셀러는 총 12편의 연작 단편으로 이루어져 있는데, 그 첫 번째 작품의 제목은 〈뫼비우스의 띠〉이다.

《난장이가 쏘아올린 작은 공》

뫼비우스의 띠

뫼비우스의 띠möbius strip를 생소한 개념으로 생각할 수 있지만, 사실 어린 시절 한번쯤은 뫼비우스의 띠를 만드는 놀이를 해 본 경험이 있을 것이다. 뫼비우스의 띠는 긴 직사각형 모양의 띠를 180° 꼬아 양끝을 연결한 것이다.

이 도형은 독일의 수학자 뫼비우스August F. Möbius와 리스팅Johann B. Listing이 1858년에 각각 독자적으로 생각해 냈는데, 명칭은 뫼비우스의 이름을 따서 지어졌다. 뫼비우스의 띠는 위상수학 연구의 단초를 제공했다. 뫼비우스의 띠를 같은 시기에 발견했지만 명칭에서 뫼비우스에게 우선권을 내주었던 리스팅은 '위상수학 topology'이라는 용어를 처음으로 사용했다.

뫼비우스의 띠의 성질

뫼비우스의 띠는 독특한 성질을 가지고 있다. 첫 번째는 안팎의 구분이 없다는 점이다. 고리 모양의 띠는 일반적으로 안과 밖이 있으므로 안쪽에서 선을 긋기 시작했으면 안에만 머물고, 바깥쪽에서 긋기 시작했으면 밖에만 머문다. 그렇지만 뫼비우스의 띠는 어느 한 점에서 시작해 고리를 따라 선을 그으면 안과 밖 모두에 선이 생기면서 출발한 자리로 되돌아온다.

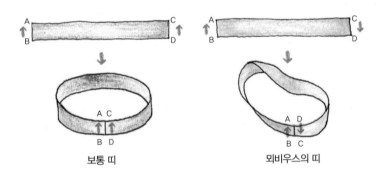

보통 띠   뫼비우스의 띠

이번에는 띠의 가운데를 따라 가위질을 해 보자. 고리 모양의 보통 띠라면 두 개의 띠로 이등분되지만, 뫼비우스의 띠는 가운데를 따라 자르면 띠가 나누어지지 않고 네 번 꼬인 고리 모양의 긴 띠가 된다.

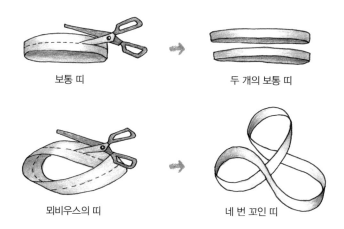

보통 띠 두 개의 보통 띠

뫼비우스의 띠 네 번 꼬인 띠

《난쏘공》에서 뫼비우스의 띠는 어떤 의미일까?

《난쏘공》의 〈뫼비우스의 띠〉는 잘 알려진 우화적 질문으로 시작한다. 두 아이가 굴뚝 청소를 했는데 한 아이는 더럽고 한 아이는 깨끗하다면 누가 씻겠느냐는 것이다. 깨끗한 아이는 더러운 아이를 보고 자기도 더러울 것이라 생각해서 씻고, 반대로 더러운 아이는 깨끗한 아이를 보고 씻지 않을 것이라는 대답이 나온다. 이 대답은 뫼비우스의 띠에서 안이 바깥이 되고 또 바깥이 안이 되는 성질과 연결된다. 소설에서 피해자는 가해자가 되고 가해자는 피해자가 되는 역설적인 상황이 펼쳐지는데, 이 역시 뫼비우스의 띠와 의미상 연결될 수 있다. 또한 아무리 노력해도 빈곤에서 벗어나지 못하는 난쟁이 가족의 현실은 어디에 점을 찍고 어디로 선을 긋건 결국 출발점으로 되돌아오게 되는 뫼비우스의 띠의 성질과 대응된다.

부정적인 관점이 아니라 긍정적인 메시지로 해석할 수도 있다. 안팎의 구분이 없는 뫼비우스의 띠는 난쟁이와 거인, 피해자와 가해자, 못 가진 자와 가진 자의 이분법적 구도에서 벗어난 평등한 사회를 상징할 수 있다. 뫼비우스의 띠의 가운데를 따라 잘랐을 때 두 개로 분리되지 않고 하나로 연결된 긴 띠가 만들어지는 성질은, 못 가진 자와 가진 자가 대립하지 않고 나눔을 통해 화합하는 것을 함축할 수도 있다. 어떤 방식으로 해석하건 뫼비우스의 띠가 중층적 의미를 담고 있는 멋진 수학적 은유임은 확실하다.

에셔의 〈뫼비우스의 띠〉

수학적인 아이디어를 절묘하게 응용한 미술가 에셔는 뫼비우스의 띠 역시 작품에 담아냈다. 〈뫼비우스의 띠 II〉는 1963년 작품이고, 〈뫼비우스의 띠 I〉은 1961년 작품으로 한 번 더 꼬인 뫼비우스의 띠이다. 〈뫼비우스의 띠 I〉은 전 세계적으로 통용되는 재활용 표시로도 이용되는데, 순환하여 원래 자리로 돌아오는 성질은 재활용의 아이디어와 잘 연결된다. 실제 이 로고는 1970년 재활용 로고 공모전의 당선작인데, 당선자인 23세의 대학생 앤더슨Gary Anderson은 에셔의 뫼비우스의 띠를 착안하여 로고를 만들었다고 밝혔다.

에셔의 〈뫼비우스의 띠 II〉   에셔의 〈뫼비우스의 띠 I〉   재활용 로고

뫼비우스의 띠의 활용

뫼비우스의 띠는 실용적인 면에서도 활용 가치가 높다. 재래식 방앗간의 벨트는 뫼비우스의 띠 모양으로 된 경우가 대부분이다. 이 경우 벨트가 돌면서 양면이 골고루 기계에 닿게 되므로 균일하게 마모되어 벨트의 수명이 길어지기 때문이다.

미국의 페르미 연구소에는 물리학자이자 조각가인 윌슨Robert R. Wilson의 조형물 〈뫼비우스의 띠〉가 세워져 있다. 뫼비우스의 띠의 활용은 그 외연을 넓혀 정신분석학에까지 이르게 된다. 프랑스의

페르미 연구소의 조형물 〈뫼비우스의 띠〉

자크 라캉Jacques Lacan은 자아 개념을 설명할 때 뫼비우스의 띠를 차용했다. 이처럼 뫼비우스의 띠는 수학자뿐 아니라 소설가, 미술가, 물리학자, 정신분석학자에게도 풍부한 영감을 제공한다.

클라인 병

《난쏘공》의 열 번째 소설은 〈클라인씨의 병〉이다. '클라인 병Klein bottle'은 1882년 독일의 수학자 클라인Felix Klein이 고안한 도형으로, 소설에서는 '클라인씨의 병'이라 표현했다. 양쪽이 뚫려 있는 긴 원기둥 모양의 관을 그대로 붙이면 도넛 모양torus이 만들어진다. 클라인 병을 만들기 위해서는 다음 그림에서 보듯이 관을 뚫고 들어가서 관의 양끝을 연결해야 한다.

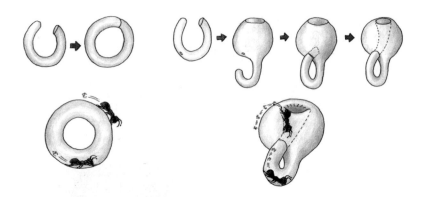

뫼비우스의 띠가 하나의 면을 갖기 때문에 안과 밖을 구별할 수 없
듯이 클라인 병 역시 하나의 면을 갖기 때문에 내부와 외부를 구별할
수 없다. 클라인 병의 면을 따라 개미가 기어간다고 할 때, 개미는 클
라인 병의 외부를 지나 내부로 들어갔다가 다시 외부로 나오게 된다.
이러한 특성은 소설에서도 잘 드러난다.

> "이 병에서는 안이 곧 밖이고 밖이 곧 안입니다. 안팎이 없기 때문에 내부를
> 막았다고 할 수 없고, 여기서는 갇힌다는 게 아무 의미가 없습니다. 벽만
> 따라가면 밖으로 나갈 수 있죠. 따라서 이 세계에서는 갇혔다는 그 자체가
> 착각예요."

2차원인 띠를 이어붙인 뫼비우스의 띠는 3차원 도형이고, 3차원인
관으로 만든 클라인 병은 4차원 도형이라는 점에서 유사하다. 그뿐만
아니라 뫼비우스의 띠를 거울에 비추어 얻은 두 개의 거울상을 결합
하면 클라인 병이 만들어진다는 점에서 두 도형은 긴밀하게 연결되어
있다. 《난쏘공》은 〈뫼비우스의 띠〉로 시작하고 〈클라인씨의 병〉으로
끝나는 멋진 수미상관首尾相關의 구조를 갖는다.

<오감도>의 수학적 해석

천재 시인 이상의 시는 실험 정신으로 가득 차 있다. 후대의 평론가와 독자들은 이상의 작품에 대해 다양한 해석들을 제기했기 때문에, 만약 이상이 살아 돌아온다면 그 많은 구구한 해석들을 보며 쓴웃음을 지을지도 모르겠다.

이상의 연작시 <오감도>의 첫 번째 시는 제1의 아해부터 제13의 아해까지 반복되는 구조로 되어 있다. 그런데 이 시를 세밀하게 분석해 보면, 이상이 십진법을 염두에 두고 있었음을 알 수 있다. '제1의

<오감도>의 첫 번째 시

아해가무섭다고그리오' 다음에는 '제2의아해도무섭다고그리오'라고 되어 있다. 주격조사가 '가'에서 '도'로 바뀐 것이다. 이는 제10의 아해까지 계속되다가, 제11의 아해로 가면 주격조사 '가'가 사용되며, 제12의 아해와 제13의 아해까지는 다시 주격조사 '도'가 등장한다. 그뿐만 아니라 제10의 아해와 제11의 아해가 들어 있는 행 사이에는 한 줄의 공란을 둔다. 즉 이상은 제1의 아해부터 제13의 아해까지를 단순히 반복한 것이 아니라, 10을 기준으로 구분 짓고 있음을 알 수 있다.

이 시에 등장하는 아해가 13명인 이유는 무엇일까? 이 시가 억압된 일제 치하에서의 실존적 불안을 나타낸다고 볼 때, 서양에서 터부시하는 불길한 수 13을 의도적으로 동원했을 수 있다. 또 당시 우리나라의 도道가 13개였기 때문에 식민지 조국을 상징한다는 견해도 있다.

〈오감도〉의 네 번째 시에는 '환자의 용태에 관한 문제'라는 제목이 붙어 있다. 시력 검사표를 연상시키는 이 시는 0부터 9까지의 숫자를 기묘하게 배치하여 시각적 효과를 높이고 있다. 그런데 과연 이 시가 나타내고자 하는 바는 무엇일까?

요즘은 진료 기록을 대부분 컴퓨터에 입력하지만, 수기로 작성하던 시기

```
1234567890.
123456789.0
12345678.90
1234567.890
123456.7890
12345.67890
1234.567890
123.4567890
12.34567890
1.234567890
.1234567890
```

진단 0:1
26. 10. 1931
이상 책임의사 李箱

〈오감도〉의 네 번째 시

의 진료 기록은 휘갈겨 쓴 경우가 많아 난수표같이 느껴졌다. 이 시는 그처럼 난해한 진료 기록을 패러디한 것일 수 있다. 또 이 시에 적힌 숫자는 거울에 비친 상처럼 거꾸로 적혀 있어 거울에 비친 환자의 상태를 표상했다고 볼 수 있다.

이 시는 수학적으로 분석할 수도 있다. 첫째 줄에는 1234567890, 둘째 줄에는 123456789.0이 거꾸로 적혀 있다. 한 줄에 있는 수에 0.1을 곱하면 그다음 줄의 수가 된다. 이 시에 배열된 수들은 동일한 비를 이루는데, 이를 '등비수열'이라고 한다. 또 시의 형태에서 대칭의 미를 찾아볼 수 있다. 11줄로 시를 구성한 것은 대각선에 소수점을 배치하여 서로 대칭을 이루도록 하기 위해서이다.

시의 마지막에 있는 '진단 0:1'에도 수학적 의미를 부여할 수 있다. $a:b$의 비를 분수로 나타내면 $\frac{a}{b}$가 된다. 그렇다면 0:1은 $\frac{0}{1}$, 즉 0이다. 또 위의 시는 0.1을 11번 곱한 것에서 그치고 있지만, 계속 0.1을 곱해

간다면 0에 가까운 수가 된다. 0은 무엇인가가 소멸된 상태이므로, 환자의 죽음을 상징할 수 있다.

김삿갓의 시에 담긴 무한의 아이디어

다음은 방랑 시인 김삿갓이 어떤 사람의 회갑연에서 지었다고 알려진 시 〈수연壽宴〉이다.

可憐江浦望　강에 나와 경치를 살펴보니

明沙十里連　곱고 부드러운 모래가 십 리에 걸쳐 있네.

令人個個捨　모래알을 일일이 세어보니

共數父母年　그 수가 부모님의 연세와 같구나.

위의 시에서 김삿갓은 부모님의 연세를 모래알의 수에 비유함으로써 부모님이 만수무강하기를 바라는 마음을 담았다. 다소 견강부회牽強附會 식의 해석일지 모르지만, 김삿갓은 무한의 개념을 시에 구현하는 예리한 통찰력을 가지고 있었다.

20세기 초, 칸토어는 무한 개념과 집합론의 정립을 통해 현대 수학의 초석을 닦았다. 칸토어 이전에는 '무한'을 명료하게 정의하지 못했다. 얼마나 많아야 무한이라고 할지에 대한 기준이 사람마다 다른데, 수학에서는 이러한 애매모호함을 인정하지 않기 때문이다. 칸토어는 집합론적 관점에서 전체와 부분 사이에 일대일 대응이 성립하는 것을 무한으로 규정했다. 사실 유한에서는 전체가 부분보다 분명히 크지만,

무한에서는 전체와 부분 사이에 일대일 대응이 성립한다. 이 성질은 무한을 규정짓는 중요한 조건이 된다.

한편 칸토어는 "수학의 본질은 자유에 있다"는 유명한 말을 남겼다. 수학에서는 필요한 개념을 자유롭게 정의하고 그것을 토대로 성질을 발견하고 증명함으로써 새로운 체계를 만들어 간다. 그런 면에서 수학은 자유로운 창작을 본질로 하는 문학과 유사하다. 그뿐만 아니라 문학 작품에서 중요한 은유와 사고의 표상과 함축은 수학을 관통하는 특질이기도 하다.

이런 의미에서 독일의 수학자 바이어슈트라스Karl Weierstrass의 다음 말이 새삼스럽게 다가온다.

> "시인의 마음을 갖지 않은 수학자는 진정한 수학자가 아니다.
> It is true that a mathematician who is not somewhat of a poet,
> will never be a perfect mathematician"

건축 속의 수학

건축물의 대표적인 비

건축물은 구조적으로 튼튼해야 하고, 기능 면에서 편리해야 하며, 아름다워야 한다. 구조, 기능, 그리고 미美는 바로 건축의 3요소이다. 건축물이 안전한 구조와 편리한 기능을 갖기 위해서는 설계를 할 때 여러 가지 수학 지식을 동원해야 한다. 예를 들어, 벡터, 미분과 적분, 모멘트, 삼각함수 등의 수학 개념에 대한 이해가 필수적이다. 또한 수학은 건축물의 구조와 기능 측면뿐 아니라 비례와 대칭 등의 심미성을 추구하기 위해서도 필요하다.

건축물에 반영된 비례와 관련하여 대표적으로 거론되는 것이 '황금비golden ratio'이다. 황금비는 선분의 길이를 두 부분으로 나눌 때, 긴 부분과 짧은 부분의 길이의 비가 전체와 긴 부분의 길이의 비와 같아지는 경우를 말하며, 그 비는 약 1:1.618이다. 그리고 황금비에 맞게 나누는 것을 '황금분할'이라고 한다. 황금비는 고대 그리스부터 인간의 보편적인 심미안을 잘 반영하는 비로 간주되어 왔으며, 기원전 300년경에 저술된 수학책《원론》에 이미 명시되어 있다.

파치올리와 다 빈치

이탈리아의 수학자 파치올리Luca Pacioli는 1509년에 저술한《신성비례론》에서 '신성한 비례divine proportion'인 황금비를 다루었다. 파치올리와 친분이 있던 레오나르도 다 빈치는《신성비례론》에 포함된 다양한 입체도형을 그렸는데, 다 빈치 역시 황금비를 아름다운 비로 인식하고 〈모나리자〉 등의 작품에 반영했다.

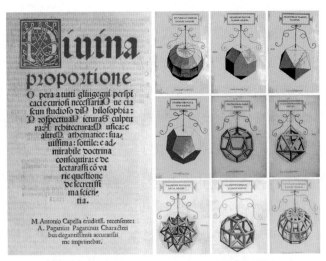

파치올리의 《신성비례론》　　　　　다 빈치의 삽화

이차방정식을 풀어 황금비를 구해 보자

선분 AB를 황금분할하는 점을 P라고 하자.

$\overline{AP}=a$, $\overline{PB}=b$ 라고 하면 긴 부분과 짧은 부분의 길이의 비는 $a:b$ 이고,

전체와 긴 부분의 길이의 비는 $(a+b):a$ 이다.

이 비가 같아야 하므로, $a:b=(a+b):a$

$$\frac{a}{b}=\frac{a+b}{a}=1+\frac{b}{a}$$

$\frac{a}{b}=\varnothing$ 라고 하면 $\varnothing=1+\frac{1}{\varnothing}$

양변에 $\varnothing$를 곱하고 이항하면 $\varnothing^2-\varnothing-1=0$

이차방정식의 근의 공식을 이용하면 $\varnothing=\frac{1\pm\sqrt{5}}{2}$ 이고,

양수 근을 취하면 $\varnothing=\frac{1+\sqrt{5}}{2}$ 이다.

무리수인 $\varnothing$의 근삿값은 약 1.618이 된다.

황금비를 연분수와 연속된 제곱근으로 표현

황금비 $\varnothing$는 $\varnothing=1+\frac{1}{\varnothing}$ 로 나타낼 수 있다.

여기서 구한 $\varnothing$를 우변에 있는 분수의 분모에 대입하면 $\varnothing=1+\cfrac{1}{1+\cfrac{1}{\varnothing}}$ 이다.

$\varnothing$를 우변에 있는 분수의 분모에 대입하는 과정을 계속하면

황금비를 연분수로 나타낼 수 있다.

$$\varnothing=1+\cfrac{1}{1+\cfrac{1}{1+\cfrac{1}{\varnothing+\ddots}}}$$

황금비를 연속된 제곱근으로 나타낼 수도 있다.

$\varnothing=1+\frac{1}{\varnothing}$ 이므로 양변에 $\varnothing$를 곱하면

$\varnothing^2=\varnothing+1$이고 양의 제곱근은 $\varnothing=\sqrt{1+\varnothing}$ 이다.

$\varnothing=\sqrt{1+\varnothing}$ 를 우변에 있는 제곱근 안의 $\varnothing$에 대입하면 $\varnothing=\sqrt{1+\sqrt{1+\varnothing}}$ 이다.

$\varnothing$를 우변에 있는 제곱근 안의 $\varnothing$에 대입하는 과정을 계속 반복하면

황금비를 연속된 제곱근으로 나타낼 수 있다.

$$\varnothing=\sqrt{1+\sqrt{1+\sqrt{1+\varnothing}\cdots}}$$

황금비 선호, 우연일까 필연일까?

독일의 심리학자 페히너Gustav T. Fechner는 인간이 아름답다고 생각하는 비를 알아내기 위해 실험을 했다. 가로와 세로의 비가 다른 10개의 직사각형을 보여 주고 가장 선호하는 직사각형을 선택하도록 했다. 그 결과 실험 참가자 중 약 35%는 가로와 세로의 비가 황금비인 5:8인 경우를 선호했고, 2:3인 경우와 13:23인 경우를 선호하는 비율이 각각 20% 정도였다. 결과적으로 직사각형의 가로와 세로의 비가 2:3, 5:8, 13:23인 경우를 선호하는 사람들이 전체적으로 $\frac{3}{4}$이 넘었다. 이후 유사한 실험이 몇 차례 시행되었는데, 황금비에 선호도가 집중되는 결과도 있고 그렇지 않은 결과도 있다.

사각형이 주어졌을 때 가로와 세로의 길이가 같은 정사각형이면 다소 딱딱하고 정형화된 느낌이 들고, 가로와 세로의 비가 크게 달라 한쪽으로 지나치게 길면 극단적인 느낌을 준다. 따라서 사람들은 가로와

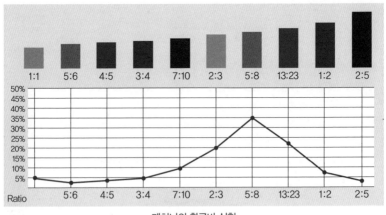

페히너의 황금비 실험

세로의 비율이 적당한 직사각형을 선택하는 경향이 있으므로, 황금비를 선호하는 현상은 일면 자연스럽다고 할 수 있다.

파르테논 신전과 비너스상의 황금비

고대 그리스의 피타고라스 학파는 황금비의 존재를 알고 이를 고귀하게 여겼기 때문에 당시의 건축물에 황금비를 반영했다. 황금비가 반영된 건축물이라고 할 때 첫 번째로 꼽히는 예는 그리스

파르테논 신전

아테네에 위치한 파르테논 신전이다. 파르테논 신전 정면의 높이와 폭의 비는 약 1:1.618로 황금비에 가깝다. 마찬가지로 고대 그리스의 조각상 밀로의 비너스에도 황금비가 반영된 것으로 해석된다. 배꼽을 기준으로 상반신과 하반신의 비가 약 1:1.618이다.

파르테논 신전과 비너스상은 황금비의 대표적인 예로 꼽히지만, 고대 그리스의 건축물과 조각품에 황금비가 반영되어 있을 것으로 예단한 사람들이 여러 부위의 길이를 재고 황금비에 인위적으로 끼워 맞춘 것이라는 해석이 제기되기도 한다.

밀로의 비너스상

부석사 무량수전과 경복궁 근정전의 금강비

배흘림기둥으로 유명한 부석사 무량수전의 바닥면은 직사각형으로, 가로와 세로의 비가 약 1.618:1, 즉 황금비이다. 무량수전을 정면으로 보았을 때, 지붕의 중간 부분의 길이와 높이의 비는 약 1.414:1이 된다. 1.414는 $\sqrt{2}$의 근삿값으로, 이를 '금강비'라고 한다. 무량수전에는 황금비와 금강비가 모두 들어 있는 셈이다.

부석사 무량수전

경복궁 근정전

경복궁의 여러 건물 중에서 조선 시대에 나라의 중대한 의식이 거행되던 근정전에서는 특별한 장엄함이 느껴진다. 근정전의 바닥면을 기준으로 가로는 30.2m, 세로는 21.1m로 비는 약 1.414:1이 되어 역시 금강비이다. 금강비는 '금강산처럼 아름답다'는 뜻에서 이름이 유래되었다는 설도 있고, 황금비의 '황금'과 대비하기 위해 금강석(다이아몬드)에서 따온 이름이라는 설도 있다.

석굴암 주실

석굴암의 주실 입면에서도 $\sqrt{2}$를 찾아볼 수 있다. 주실 천장의 반지름이 1이라고 할 때, 불상의 총 높이는 $\sqrt{2}$가 된다. 석굴암의 주실을 구

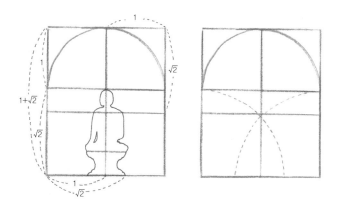

성하는 부분의 길이를 분석해 보면, 모두 1과 $\sqrt{2}$의 비로 표현됨을 알수 있다. 이와 같이 석굴암을 비의 관점에서 분석하기 시작한 사람은 일본의 건축가 요네다 미요지米田美代治인데, 우리의 국보급 문화재를 비례의 관점에서 분석하고 가치를 재단하는 것에 불편함을 보이는 견해도 있다.

성 소피아 성당: 3+4=7

터키 이스탄불의 명소 중의 하나인 성 소피아 성당은 이스탄불이 동로마 제국의 수도 콘스탄티노플이라 불리던 6세기에 대성당으로 건축되었다. 15세기에는 이슬람 국가인 오스만 제국의 모스크로 사용되었

성 소피아 성당

고, 20세기에 들어서는 박물관으로 지정되었다. 이처럼 여러 차례 변

신을 거친 성 소피아 성당은 2020년 다시 모스크로 전환되었다.

성 소피아 성당의 도면을 보면 중앙에는 3개의 돔에 해당하는 큰 원이 중첩되어 있고, 네 귀퉁이에는 작은 돔에 해당하는 4개의 원이 배치되어 있다. 여기서 큰 원의 반지름은 작은 원의 반지름의 약 3배이다. 기독교 문화에서 3은 삼위일체설에서 알 수 있듯 이상적인 수로 간주된다. 종교가 모든 분야를 장악했던 중세는 수학사에서도 암흑기였으므로 괄목할 만한 수학적 업적을 찾아보기 어렵지만, 그 와중에도 수를 여러 기준에 의해 3가지로 구분하는 작업은 활발하게 이루어졌다.

성 소피아 성당의 큰 돔과 4개의 작은 돔을 합치면 모두 7개의 돔이 있는데, 7은 3과 마찬가지로 종교적인 의미가 있는 신성한 수로 여겨

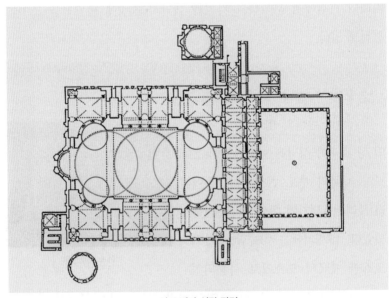

성 소피아 성당 단면

진다. 성 소피아 성당은 돔의 개수와 돔의 반지름 비율에 종교적인 의미를 지닌 3과 7을 반영한 것이다.

비트루비우스의 《건툭 10어》

인류 최초의 건축서는 고대 로마의 건축가 비트루비우스Marcus Vitruvius 가 저술한 《건축 10서》이다. 비트루비우스는 비례의 원칙은 표준으로 추출된 부분과 전체의 상응 관계에서 생긴다고 보고, 《건축 10서》의 3장인 신전 건축 편에는 '건축의 비례는 아름다운 인체의 비례를 규범으로 해야 한다'고 진술하고 있다. 이것이 곧 '균제비례symmetry'이다.

비트루비우스가 균제비례의 예로 든 것은 신전의 대표적인 기둥 양

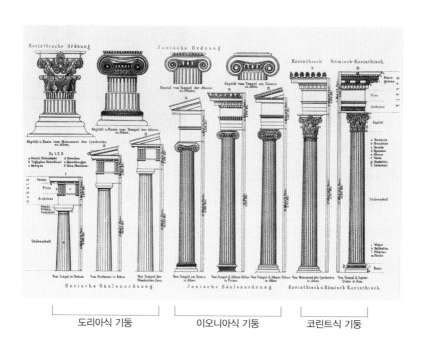

도리아식 기둥   이오니아식 기둥   코린트식 기둥

식인 도리아식, 이오니아식, 코린트식 기둥이다. 기둥의 높이가 밑면의 지름과 일정한 비를 이루도록 했는데, 그 비는 시대에 따라 다르다. 한 예를 들면, 간소하면서도 장중한 인상을 주는 도리아식 기둥의 높이는 밑면의 지름의 7배, 소용돌이 모양의 장식이 달려 있는 섬세한 느낌의 이오니아식은 8배, 화려하고 장식적인 코린트식은 9배가 되도록 했다.

석굴암의 균제비례

석굴암 본존불

석굴암 본존불상本尊佛像의 얼굴 너비는 당시 사용한 단위로 2.2자(1자는 약 30cm), 가슴 폭은 4.4자, 어깨 폭은 6.6자, 양 무릎의 너비는 8.8자로, 얼굴:가슴:어깨:무릎의 비는 1:2:3:4이다. 여기서 기준이 된 1.1자는 본존불상 높이의 $\frac{1}{10}$이다. 그리고 불국사 석가탑 1층 기단부의 폭과 높이는 대웅전 폭과 높이의 $\frac{1}{10}$이다. 석굴암과 불국사에서 찾아볼 수 있는 $\frac{1}{10}$이라는 비율은 비트루비우스가 말한 균제비례이다.

1200년 전의 신라인들이 비트루비우스의 균제비례를 알았을 리 없다. 그럼에도 불구하고 신라인들은 안정적이고 아름다운 비를 무의식적으로라도 인식하고 있었고, 석굴암에 이러한 이상적인 비례를 적용했던 것이다.

르 코르뷔지에

현대 건축의 아버지라고 불리는 르 코르뷔지에Le Corbuiser는 훌륭한 비례는 편안함을 주고 나쁜 비례는 불편함을 준다고 보고, 비례를 설명하기 위해 측정의 기본 단위가 되는 모듈module이라는 개념을 만들었다. 아름다운 건축들은 모듈을 이용한 비로 설명할 수 있는데, 앞서 예로 든 신전의 기둥에서 모듈이 되는 것은 기둥 밑면의 지름이며 도리아식은 7모듈, 이오니아식은 8모듈, 코린트식은 9모듈이 된다.

각 시대에 따라, 또 동·서양에 따라 건축물에서 발견되는 비율은 조금씩 다르다. 그러나 특정한 비를 반영해서 건축물의 아름다움을 극대화하고자 했다는 점은 언제 어디에서나 마찬가지였다.

영화 속의 수학

MATH
VITAMIN
5

2020년 아카데미상 수상작 〈기생충〉

해마다 2월이면 미국의 아카데미상 시
상식에 전 세계의 이목이 집중된다. 아카
데미상은 영화와 직·간접적으로 관련된
아카데미 회원이 뽑는다. 아카데미상의 이
른바 빅 파이브Big Five는 작품상, 감독상, 남
우주연상, 여우주연상, 각본상이다. 2020년
봉준호 감독의 〈기생충〉은 그중 작품상, 감
독상, 각본상을 휩쓸었고, 국제 영화상까

영화 〈기생충〉

지 수상하면서 4관왕을 차지했다. 〈기생충〉은 2019년 프랑스 칸 영화
제의 최고상인 황금종려상도 수상했는데, 예술 영화를 지향하는 황금

종려상과 대중 영화를 대표하는 아카데미상을 동시에 거머쥐었다는 것은 〈기생충〉이 예술성과 대중성을 동시에 만족시켰다는 방증이다.

아카데미상 선정 방법

영화 〈기생충〉이 오스카 트로피의 주인공으로 결정된 과정을 알아보자. 2020년 아카데미상 수상작을 결정할 때 8469명의 아카데미 회원이 투표를 했는데, 그 선정은 두 단계를 거쳐 이루어진다. 첫 번째 단계에서는 예비 투표를 통해 분야별로 다섯 편의 후보를 추천하고, 두 번째 단계에서는 후보작 다섯 편을 놓고 투표를 해서 최종적으로 한 편을 선정한다. 두 번째 단계에서는 후보작 중 최다 표를 얻은 영화를 수상작으로 정하는 것이기에 간단하지만, 첫 번째 단계는 좀 복잡하다.

아카데미 회원은 투표용지에 분야별로 선호하는 영화를 1순위부터 5순위까지 적는다. 후보작이 되기 위해서는 1순위로 선택한 표가 일정 쿼터quota 이상 되어야 한다. 그런데 이 쿼터를 정할 때 약간의 수학적 사고가 필요하다. 언뜻 생각하면 다섯 편을 선정하므로 1순위로 선택한 표가 대략 20%, 따라서 이 값을 최저 기준으로 하지 않을까 생각할 수 있지만, 최저 기준은 16.6%이다.

16.6%의 비밀

여기서 16.6%가 $\frac{1}{6}$의 근삿값이라는 점을 생각하면 그 이유를 짐작할 수 있다. 만약 여섯 편의 영화를 1순위로 추천한 회원들이 각각

$\frac{1}{6}$이 되는 경우가 나온다면 여섯 편이 후보작으로 선정된다. 이런 사태를 방지하기 위해 득표율 $\frac{1}{6}$, 즉 16.6%를 후보작 선정의 기준으로 잡은 것이다.

실제 아카데미상에 추천될 만한 영화는 아주 많기 때문에 1순위 표들이 여러 영화로 분산되어 단번에 다섯 편을 선정하는 것은 거의 불가능하다. 따라서 우선적으로 16.6%가 넘는 1순위 표를 얻은 영화를 선정한 후, 추가 절차를 밟는다. 투표 결과를 분석하여 1순위 표를 가장 적게 얻은 영화를 1순위로 적은 투표용지를 모은다. 이 투표용지에서 1순위 영화를 삭제하고 2순위 영화를 1순위로, 3순위 영화를 2순위로 한 등급씩 올린다. 그다음 다시 1순위 표를 16.6%보다 많이 얻은 영화를 선택하는 과정을 반복한다.

이를 '단기이양식 투표single transferable vote'라고 하는데, 영국의 수학자 힐Thomas Wright Hill이 처음으로 고안했다.

〈큐브〉

1997년 영화 〈큐브〉는 SF, 공포, 판타지가 결합된 영화로, 2002년 〈큐브 2〉, 2004년 〈큐브 0〉이 속편으로 제작되었다. 〈큐브〉의 주인공들은 가로, 세로, 높이 각각 26개씩 총 $17,576(26 \times 26 \times 26)$개의 정육면체cube 방들이 연결된 살인 미로를 탈출해야 한다. 여섯 명의 주인공들은 각 방에 함정이 있는지를 탐색하는데, 그 단서는 바로 방 입구에 적힌 3개의 세 자릿수이다. 주인공 중 천재적인 수학 감각을 지닌 소녀는 이 세 수가 모두 소수素數도, 소수의 거듭제곱도 아니어야 안전한 방임

을 알아내게 된다. 영화에서 각각의 방은
끊임없이 위치를 바꾸는데, 방의 치환 과
정에서 추상대수학의 군론group theory이
이용된다.

영화에는 (645, 372, 649)가 적힌 방 앞
에서 고민하는 장면이 나온다. 645는 5의
배수이고 372는 짝수이기 때문에 소수도
소수의 거듭제곱도 아님을 쉽게 알 수 있
지만, 649가 소수인지 아닌지 판단하는

영화 〈큐브〉

것은 쉽지 않다. 649를 작은 수부터 차근차근 나누어 보면 11과 59의
곱으로 나타낼 수 있으므로 (645, 372, 649)가 적힌 방은 안전한 방이
된다.

1부터 999까지 999개의 수 중에서 소수의 개수는 168개이고 소수의
거듭제곱까지 합치면 모두 193개이므로, 소수나 소수의 거듭제곱이 아
닌 수는 806개가 된다. 1부터 999까지의 수 중에서 무작위로 한 수를
뽑았을 때, 소수나 소수의 거듭제곱이 아닐 확률은 0.807이 되며, 세 수
가 모두 소수나 소수의 거듭제곱이 아닐 확률은 0.807^3인 약 0.52가 된
다. 즉 3개의 세 자릿수가 적힌 방 중에서 52% 정도는 안전하다.

〈다이하드 3〉

영화 〈다이하드〉 시리즈에서 악당은 주인공 존 맥클레인(브루스 윌리
스)에게 여러 가지 문제를 내어 곤경에 빠뜨린다. 문제를 성공적으로

해결해야만 무고한 시민의 목숨을 구할
수 있기에, 영화를 보는 사람은 주인공과
함께 문제 풀이에 집중하게 된다. 〈다이하
드 3〉에 나온 문제 중 하나는 다음과 같다.

영화 〈다이하드 3〉

> 저울 폭탄이 설치되어 있다. 폭발을 막으려면
> 5분 안에 이 저울 위에 무게 4갤런인 물을 올
> 려놓아야 한다. 그런데 통은 3갤런과 5갤런짜
> 리만 가지고 있다.

논리 퍼즐 책에서 많이 나올 법한 문제로, 조금만 생각하면 그리 어
렵지 않게 풀 수 있다. 영화의 주인공도 해결의 아이디어를 찾아내고
는 이렇게 외친다. "I got it. I got it."

3갤런과 5갤런짜리 통만으로 4갤런을 만들기 위해서는 우선 5갤런
통을 가득 채운 후 3갤런 통에 따라서 2갤런을 남긴다. 3갤런 통을 비
운 후 2갤런의 물을 거기에 넣는다. 이 상태에서 3갤런 통에는 1갤런
이 더 들어갈 수 있다. 마지막 단계로 5갤런 통을 가득 채운 후 2갤런
이 든 3갤런 통을 채우면, 5갤런 통에는 정확히 4갤런의 물이 남는다.

방정식을 동원할 수도 있다

3갤런 통을 채우거나 비운 횟수를 x, 5갤런 통을 채우거나 비운 횟수
를 y라고 하자. 영화에서 3갤런과 5갤런 통을 채우고 비우는 과정을 통
해 4갤런을 만들어야 하므로, $3x + 5y = 4$로 나타낼 수 있다. 영화에서
5갤런 통을 2번 채우고 3갤런 통을 2번 비웠으므로 $\{3 \times (-2)\} + (5 \times$

2)=4가 된다. 그 밖에도 3갤런 통을 3번 채우고 5갤런 통을 1번 버리는 (3×3)+{5×(−1)}=4를 비롯해 다른 방법도 가능하다.

<쥬라기 공원>

영화 〈쥬라기 공원〉에는 상당한 수준의 고급 수학이 나온다. 욕심 많은 사업가 해먼드는 공룡의 피를 빨아 먹고 수천년 동안 호박 속에 보존되어 있던 모기를 이용해 유전공학적인 방법으로 공룡을

영화 〈쥬라기 공원〉

복원한다. 그리고 최첨단의 과학으로 통제되는 공룡 공원을 만들어 돈을 벌 계획을 세운다. 그러나 해먼드의 요청으로 사업의 성공 가능성을 검토한 수학자 맬컴은 인간이 아무리 철저하게 공룡들을 제어한다고 해도 자연의 본질인 예측 불가능성(카오스)은 통제할 수 없기 때문에 커다란 재난이 일어날 것이라고 경고한다.

영화에서 맬컴의 대사 중에는 카오스 이론이 등장한다. 원작 소설에서는 한 걸음 더 나아가 프랙털fractal을 논하며 고차원 수학을 선보인다. 카오스 이론은 불안정하고 불규칙적으로 보이나 나름의 질서와 규칙성을 지닌 현상들을 설명하는 이론으로, 카오스계에서는 미세한 변화가 예측할 수 없는 엄청난 결과를 가져오기도 한다.

자연은 전형적인 카오스계이고, 자연의 축소판인 쥬라기 공원 역시 카오스계이다. 아이러니하게도 쥬라기 공원에서 예측 불허의 상황은 이미 예측된 상황이라고 할 수 있다.

<뷰티풀 마인드>

음악의 신동인 모차르트의 생애를 다
룬 <아마데우스>나 발달 장애 천재를 다
룬 <레인맨>과 유사하게 수학 천재가 등
장하는 영화로 <굿 윌 헌팅>을 꼽을 수
있다. 주인공 윌 헌팅은 심리적 장애를

영화 <굿 윌 헌팅>

가진 MIT 공과 대학 청소부로, MIT 학생들도 쩔쩔매는 수학 문제를
쑥쑥 풀어내는 비상함을 지녔다.

가공의 인물을 내세우는 다른 영화와 달리 <뷰티풀 마인드>는 실존
하는 천재 수학자를 모델로 한다. 영화의 주인공인 수학자 내시John
Nash는 1950년대 초반 '내시균형Nash Equilibrium'을 발표하면서 주목을 받
았다. 내시는 다양한 수학 주제들을 연구하여 수학 분야의 최고 영예
인 필즈상 후보에까지 올랐지만, 냉전 시대 소련의 암호해독 프로젝트
에 비밀리에 투입되면서 정신 분열증을 겪고 파란만장한 삶을 살게 된
다. 굴곡진 세월을 보낸 내시는 1994년 게임이론의 핵심 개념을 정립
한 공로로 노벨 경제학상을 수상했다.

영화에서 내시는 금발의 미녀를 둘러싼 남학생들의 심리적인 역학
관계를 통해 내시균형의 아이디어를 생각한 것으로 그려진다. 경제학
에서 '균형'은 사람들이 자신의 선택을 바꿀 인센티브가 없는 안정 상
태를 말하는데, 내시는 모든 게임에는 적어도 하나 이상의 균형이 반
드시 존재한다는 것을 '부동점 정리fixed point theorem'를 통해 증명했다.
이러한 내시의 균형이론은 게임이론의 발전에 크게 기여했다.

죄수의 딜레마

'게임이론game theory'은 각각 자신의 이익을 최대화하기 위해 경쟁할 때 최적의 선택을 하는 방법을 수학적으로 분석하는 이론이다. 게임이론을 설명할 때 자주 등장하는 예가 '죄수의 딜레마prisoner's dilemma'이다.

A \ B	자백	함구
자백	2년 / 2년	3년 / 0년
함구	0년 / 3년	1년 / 1년

A와 B가 경찰에 붙잡혀 서로 격리되어 심문을 받을 때 두 사람은 자백하거나 함구하는 두 가지 선택밖에는 없다. 두 사람 모두 자백하면 각각 2년 형을 받게 된다. A가 자백하고 B가 함구하는 경우 A는 무죄로 풀려나지만, B는 3년 형을 받게 된다. 반대로 B가 자백하고 A가 함구하면 B는 무죄, A는 3년 형을 받게 된다. 또 A와 B가 모두 함구하면 1년 형을 받게 된다.

A는 B가 어떤 선택을 할지 모르기 때문에 두 가지를 모두 고려해야 한다. B가 자백을 할 때 A도 자백하면 2년이고 함구하면 3년 형을 받게 되니, 최악을 피하려면 A는 자백하는 것이 낫다. 또 B가 함구할 때 A가 자백하면 무죄로 풀려나지만 함구하면 1년 형이다. 즉, B가 함구할 때에도 A는 자백하는 것이 유리하다. B도 동일한 이유로 A가 자백하든 함구하든 자신은 자백하는 것이 낫다는 결론에 이르게 된다. A와 B 모두 자기 이득만을 위하여 의사 결정을 한다면 둘 다 자백하게 되고 각기 2년 형을 받게 된다. 둘이 함께 함구하여 1년 형을 받는 더 좋은 전략이 있지만, 불확실한 상황에서는 최악의 상황을 피하는 것이 합리적 선택의 기준이 된다.

죄수의 딜레마를 통해 서로 신뢰하고 협조하라는 메시지를 이끌어내는 것은 진부해 보일 수 있겠지만, 죄수의 딜레마같이 둘 다 손해 보는 상황을 피하기 위해서는 상생相生의 지혜가 필요하다.

<다크 나이트>

2008년 영화 〈다크 나이트〉는 고담시를 지키는 영웅 배트맨과 악당 조커의 대결을 그린 작품으로, 역대 배트맨 시리즈 중 최고라는 평가를 받는다. 조커는 사람들의 마음속에 악이 존재한다는 것을 증명하고자 실험을 한다.

영화 〈다크 나이트〉

폭탄이 설치된 두 척의 배에 시민들과 죄수들을 각각 태우고, 양쪽 배의 통신을 끊은 뒤 폭탄 설치 상황을 알린다. 조커는 각 배에 상대 배의 기폭장치를 준 뒤, 자정 전에 상대 배를 폭파하면 그 배는 살려주고, 자정이 지나면 모두 폭파하겠다고 선언한다. 조커가 만들어 낸 이 공포의 상황은 죄수의 딜레마와 유사하다.

<무한대를 본 남자>

영화 〈무한대를 본 남자〉는 인도의 수학자 라마누잔을 주인공으로 한다. 인도 마드라스의 가난한 집안에서 태어나 순전히 독학으로 수학을 연구하던 라마누잔은 자신의 연구 노트를 영국의 저명한 수학자 하디에게 보냈다. 그의 천재성을 한눈에 알 아본 하디는 라마누잔을 케임브리지 대학 으로 초청하여 공동 연구를 했다. 이렇게 두 수학자는 협업을 했지만 접근법은 달 랐다. 라마누잔은 증명보다는 '직관'에 의 존해서 수학적 발견을 했고, 하디는 사람 들의 인정을 받으려면 그 발견을 '증명'으 로 보여 주어야 한다고 주장한다. 영화는 두 수학자의 우정과 갈등을 담고 있다.

영화 〈무한대를 본 남자〉

영화 중간에 자연수의 분할에 대한 장면이 있다. 4를 분할하는 방법 은 4, 3＋1, 2＋2, 2＋1＋1, 1＋1＋1＋1, 이렇게 5가지이다. 이를 P(4)로 나타낸다. n을 분할하는 방법의 가짓수를 구하는 공식을 P(n)이라고 하는데, n이 커지면 P(n)을 구하는 것이 거의 불가능할 정도로 복잡해 진다. 그런데 라마누잔은 그 공식을 만들어 낸다.

이 영화는 버트런드 러셀의 명언인 "수학은 올바른 시각으로 보면 진실뿐 아니라 궁극의 미를 담고 있다"로 시작한다. 어쩌면 라마누잔 은 수학의 궁극적인 미를 보았을지도 모른다.

MATH

VITAMIN

자연 속의 수학

7

자연의 여러 현상이나 동식물의 모양을 관찰하다 보면 수학적으로 가장 효율적인 방식을 택하고 있음을 알 수 있다. 이는 인간이 자연에 경외감을 가져야 하는 또 하나의 이유다.

꿀벌의 수학

벌집의 단면은 정육각형

벌집의 단면은 정육각형이 쌓여 있는 모양이다. 정삼각형의 한 내각은 60°이므로 한 꼭짓점에 6개를 맞붙이면 360°가 된다. 한 내각이 90°인 정사각형 4개나, 한 내각이 120°인 정육각형 3개를 한 꼭짓점에 모으면 360°가 된다. 모든 변의 길이가 같은 정다각형 중 평

정육각형 모양의 벌집 단면

면을 빈틈없이 메울 수 있는 것은 정삼각형, 정사각형, 정육각형 이렇게 3가지이다. 이 중에서 꿀벌이 정육각형을 택한 이유는 무엇일까?

등주문제

일정한 둘레를 갖는 정다각형들의 넓이를 비교해 보면, 변의 개수가 많을수록 정다각형의 넓이가 넓다는 것을 알 수 있다. 둘레가 같은 정삼각형, 정사각형, 정육각형의 경우를 비교해 보자. 둘레의 길이가 6일 때 한 변의 길이가 정삼각형은 2, 정사각형은 1.5, 정육각형은 1이며, 각각의 넓이를 계산해 보면 정육각형이 가장 넓다.

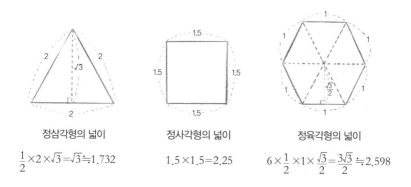

정삼각형의 넓이	정사각형의 넓이	정육각형의 넓이
$\frac{1}{2} \times 2 \times \sqrt{3} = \sqrt{3} \fallingdotseq 1.732$	$1.5 \times 1.5 = 2.25$	$6 \times \frac{1}{2} \times 1 \times \frac{\sqrt{3}}{2} = \frac{3\sqrt{3}}{2} \fallingdotseq 2.598$

일정한 둘레를 갖는 평면도형 중 넓이가 최대인 도형을 구하는 문제를 '등주等周, isoperimetric 문제'라고 한다. 자코브 베르누이, 요한 베르누이, 라그랑주 등 많은 수학자들이 탐구한 등주문제의 답은 원圓이다. 둘레가 일정한 정삼각형, 정사각형, 정육각형 중에서 넓이가 가장 큰 도형이 정육각형이라는 사실은 정다각형의 변 개수가 늘어나면 점점 더 원에 가까워진다는 성질과 관련지을 수 있다.

꿀벌이 같은 양의 재료로 집을 지을 때, 가장 넓은 공간을 확보할 수 있는 방안은 원이다. 수학의 관점에서 본다면 원기둥을 쌓는 방식으로 벌집을 만드는 것이 가장 효율적이지만 안정적인 구조를 만들기 어렵다. 나머지 정다각형도 각각 단점을 갖는다. 정삼각형으로 벌집을 만들면 견고하기는 하지만 공간이 좁고 집을 짓는 데 재료가 많이 필요하다. 또 정사각형 모양으로 벌집을 만들 경우, 양옆에서 조금만 건드려도 잘 흔들리기 때문에 외부의 힘에 쉽게 무너질 수 있다.

이런 점을 고려하면 적은 재료로 넓은 공간을 얻을 수 있고, 서로 많은 변이 맞닿아 있어 구조가 안정적인 정육각형이 최적의 선택이다. 정육각형 벌집에는 경제적이면서 안정적인 구조를 지향하는 자연법칙이 반영된 것이다.

허니콤

정육각형으로 평면을 채우는 방식은 벌집의 단면에서 발견되기 때문에 허니콤honeycomb이라고 불린다. 자연계에서는 허니콤 구조를 흔하게 찾아볼 수 있다. 곤충의 눈과 잠자리의 날개, 눈의 결정에서 정육각형을 발견할 수 있다. 벤젠(C_6H_6)의 구조식도 정육각형이며, 물도 육각수가 좋다고 한다.

자연계뿐 아니라 비행기 날개의 내부도 허니콤 구조로 되어 있다. 가볍고 튼튼하면서도 재료가 적게 들기 때문이다. 고속철도 KTX의

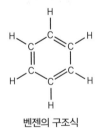

벤젠의 구조식   눈의 결정

뉴욕 맨해튼의 베슬

앞부분에는 허니콤 구조의 충격 흡수 장치가 부착되어 있고, 골판지가 가벼우면서도 강도가 높은 것 역시 단면이 정육각형으로 처리되어 있기 때문이다. 그뿐만 아니라 휴대전화의 기지국을 설계할 때 적은 비용으로 많은 지역에 서비스를 할 수 있도록 지역을 정육각형으로 분할한다.

뉴욕 맨해튼의 허드슨 야드에는 '베슬Vessel'이라는 조망 시설이 있는데, 2500개의 계단이 허니콤 모양으로 배열되어 있다. 베슬은 허리케인에도 견딜 수 있는 강한 구조이면서, 감각적인 아름다움도 드러내고 있다.

그래핀

꿈의 신소재라고 불리는 그래핀graphene은 허니콤 구조를 가지고 있다. 그래핀은 강도가 높은 데다가 신축성도 좋아서 늘리거나 접어도 전기 전도성을 잃지 않기 때문에, 웨어러블 컴퓨터나 플렉시블 디스플

| 그래핀 | 흑연 | 탄소 나노튜브 | 풀러렌 | 다이아몬드 |

레이 등에 사용된다. 그래핀 필터로 환경을 오염시키는 물질의 배출도 줄일 수 있으니 그래핀은 가히 기적의 소재라 할 만하다.

사실 탄소C, Carbon 원자로 이루어진 물질은 다양하다. 그래핀은 탄소 원자가 육각형 모양으로 연결된 2차원 구조이고, 이를 3차원으로 쌓으면 흑연이 되고, 돌돌 말면 탄소 나노튜브가 되고, 구 모양으로 연결하면 풀러렌이 된다. 다이아몬드 역시 탄소로 이루어져 있다. 경제적 가치에 있어서는 천지 차이인 흑연과 다이아몬드가 같은 원자로 이루어진 형제라는 사실은 아이러니하다.

음료수 캔이 원기둥인 이유

음료수 캔은 왜 예외 없이 원기둥일까? 음료수 캔을 각기둥으로 만들면 참신한 디자인으로 눈길을 끌 수 있지만, 음료수 캔을 잡을 때 뾰족한 모서리가 느껴져 감촉이 좋지 않을 수 있다. 또 다른 중요한 이유는 용기를 만드는 데 드는 재료를 최소화할 수 있기 때문이다.

원은 일정한 둘레를 갖는 평면도형 중에서 넓이가 최대이다. 이를 바꾸어 말하면, 원은 동일한 넓이를 갖는 평면도형 중 둘레의 길이가 가장 짧다.

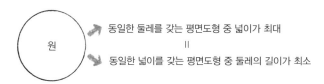

원 → 동일한 둘레를 갖는 평면도형 중 넓이가 최대

‖

→ 동일한 넓이를 갖는 평면도형 중 둘레의 길이가 최소

음료수 캔의 모양이 밑면을 각각 정삼각형, 정사각형, 원으로 하는 삼각기둥, 사각기둥, 원기둥이라 가정하고 비교해 보자. 각 밑면을 이루는 도형의 넓이가 100cm²라고 할 때, 정삼각형의 둘레는 약 45.6cm, 정사각형의 둘레는 40cm, 원의 둘레는 약 35.4cm가 된다.

기둥의 부피는 밑면의 넓이와 높이를 곱한 것이므로, 밑면의 넓이가 같다면 세 기둥의 부피는 같다. 그러나 겉넓이에서는 차이가 생긴다. 기둥의 옆면의 넓이는 '밑면의 둘레×높이'이기 때문에 밑면이 원 모양인 원기둥일 때 옆면의 넓이가 가장 작다. 따라서 전체적인 겉넓이가

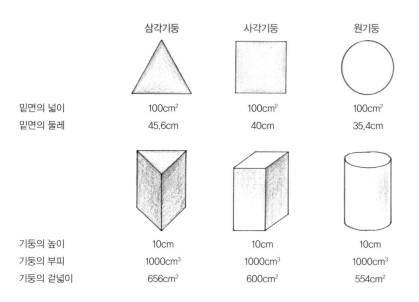

	삼각기둥	사각기둥	원기둥
밑면의 넓이	100cm²	100cm²	100cm²
밑면의 둘레	45.6cm	40cm	35.4cm
기둥의 높이	10cm	10cm	10cm
기둥의 부피	1000cm³	1000cm³	1000cm³
기둥의 겉넓이	656cm²	600cm²	554cm²

최소인 모양은 원기둥이고, 용기를 만드는 데 필요한 재료도 최소가 된다. 물론 동일한 부피를 갖는 입체도형 중 겉넓이가 작은 것은 구球이지만 안정적으로 세우기 어렵기 때문에, 음료수 캔으로는 원기둥이 최적의 선택이다.

음식물을 잘게 씹어야 하는 수학적 이유

음식물을 꼭꼭 씹어 넘겨야 소화가 잘된다는 당연한 사실도 수학적으로 확인할 수 있다. 음식물의 알갱이가 반지름이 r인 구라고 할 때, 부피는 $\frac{4}{3}\pi r^3$이다. 구의 부피는 반지름의 세제곱에 비례하므로, 구의 반지름을 $\frac{1}{2}$로 줄이면 부피는 $\frac{1}{8}$이 된다. 따라서 하나의 구를 반지름이 절반인 8개의 구로 나누었을 때 그 부피는 일정하다. 한편 반지름의 길이가 r인 구의 겉넓이는 $4\pi r^2$이므로 반지름이 $\frac{r}{2}$인 구의 겉넓이는 πr^2이다. 따라서 8개로 나눈 작은 구들의 겉넓이를 합하면 $8\pi r^2$이 된다. 위장에 보내진 음식물의 알갱이가 작을수록 알갱이의 겉넓이, 즉 음식물이 소화액에 닿는 부분이 넓어지기 때문에 소화가 잘되는 것이다.

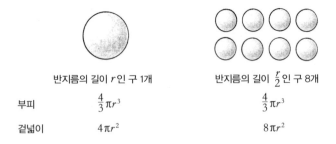

	반지름의 길이 r인 구 1개	반지름의 길이 $\frac{r}{2}$인 구 8개
부피	$\frac{4}{3}\pi r^3$	$\frac{4}{3}\pi r^3$
겉넓이	$4\pi r^2$	$8\pi r^2$

두루마리 휴지를 늘 때

도형의 길이와 넓이 그리고 부피의 비를 이용해 일상적인 경험을 수학적으로 설명할 수 있다. 비누를 사용할 때 처음에는 천천히 닳지만, 어느 순간부터 가속도가 붙은 듯 갑자기 줄어드는 느낌이 든다. 직육면체 모양의 비누를 예로 들면, 가로, 세로, 높이가 각각 $\frac{1}{2}$로 줄어들면 비누의 부피는 $\frac{1}{8}$이 되기 때문이다.

또 두루마리 휴지가 중심까지 촘촘히 감겨 있다고 할 때, 휴지의 폭은 일정하므로 휴지의 길이는 원기둥의 밑면인 원의 넓이에 비례한다. 원기둥의 밑면의 반지름이 $\frac{1}{2}$로 줄면 휴지의 길이를 결정하는 밑면의 넓이는 $\frac{1}{4}$이 된다. 따라서 사용하다 보면 줄어드는 속도가 갑자기 빨라진다고 생각되는 것은 당연하다.

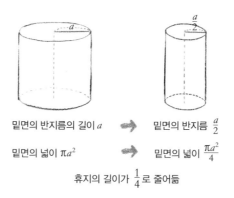

밑면의 반지름의 길이 a　➡　밑면의 반지름 $\frac{a}{2}$

밑면의 넓이 πa^2　➡　밑면의 넓이 $\frac{\pi a^2}{4}$

휴지의 길이가 $\frac{1}{4}$로 줄어듦

MATH VITAMIN
2

바이러스는 정이십면체

바이러스의 유전 물질 보호 방법

바이러스는 유전 물질인 DNA나 RNA가 캡시드(단백질 껍데기)에 싸여 있는 구조이다. 경험에서 알 수 있듯이 구球는 충격에 강하므로, 바이러스는 유전 물질을 보호하기 위해 구 모양 혹은 구와 가까운 모양을 택하는게 유리하다. 그런데 정다면체 중에서

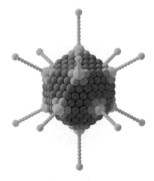

정이십면체의 아데노 바이러스

구에 가장 가까운 모양은 정이십면체이므로, 감기 바이러스의 일종인 아데노 바이러스를 비롯한 상당수의 바이러스는 정이십면체 모양이다. 아데노 바이러스는 코로나19 백신의 한 종류인 바이러스 벡터 백

신(아스트라제네카, 얀센 등)에서 전달체 역할을 한다.

다섯 가지 정다면체

'정다면체regular polyhedron'는 각 면이 모두 합동인 정다각형으로 이루어져 있고 각 꼭짓점에 모이는 면의 개수가 같은 다면체이다. 정다면체는 정사면체, 정육면체, 정팔면체, 정십이면체, 정이십면체의 5가지가 있는데, 2500년 전의 고대 그리스인들은 이미 이러한 사실을 알고 있었다.

고대 그리스의 철학자 플라톤은 수학, 그중에서도 특히 기하학에 큰 의미를 두었기 때문에 완벽한 대칭적 구조의 정다면체가 가장 아름다운 존재 중의 하나라고 생각했다. 그래서 정다면체를 '플라톤의 입체Platonic solid'라고도 한다.

플라톤은 이 세상을 이루고 있는 4가지 원소인 물, 불, 흙, 공기는 반드시 정다면체 형태여야 한다고 생각했다. 정다면체 가운데 면의 개수가 적고 부피는 가장 작은 것은 정사면체이다. 면의 개수가 많고 부피가 가장 큰 것은 정이십면체이다. 플라톤은 면의 개수와 부피의 관계가 건조한 정도를 나타낸다고 보았다. 네 가지 원소 중에서 가장 건조한 것은 불, 가장 축축한 것은 물이다. 따라서 정사면체는 불을, 정이십면체는 물을 나타낸다고 보았다.

정다면체의 모양에 근거해서 관련짓기도 했다. 날카롭게 생긴 정사면체는 불, 쉽게 구를 수 있는 정이십면체는 물, 안정적이고 견고한 상자 모양의 정육면체는 흙과 연결되었다. 정팔면체의 경우, 마주 보는

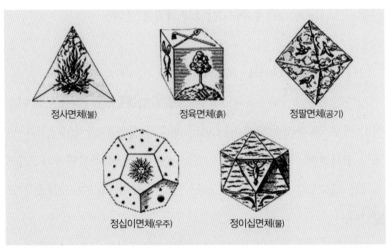
다섯 가지 정다면체와 기본 원소

꼭짓점을 잡고 바람을 불어 회전시킬 수 있으므로 불안정한 공기를 상
징한다고 보았다. 마지막으로 정십이면체는 12간지, 황도 12궁과 같이
우주와 관련성을 보이는 12를 포함하기에, 우주와 연결지었다.

케플러의 천체 모델

케플러Johannes Kepler는 17세기 최고의 천문학자로, 자연 현상 안에 있
는 수학적인 질서를 찾으려고 노력한 수학자이기도 하다. 케플러는 행
성 운동 법칙을 알아낸 위대한 학자였지만, 정다면체를 이용하여 엉뚱
한 천체 모델을 만들기도 했다.

케플러 시대에는 수성, 금성, 지구, 화성, 목성, 토성의 6개 행성만이
알려져 있었다. 행성이 태양 주위를 공전한다는 코페르니쿠스의 이론
을 믿은 케플러는 6개의 행성이 태양과 제각기 다른 거리를 일정하게

유지하는 원인을 찾으려고 노력했다. 그 결과 케플러는 6개의 행성 사이에 5가지 정다면체를 배열한 천체 모델을 제시했다.

아래 케플러의 천체 모델 그림을 보면 가장 바깥에 토성의 궤도인 구가 있고, 그 구에 내접하는 정육면체가 있다. 그 정육면체에 내접하는 구는 목성의 궤도이고, 그 구에 내접하는 정사면체가 있다. 그 정사면체에 내접하는 구는 화성의 궤도이다. 오른쪽 그림은 왼쪽 그림의 안쪽을 확대한 것으로, 가장 바깥에 보이는 구가 화성의 궤도이다. 그 구에 내접하는 정십이면체가 있고, 그 정십이면체에 내접하는 구가 지구의 궤도이며, 이런 식으로 계속하여 가장 안쪽이 수성의 궤도가 된다.

위의 모델은 틀린 것이지만, 그렇다고 케플러가 임의적으로 행성과 정다면체를 배열한 것은 아니다. 구에 정다면체를 내접시키고 또 그 안에 구를 내접시키게 되면 구와 구 사이의 거리가 나오는데, 케플러는 당시에 알려져 있던 행성과 행성 사이의 상대적인 거리를 반영하여 정다면체와 행성의 순서를 정한 것이다. 케플러는 이 모델이 하나님의

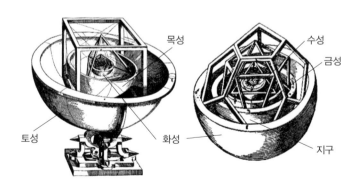

케플러의 천체 모델

뜻에 따라 만들어진 기하학적으로 조화로운 천체 운동을 보여 준다고
믿었다.

분자 구조는 다면체

물질을 이루는 기본 단위 분자는 여러 개의 원자로 구성되는데, 중
심 원자 주변에 존재하는 다른 원자들이 대칭적으로 위치하므로 정다
면체의 구조를 갖는 분자가 많다. 예를 들어, 메테인(CH_4)의 분자는 정
사면체이다.

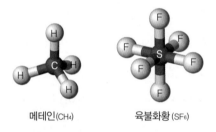

메테인(CH4)   육불화황(SF6)

정팔면체 구조를 갖는 화합물의 예로 육불화황(SF_6)을 들 수 있다.
황(S) 원자를 중심으로 플루오린(불소, F) 원자가 6개 배치되어 있다. 이
름이 생소하겠지만, 육불화황은 지구 온난화를 일으키는 온실 기체 중
의 하나이다.

건축의 옥텟 트러스 구조

한 종류의 정다면체로 공간을 채우는 경우는 정육면체밖에 없다. 두
종류 이상의 정다면체로 공간을 채우는 방법은 정팔면체 사이에 정사
면체를 배치하는 것이다. 이처럼 정팔면체와 정사면체를 교차로 배치

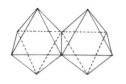 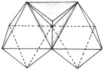 

옥텟 트러스 구조   신도림역 천장

하는 구조를 옥텟 트러스Octet-truss라고 하는데, 가볍지만 튼튼해 널리 쓰인다. 지하철 1호선 신도림역, 7호선 신대방삼거리역의 천장은 옥텟 트러스 구조로 되어 있다.

축구공과 클라트린

축구공과 클라트린

손흥민이 보여 주는 멋진 극장골을
실시간으로 만나기 위해 밤을 지새우는
축구 팬들이 많다. 손흥민의 발재간에
맞춰 현란하게 움직이고 골망을 흔드는
축구공은 기하학적 용어로 '깎은 정이
십면체'이다. 깎은 정이십면체는 용어
그대로 정이십면체를 깎아서 만든 입체

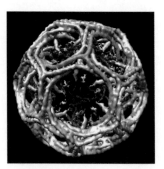

깎은 정이십면체 모양의 클라트린

도형으로, 정오각형과 정육각형으로 구성된다. 신경세포인 뉴런의 돌
기 끝부분에 존재하는 '클라트린clathrin'이라는 단백질의 모양 역시 깎
은 정이십면체이다.

정이십면체 ➡ 깎은 정이십면체

정이십면체는 20개의 정삼각형과 12개의 꼭짓점으로 이루어져 있으며 각 꼭짓점에는 정삼각형이 5개씩 모여 있는데, 이런 정이십면체부터 깎은 정이십면체를 만드는 방법을 살펴보자. 우선 정이십면체의 각 꼭짓점을 평평하게 깎아내면 정오각형 모양의 면이 생긴다. 이렇게 만들어지는 정오각형은 12개이다. 정이십면체를 이루던 20개의 정삼각형은 모서리가 잘려나가면서 20개의 정육각형이 된다. 따라서 깎은 정이십면체의 면은 총 32개이다.

깎은 정이십면체의 꼭짓점의 개수는 그리 복잡하지 않은 계산을 통해 구할 수 있다. 깎은 정이십면체를 이루고 있는 20개의 정육각형과 12개의 정오각형으로부터 만들어지는 꼭짓점의 개수의 합은 $(20 \times 6) + (12 \times 5) = 180$개이다. 그런데 깎은 정이십면체에서는 한 꼭짓점에 3개의 정다각형이 모이므로, 180개의 꼭짓점은 3번씩 중복하여 센 결과이다. 따라서 깎은 정이십면체의 꼭짓점의 개수는 180개의 $\frac{1}{3}$인 60개가 된다.

정이십면체   깎은 정이십면체   축구공

월드컵 공식구의 변천

가죽으로 깎은 정이십면체를 만든 후 바람을 넣으면 축구공이 만들어지는데, 이러한 축구공의 원조는 1970년 멕시코 월드컵에 등장한 텔스타 Telstar이다. 텔스타는 역사상 처음으로 월드컵이 위성을 통해 생방송되면서 '텔레비전 스타'라는 의미를 담은 이름이다. 텔스타부터 2002년의 피버노바 Fevernova까지 월드컵 공식구는 깎은 정이십면체 모양이었다.

팀가이스트   자블라니   브라주카   텔스타18

2006년 월드컵에서는 14개의 조각을 독특하게 이어 붙인 팀가이스트 Teamgeist, 2010년에는 8개의 조각으로 이루어진 자블라니 Jabulani, 2014년에는 6개의 조각으로 만들어진 브라주카 Brazuca가 공식구였다. 2018년 월드컵에서는 흑백의 원조 텔스타에 근거리 무선 통신 칩을 장착시킨 텔스타18을 사용했다. 월드컵 공식구는 성능을 극대화하는 방향으로 진화를 거듭하고 있지만, 우리 주변에는 여전히 깎은 정이십면체 모양의 축구공이 많다.

C_{60}의 별명은 축구공

축구공 모양은 화학 분자에서도 찾아볼 수 있다. 1985년 탄소 원자

60개로 이루어진 C_{60}가 실험실에서 합성되었는데, 이를 발견한 과학자들은 그 공로로 1996년 노벨 화학상을 수상했다. C_{60}의 별명은 '축구공buckyball'인데, 그 구조가 축구공과 같은 깎은 정이십면체로 60개 꼭짓점에 탄소 원자가 하

C_{60}

나씩 위치하기 때문이다. 축구공이 무수히 많은 발길질에도 끄떡없듯이 C_{60}는 대단히 높은 온도와 압력을 견뎌낼 수 있는 안정된 구조를 갖고 있고 방사능에 대한 저항력이 커서 나노 기술 등 여러 방면에서 이용될 가능성이 높다.

지오데식 돔

C_{60}의 정식 명칭은 '벅민스터풀러렌buckminsterfullerene'이다. C_{60}의 구조가 미국의 발명가 리처드 벅민스터 풀러Richard Buckminster Fuller가 설계한 '지오데식 돔geodesic dome'과 유사하다고 해서 그의 이름을 딴 것이다. 구형태인 지오데식 돔을 만드는 방법은 다양하지만, 대부분의 지오데식 돔은 정이십면체의 정삼각형 면을 합동인 여러 개의 정삼각형으로 분할한 후 이것을 구 안에 내접시키고 각 꼭짓점을 구면에 투사해서 만

몬트리올 엑스포의 미국관

디즈니월드의 우주선 지구

서울 지하철 6호선 녹사평역

든다.

겉넓이가 일정한 입체도형 중 최대 부피를 갖는 것은 구이므로, 구와 유사한 지오데식 돔은 다른 건축물과 비교할 때 같은 양의 재료로 더 넓은 공간을 얻을 수 있다. 그뿐만 아니라 지오데식 돔은 매우 가볍고 안정되며 견고한 구조까지 제공하기 때문에 각광받고 있다. 지오데식 돔은 몬트리올 엑스포의 미국관, 디즈니월드의 우주선 지구뿐 아니라 경기장, 온실, 전시회장의 구조로 다양하게 활용되며, 지하철 6호선 녹사평역에서도 그 예를 찾아볼 수 있다.

아르키메데스의 입체

'준정다면체semi-regular polyhedron'는 2가지 이상의 정다각형으로 구성되며 각 꼭짓점에 모이는 정다각형의 배열이 모두 같은 다면체를 말하는데, 깎은 정이십면체는 대표적인 준정다면체이다. 준정다면체는 모두 13가지가 있는데, 정다면체를 깎고 절단하고 다듬고 부풀리는 과정을 통해 만든 것이다. 준정다면체는 아르키메데스가 처음 연구하기 시작하였기 때문에 '아르키메데스의 입체Archimedean solid'라고도 한다. 준정다면체에 대한 아르키메데스의 원 저서는 소실되었고, 르네상스 시대를 거치면서 다시 연구되어 케플러가 13가지 준정다면체에 대한 명칭을 부여했다.

꽃잎의 수는 피보나치 수

꽃잎의 개수

클로버는 대개 잎이 3개이기 때문에 행운을 가져다준다는 네잎 클로버를 찾는 것은 쉬운 일이 아니다. 클로버와 마찬가지로 백합과 아이리스는 안쪽 꽃잎과 바깥쪽 꽃잎이 3장씩이다. 채송화와 히비스커스는 5장, 코스모스는 8장의 꽃잎을 갖는다. 꽃잎의 개수가 좀 더 많은 옥수수금잔화는 13장, 데이지의 경우는 21장 혹은 34장의 꽃잎을 갖는다.

여기서 꽃잎의 개수인 3, 5, 8, 13, 21, 34를 잘 살펴보면 모종의 규칙이 있음을 알 수 있다. 3과 5를 더하면 8, 5와 8을 더하면 13과 같이 앞의 두 수를 더하면 그다음 수가 된다. 이런 수의 배열을 '피보나치 수열Fibonacci sequence'이라고 한다. 그리고 피보나치 수열에 나오는 수들을

히비스커스(5장의 꽃잎)　　코스모스(8장의 꽃잎)　　옥수수금잔화(13장의 꽃잎)

데이지(21장의 꽃잎)　　　　데이지(34장의 꽃잎)

'피보나치 수Fibonacci number'라고 한다. 이런 명칭은 이탈리아의 수학자 피보나치Leonardo Fibonacci에서 유래했다.

그러면 왜 많은 꽃이 피보나치 수만큼의 꽃잎을 가진 걸까? 꽃이 활짝 피기 전까지 꽃잎은 봉오리를 이루어 안의 암술과 수술을 보호하는 역할을 한다. 식물학자들에 따르면 꽃잎들이 이리저리 겹치면서 가장 효율적인 모양으로 암술과 수술을 감싸려면, 피보나치 수만큼의 꽃잎이 있는 것이 유리하다고 한다.

토끼 쌍 문제

피보나치 수열은 수학자 피보나치가 제안한 다음 문제에서 탄생했다. 갓 태어난 한 쌍의 토끼가 있다. 이 토끼 쌍은 두 달 후부터 매달 암수

월	토끼 쌍의 수	
1	1	
2	1	
3	2	
4	3	
5	5	
⋮	⋮	

한 쌍을 낳는다. 새로 태어난 토끼들도 두 달 후부터 매달 한 쌍을 낳는다고 할 때, 토끼는 몇 쌍이 될까?

월별로 토끼 쌍의 수를 적어 보면 1, 1, 2, 3, 5, 8, 13, 21, 34, 55, … 가 된다. 바로 피보나치 수열이다.

어른 토끼 쌍$_{A, Adult}$과 아기 토끼 쌍$_{B, Baby}$을 구분해서 적어 보자. B는 한 달 후 A가 되고, A는 한 달 후부터 AB가 된다. B→A, A→AB의 규칙에 따르면 다음과 같다.

1월부터 A와 B의 개수를 세면 피보나치 수열이 된다. 2월부터 A의 개수만을 세어도, 3월부터 B의 개수만을 세어도 역시 피보나치 수열이 된다.

$$1, 1, 2, 3, 5, 8, \cdots$$

월		A의 개수	B의 개수	A와 B의 개수
1	B			1
2	A	1		1
3	AB	1	1	2
4	ABA	2	1	3
5	ABAAB	3	2	5
6	ABAABABA	6	3	8
7	ABAABABAABAAB	9	6	13
8	ABAABABAABAABABAABABA	13	8	21
⋮	⋮	⋮	⋮	⋮

심층

n번째 피보나치 수열을 수식으로 나타내면

$$F_n = \frac{1}{\sqrt{5}}\left[\left(\frac{1+\sqrt{5}}{2}\right)^n - \left(\frac{1-\sqrt{5}}{2}\right)^n\right]$$

이다. 실제 계산해 보면 $F_1=1$, $F_2=1$, $F_3=2$, …임을 알 수 있다. 피보나치 수열은 모두 자연수인데, 일반항은 무리수가 들어간 복잡한 식이 된다.

해바라기와 솔방울의 나선

해바라기에 씨가 박힌 모양을 보면, 시계 방향 나선과 반시계 방향 나선을 발견할 수 있다. 사진 속 해바라기의 경우, 나선의 수는 21과 34이다. 더 큰 해바라기이면 나선의 수가 34, 55인 식으로 해바라기 나선의 수는 항상 연속된 2개의 피보나치 수가 된다. 해바라기가 이러한 나선형 배열을 택할 때 좁은 공간에 많은 씨를 촘촘하게 배열하여 비바람에도 잘 견딜 수 있다. 솔방울에서 찾아볼 수 있는 시계 방향과 반

해바라기　　　　　　　　솔방울

시계 방향의 나선의 수도 피보나치 수와 관련된다. 사진의 솔방울에서
나선의 수는 피보나치 수인 8과 13이다.

나뭇가지의 수

나뭇가지의 수에서도 피보나치 수열을 발견할 수 있다. 그림과 같이
한창 가지를 뻗고 있는 나무가 있다고 하자. 하나의 줄기가(단계1) 자

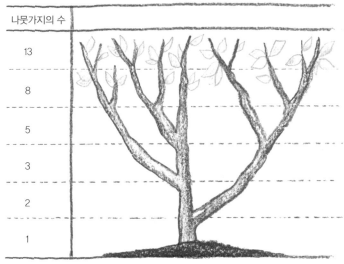

나뭇가지의 수와 피보나치 수열

라다가 2개의 가지로 나누어진다(단계2). 2개의 가지에 영양분이나 생장 호르몬이 균등하게 분배되는 것이 아니기 때문에 한 가지는 다른 가지보다 왕성하게 자란다. 그래서 왼쪽의 가지는 2개로 갈라지고 오른쪽 가지는 그대로 자란다(단계3). 분화하는 것을 한번 건너뛴 가지는 그다음 단계에서는 2개로 갈라지는 식으로 나뭇가지가 뻗어 나간다.

이런 규칙에 따라 나뭇가지가 분화한다고 할 때, 아래에서부터 나뭇가지의 개수를 세어 보면, 1, 2, 3, 5, 8, 13, … 으로 피보나치 수열이 된다.

식물의 잎차례

'잎차례'는 줄기에서 잎이 나와 배열되는 방식을 말하는데, 어긋나기, 마주나기, 돌려나기, 모여나기 등의 유형으로 나뉜다. 그중 잎차례가 어긋나기인 경우에 $\frac{\text{줄기가 회전하는 회수}}{\text{잎의 개수}}$ 를 계산해 보면, 너도밤나무는 $\frac{1}{3}$, 참나무와 사과는 $\frac{2}{5}$ 이고, 포플러와 장미는 $\frac{3}{8}$, 버드나무와 아몬드는 $\frac{5}{13}$ 이다. 여기서 분모와 분자는 모두 피보나치 수이며, 대부분의 식물이 피보나치 수열과 관련이 있는 잎차례를 따른다. 이처럼 잎차례가 피보나치 수열을 따르는 것은 잎이 다른 잎에 가리지 않고 햇빛을 최대한 받을 수 있는 수학적 해법이기 때문으로 알려져 있다.

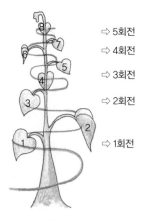

⇨ 5회전
⇨ 4회전
⇨ 3회전
⇨ 2회전
⇨ 1회전

잎차례가 $\frac{5}{8}$ 인 식물

앵무조개의 껍질

앵무조개 껍질의 소용돌이 무늬에서도 피보나치 수열을 찾을 수 있다. 한 변의 길이가 피보나치 수(1, 1, 2, 3, 5, 8, 13, ⋯)인 정사각형을 이어 붙인 다음 각 정사각형에 사분원(원의 $\frac{1}{4}$)을 그린다. 이 사분원들을 차례로 연결한 나선을 황금나선golden spiral이라고 한다. 황금나선은 앵무조개를

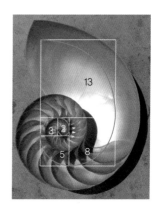

비롯한 여러 바다 생물의 껍질과 달팽이 껍질에서 찾아볼 수 있다.

엘리엇 파동

피보나치 수열은 자연 현상뿐 아니라 사회 현상과 관련지을 수도 있다. 주식 시장에는 수많은 변인이 작용하기 때문에 주가 변동의 일반적인 규칙성을 찾기는 어렵다. 그렇지만 미국의 증시 분석가 엘리엇Ralph Elliott은 미국의 주가 변동 추이를 연구한 후 일종의 규칙성을 발견하고, 1938년 주가의 상승하는 파동과 하락하는 파동의 개수가 피보나치 수열과 관련된다는 '엘리엇 파동Elliott wave'을 발표했다.

엘리엇 파동의 대표적인 예는 '상승 5파와 하락 3파'이다. 다음 그래프에서 주가가 올라가는 추세의 5파는 상승 3파동(ㄱ, ㄷ, ㅁ)

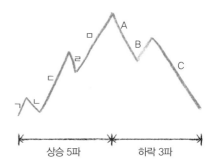

과 반락 2파동(ㄴ, ㄹ)으로 이루어지고, 주가가 내려가는 추세의 3파는 하락 2파동(A, C)과 반등 1파동(B)으로 형성된다. 엘리엇 파동은 주식 투자자들의 군중심리가 낙관론과 비관론 사이에서 엇갈리기 때문에 나타나는 현상이라고 할 수 있다.

음악 속의 피보나치 수열

헝가리의 작곡가 바르톡Bartók Béla은 피보나치 수열을 음악에 반영한 것으로 유명하다. 바르톡의 〈현악기, 타악기, 첼레스타를 위한 음악〉의 1악장은 89마디로 이루어져 있는데 55번째인 황금분할 지점에 클라이맥스가 오고 나머지 34마디가 배치된다. 여기서 34, 55, 89는 모두 피보나치 수이다. 그 밖에도 바르톡은 수학적 원리를 음의 조성

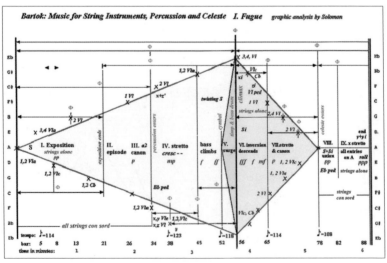

바르톡의 〈현악기, 타악기, 첼레스타를 위한 음악〉을 피보나치 수열의 관점에서 분석한 도해

과 화성 체계에 반영한 작품들을 다수 작곡했는데, 이에 대한 연구가
활발히 이뤄지고 있다.

미술 작품 속의 피보나치 수열

설치 미술가 정승운의 작품 〈무제〉
에도 피보나치 수열이 들어 있다.
이 작품에는 '숲'과 '집'이라는 두
글자가 반복적으로 배열되어 있는
데, 처음에 '숲', '집', '숲', '집', 그다
음에 숲숲, 집집, 그다음에는 숲숲
숲, 집집집. 결국 글자 '숲'과 '집'의
개수는 각각 1, 1, 2, 3, 5, 7, 13,
… 이다. 즉 피보나치 수열이 된다.

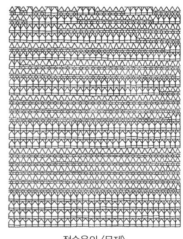

정승운의 〈무제〉

두 피보나치 수의 비는 황금비

연속된 두 피보나치 수의 비를 계산하면 $\frac{1}{1}=1$, $\frac{2}{1}=2$, $\frac{3}{2}=1.5$, $\frac{5}{3}=$
$1.666\cdots$, $\frac{8}{5}=1.6$, $\frac{13}{8}=1.625$, $\frac{21}{13}=1.615\cdots$ 이다. 이와 같은 방식으로
비를 계속 구해 보면 인간이 가장 아름답다고 여겼던 황금비 $1.618\cdots$
에 가까워짐을 알 수 있다. 여러 식물에서 피보나치 수와 황금비가 발
견된다는 사실은 때로 신비주의적으로 해석되기도 한다. 그러나 이는
식물이 최적의 성장 방법을 찾는 과정에서 자연스럽게 형성되는 것
이다.

MATH

VITAMIN

동양 역사 속의 수학

8

수학의 발전은 동양과 서양이 함께 견인하면서 이루어 왔다. 서양 중심의 시각에서 탈피하여 동양의 것을 재평가하는 움직임이 여러 분야에서 일고 있듯이, 수학사에서도 관점을 넓히는 '수학사 다시 보기'가 필요하다.

동양 수학사 다시 보기

서구 중심주의를 경계하며

미국과 어깨를 나란히 하는 G2 국가로 중국을 접한 젊은 세대에게는 중국어가 다르게 들릴지 모르지만, 과거 이미지로 중국을 기억하는 기성세대에게 성조가 강한 중국어 발음은 그리 우아하게 들리지 않는다. 그에 반해 프랑스어는 발음마저 예술적인 언어라는 생각이 들고, 절도 있는 독일어를 들으면 원칙을 중시하는 독일인의 국민성이 느껴지는 것 같다. 또 귀족적인 분위기의 영국식 영어에서는 대영제국의 영화榮華를, 연음이 많은 미국식 영어에서는 풍요로운 자본주의를 연상하게 된다. 이런 생각에는 서양의 것이라면 일단 한 수 높은 것으로 보는 서양 중심주의적인 편견이 반영되어 있을 것이다.

수학을 배울 때 많은 학생들은 동양에도 수학자가 있었는지 궁금해

한다. 수학책에 나오는 정리나 법칙에는 예외 없이 서양 수학자의 이름이 붙어 있기 때문에 수학은 서구를 중심으로 발전해 왔다는 생각을 자연스럽게 하게 된다. 그러나 수학사를 살펴보면 동양 수학의 힘을 재발견할 수 있다.

피타고라스 정리 vs. 삼평방 정리 vs. 구고현의 정리

직각삼각형에서 직각을 낀 두 변의 제곱의 합이 빗변의 제곱과 같다는 것이 '피타고라스 정리'이다. 우리나라는 영어 그대로 피타고라스 정리라고 하지만, 예전에는 피타고라스를 '피택고皮宅高'라고 음역하기도 했다. 피타고라스 정리는 세 수의 평방(제곱)과 관련되기 때문에 일본에서는 '삼평방 정리', 북한에서는 '세평방 공식'이라고 한다.

중국의 수학·천문서《주비산경周髀算經》에서는 피타고라스 정리를 '구고현勾股弦의 정리'라 명명한다. 그리고 '구(밑변)를 3, 고(높이)를 4라고 할 때, 현(빗변)은 5가 된다'는 성질을 단 한 장의 그림으로 증명했는데, 이는

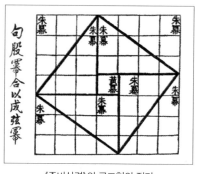

《주비산경》의 구고현의 정리

피타고라스 정리에 대한 수많은 증명 중 가장 간결하고 우아한 증명이라고 평가된다. 현행 중국의 수학 교과서에서는 짧게 '구고정리勾股定理'라고 한다.

조선의 실학자 정약용은 여러 분야를 넘나들며 다양한 저술을 남

겼는데, 그중에 《구고원류勾股原流》라는 수학책이 있다. 정약용이 30세 무렵에 저술한 것으로 추측되는 이 책에는 피타고라스 정리가 실려 있다.

서양보다 350년 앞선 파스칼의 삼각형

'파스칼의 삼각형'은 17세기 프랑스의 수학자 파스칼이 고안한 것이다. $(a+b)^n$을 전개했을 때 각 항의 계수를 '이항계수'라고 하는데, 파스칼의 삼각형에는 이항계수가 삼각형 모양으로 배열되어 있다. 예를 들어 $(a+b)^2 = a^2 + 2ab + b^2$의 계수 1, 2, 1은 셋째 줄에, $(a+b)^3 = a^3 + 3a^2b + 3ab^2 + b^3$의 계수 1, 3, 3, 1은 넷째 줄에 들어 있다. 파스칼의 삼각형을 쉽게 만들려면 인접한 두 수를 더하여 그 아래 줄의 가운데에 적으면 된다. 1654년 발표된 파스칼의 삼각형은 350여 년 앞서

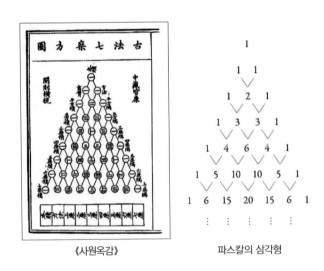

《사원옥감》   파스칼의 삼각형

1303년 저술된 주세걸의 《사원옥감四元玉鑑》에 '산술삼각형'으로 소개되어 있다.

《구장산술》 vs. 《원론》

동양에서는 수학을 수와 계산 중심의 산술算術로 보았고, 수학은 현실 문제를 해결하는 실용적인 분야라고 생각했다. 고대 중국 수학을 집대성한 《구장산술九章算術》은 실생활에서 발생하는 다양한 상황에 따라 장을 9개로 나누고, 총 246문제를 '문제-답-풀이'의 순서로 구성했다. 중국인들은 실사구시實事求是의 성향이 강했기 때문에, 답을 구하는 방법만 알면 충분하지, 굳이 증명까지 해야 할 필요성은 느끼지 못했던 것이다.

《구장산술》

국가를 통치할 때 중요한 것은 토지의 넓이를 측정하고 토목 공사를 하고 사람들을 부역에 동원하고 세금을 거두는 것 등이다. 《구장산술》의 〈방전方田〉 장에는 전답의 넓이와 관련된 문제가,

《원론》

〈상공商功〉 장에는 토목 공사의 공정을 계산하는 문제가, 〈균수均輸〉 장에는 백성을 공평하게 부역에 동원하는 문제가, 〈쇠분衰分〉 장에는 차등을 두어 비례적으로 나누는 계산법이 수록되어 있는데, 이는 모두 국가를 다스리는 것과 관련된 계산법들이다.

《구장산술》이 대수algebra 중심의 책인데 반해, 고대 서양 수학의 정수를 담은 《원론Elements》은 기하학 중심의 책으로, 정의definition, 공준postulate, 공리axiom를 기본으로 하여 연역적 논증에 의해 465개의 명제proposition를 체계적으로 증명한다. 그리고 내용은 '정의-공준-공리-명제-명제의 증명' 순서로 전개된다.

동양과 서양의 수학관

서양 철학은 플라톤의 각주에 불과하다는 영국의 철학자 화이트헤드Alfred N. Whitehead의 말에서 알 수 있듯이, 서양 사상사에서 플라톤의 영향력은 지대하다. 이러한 서구의 정신적 전통에서는 플라톤 철학의 핵심인 이데아와 절대 진리가 존재하는가, 존재한다면 어떤 형식인가, 인간이 그것을 인식할 수 있는가 등이 주요 관심사가 된다. 이를 수학으로 환원하면 존재성을 따지고 그것을 증명하는 것이 된다.

그에 반해 공자에게 죽음에 대해 물으니 "아직 삶도 잘 모르는데 어찌 죽음에 대해 알겠는가(敢問死하나이다. 曰未知生이면 焉知死리오)"라고 답한 데서 알 수 있듯이, 중국의 사상은 초월적인 존재나 본질은 인식이 불가능하다고 보는 불가지론不可知論에 가깝다. 예를 들어, 서양에서는 방정식의 일반해가 존재하는지 알아내고 그것을 증명하는 것에 주력하는 데 반해, 동양에서는 방정식의 해의 존재성을 따지기보다는 해를 계산하여 구하는 일에 집중한 경향이 있다.

승리한 자의 기록

서양에서는 피타고라스, 데카르트와 같이 철학자가 수학자를 겸한 경우가 많고, 수학을 추상적인 사유의 결정체로 여겼기 때문에 학문으로의 체계화가 일찍이 이루어졌다. 그에 반해 동양에서는 수학을 이론적인 학문으로 취급하기보다는 실제적인 문제 상황을 해결하는 도구로 간주했고, 결과적으로 다양한 계산법의 개발에 치중했다.

흔히 역사는 '승리한 자의 기록'이라고 하는데 서양 위주로 기술된 수학사도 예외는 아니다. 수학사를 이론 중심적인 관점으로 조망하면, 서양이 수학의 발전을 이끌어 온 것처럼 보인다. 그러나 지금까지 살펴본 바와 같이 수학의 발전은 동양과 서양이 함께 견인해 왔다. 과소평가되어 있는 동양의 수학에 대한 인식을 새로이 할 필요가 있다.

기발한 방정식 풀이

조선 시대의 수학자

앞서 중국의 수학적 수준이 서양 못지않았음을 보여 주는 여러 사례들을 살펴보았는데, 그렇다면 우리나라는 어떠했을까?

우리나라에도 상당히 높은 수학 수준을 보유한 수학자들이 존재했다. 현재까지 기록을 통해 알려진 것은 대부분 조선 시대의 수학자들로, 그 출신에 따라 중인 계층과 사대부 계층으로 분류할 수 있다. 중인 계층으로 수학을 연구한 대표적인 인물로 홍정하, 경선징, 이상혁을 들 수 있으며, 사대부 출신으로는 최석정, 황윤석, 남병길을 꼽을 수 있다.

중인 계층 수학자들은 현실의 여러 가지 상황을 방정식으로 해결하는 것에 치중한 데 반해, 사대부 계층 수학자들은 주역의 음양설과 수학을 관련지으면서 수에 형이상학적으로 접근했다. 출신에 따라 수학을 연구하는 경향이 달랐음을 알 수 있다.

조선 홍정하와 둥국 하국두의 담판

조선 숙종 때 홍정하洪正夏는 중인 계급 출신으로, 아버지, 할아버지, 외할아버지가 모두 산학자여서 수학에 익숙한 집안 분위기에서 성장했다. 홍정하가 지은 《구일집九一集》은 문제−답−풀이 형식으로 구성되는데, 중국의 《산학계몽》, 《구장산술》, 《상명산법》에서 발췌한 내용을 변형한 문제를 다룬다.

《구일집》에서 가장 주목받는 내용은 1713년 중국의 유명 수학자 하국주何國柱가 조선을 방문했을 때, 홍정하가 유수석과 함께 하국주를 맞이하여 수학으로 통쾌한 담판을 지은 사실이다. 수학 실력을 겨루기 위해 하국주가 먼저 홍정하에게 방정식 문제를 냈는데, 홍정하는 계산

도구인 산목算木을 이용하여 막힘없이 풀어냈다. 홍정하는 하국주의 실력을 알아보기 위해 다음과 같이 난이도가 높은 문제를 제시했다.

여기 구 모양의 커다란 옥이 있다. 구 안에 내접한 정육면체를 제외한 나머지 부분의 두께는 4치 5분이고, 무게는 265근 15냥 5전이다. 구의 지름과 정육면체의 모서리 길이를 구하여라.

하국주는 이 문제를 즉석에서 풀지 못하였고 다음 날 답을 주겠다고 약속했지만 결국은 그 약속을 지키지 못했다. 조선과 중국의 최고 수학자가 수학 실력을 겨루어 우리가 중국에 판정승을 거두는 자랑스러운 순간이 《구일집》에 소개되어 있다.

《구일집》

홍정하가 낸 문제는 삼차방정식으로 표현되는데, 천원술天元術을 이용하여 구의 지름 14치(1치는 약 3.03cm), 정육면체의 모서리 5치를 구할 수 있다. 천원술에서 원元은 미지수를 의미하고, 미지수는 천天, 지地, 인人, 물物의 순서로 부르게 되므로 천天은 미지수가 하나인 경우를 말한다. 천원술은 미지수가 하나인 방정식에서 그 계수만을 나열하고 간편하게 해결하는 방법이다. 중국의 《산학계몽》에서 유래했지만, 당시에 중국에선 거의 잊혀진 계산법이었다. 중국의 하국주는 천원술이 조선에 계승되고 있을 뿐 아니라 《구일집》이 천원술을 이용한 십차방정식 문제까지 다루고 있을 정도로 높은 수준으로 응용되고 있는 사실에 깊이 감명을 받았다고 한다.

만두 나누기

조선 후기의 실학자 황윤석黃胤錫이 지은 《이수신편理藪新編》은 방대한 백과사전으로, 주자학, 음양오행설, 천문, 음악 등 다양한 주제를 다룬다. 《이수신편》에서 수학을 다루는 것은 21권과 22권인 〈산학입문〉과 23권인 〈산학본원〉이다. 《이수신편》에는 방정식을 세워서 풀어야 하는 문제를 기발한 방법으로 해결한 예들이 소개되어 있다.

다음은 《이수신편》의 21권에 나오는 난법가難法歌라는 문제다.

> 만두가 100개에 스님도 100명이다. 큰 스님은 1명당 3개씩 나누어 주고 작은 스님은 3명당 1개씩 나누어 준다고 할 때, 큰 스님은 몇 명이고 작은 스님은 몇 명일까?

이 문제에서 미지수는 2개로 큰 스님과 작은 스님의 수이고, 주어진 정보도 두 가지이다. 미지수가 2개에 방정식도 2개이므로 연립방정식으로 풀면 해를 구할 수 있다.

큰 스님의 수를 x, 작은 스님의 수를 y라 놓으면 스님은 모두 100명이므로 $x+y=100$이다. 또 만두를 큰 스님은 1명당 3개씩, 작은 스님은 3명당 1개씩 나누어 주므로 작은 스님에게는 1명당 $\frac{1}{3}$개씩 돌아간다. 이를 방정식으로 표현하면 $3x+\frac{1}{3}y=100$이고, 이 연립방정식을 풀면 $x=25$, $y=75$가 된다.

그런데 난법가에서는 방정식을 세우지 않고 다른 방법으로 해를 구한다. 만두가 100개, 스님이 100명이므로, 큰 스님 1명이 먹는 만두 3개와 작은 스님 3명이 함께 먹는 만두 1개를 묶어 만두 4개를 기본 단위로 생각한다. 이는 만두 4개에 스님 4명이 대응한다는 점에 착안한 것이다. 이제 만두 100개를 그 기본 단위인 4로 나누면 25이다. 이 25는 만두를 3개씩 먹는 큰 스님의 수이면서 작은 스님들이 먹는 만두의 개수가 된다. 그러므로 큰 스님은 25명, 작은 스님은 75명이다.

이율분신二率分身

《이수신편》에는 닭과 토끼의 다리 문제가 있다. 이 문제는 닭과 토끼를 미지수로 놓고 방정식을 세워 풀 수도 있지만, 암산으로 답을 구할 수도 있다.

《이수신편》

> 닭과 토끼가 모두 100마리 있고 다리가 모두 272개일 때, 닭과 토끼는 각각 몇 마리인가?

닭과 토끼가 모두 절반의 다리를 들고 있다고 상상해 보자. 그래서 닭은 한 다리로, 토끼는 두 다리로 서 있다면 땅을 딛고 있는 다리의 수는 전체 다리 수 272개의 절반인 136개가 된다. 만약 100마리가 모두 닭이라고 하면 다리는 100개가 되어야 한다. 그렇지만 문제에서 다리의 수는 136개이므로 100개와의 차이인 36개는 두 다리로 서 있는 토끼에서 나온 것이다. 따라서 토끼는 36마리이고 나머지 64마리는 닭이 된다. 절반의 다리를 들고 있는 상황을 가정하는 이 방법을 이율분신二率分身이라고 한다.

《이수신편》에서 닭과 토끼가 나오는 계토산鷄兎算이 중국의 수학책《손

자산경》에서는 학과 거북이를 소재로 하는 학구산鶴龜算으로 레퍼토리
가 바뀐다. 사실 다리가 2개인 동물과 4개인 동물을 등장시키기만 하
면 되기 때문에 다양한 동물이 방정식 문제에 등장할 수 있다.

기발한 해법

서양에서는 구해야 하는 미지의 것을 x로 놓고 방정식으로 표현하
여 일반적인 풀이 방법을 탐구한 데 반해, 우리는 만두와 스님을 대응
시키는 방법이나 동물이 절반의 다리를 들고 있는 해학적인 상황으로
바꾸어 해법을 찾았다. 연립방정식의 대수적 해법에 익숙한 사람의 관
점에서 보면 상당히 낯설겠지만, 여기에는 기발한 아이디어가 들어 있
다. 이 방법은 특수한 형태의 방정식에만 부분적으로 적용되므로 어느
방정식이든 해결할 수 있는 마스터키가 되지는 못하지만, 식이 필요
없는 해법이면서 직관적으로 이해하기 쉽다는 장점이 있다.

주역의 이진법

복희여와도

　고대 그리스인들의 수학적 호기심을 자극한 것은 '눈금 없는 자'와 '컴퍼스'만을 이용해서 도형을 작도하는 문제이다. 게임은 제약 조건이 많을수록 재미가 더해지는 법, 최소의 도구만 허용되는 작도 문제는 당시 도전감을 주는 지적 놀이였던 것이다.

　중국 신화에서 천지를 창조한 것은 복희伏羲와 여와女媧이다. 중국 신장 자치구에서 발견된 〈복희여와도〉에서 복희는 컴퍼스를, 여와는 곡자(ㄱ 모양의 자)를 들고 있다. 중국에

〈복희여와도〉

서 작도 문제가 활발하게 연구되지는 않았지만, 중국의 탄생 신화에 작도 도구가 들어 있는 것은 예사롭지 않다.

《주역》의 이진법

《주역周易》은 주周나라 시대의 역易으로, 천지만물이 끊임없이 변화하는 원리를 설명한 철학서이다.《주역》은 위편삼절韋編三絶이라 하여, 공자가 이 책을 묶은 가죽끈이 세 번 끊어질 만큼 애독했다는 사실로도 유명하다.《주역》은 0과 1을 기본수로 하는 이진법의 원리로 구성된다. 예를 들어, 십진법의 수 2와 3은 이진법에서 각각 10과 11로 표현되는 두 자릿수이고, 4는 100으로 표현되는 세 자릿수이다.

《주역》의 기본 단위인 효爻에는 음(--)과 양(—)이 있는데, 각각 0과 1에 해당한다. 0을 나타내는 음(--)은 양(—)의 가운데에 구멍을 뚫어 빈 공간을 둔 모양으로, 여기에는 비어 있다는 의미가 담겨 있다.

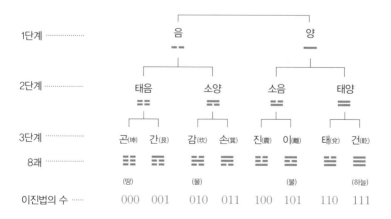

중국 신화에 나오는 복희가 3개의 효로 8괘를 처음 만들었고, 8괘가 분화되면서 6개의 효로 이루어진 64괘가 탄생했다. 각 효에는 음(- -)과 양(—) 두 가지가 올 수 있으므로 3개의 효를 이용할 때 $2^3=8$괘가 만들어지며, 6개의 효를 조합할 경우 총 괘는 $2^6=64$괘가 된다.

라이프니츠의 이진법

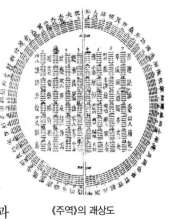

《주역》의 괘상도

서양에서 이진법을 처음으로 고안한 사람은 독일의 수학자이자 철학자인 라이프니츠Gottfried Leibniz이다. 중국에 선교사로 파견되었던 프랑스의 선교사 부베Joachim Bouvet는 1701년 라이프니츠에게 《주역》에 나오는 괘상도를 보냈다. 이진법의 원리에 따라 64괘가 원과 정사각형으로 배열된 괘상도를 본 라이프니츠는 이미 오래전 동양에 이진법이 있었다는 사실에 놀라면서 동양 수학을 극찬했다고 한다.

태극기의 8괘

태극기의 네 귀퉁이에는 건乾. 하늘, 곤坤. 땅, 감坎. 달, 이離. 해, 이렇게 4괘가 그려져 있다. 태극기의 기원이 되는 것이 조선 시대 왕의 깃발인 어기御旗인데, 여기에는 조선 8도를 상징하기 위해 3개의 효를 배열한 8괘를 모두 포함시켰다.

이진법은 켜짐/꺼짐, 있음/없음, 열림/닫힘, 연결/끊어짐과 같이 디

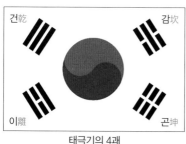

태극기의 4괘

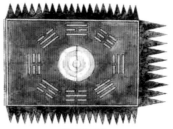

어기의 8괘

지털 신호로 바꾸기 적합하기 때문에《주역》의 이진법은 수천 년을 지나 컴퓨터를 구성하는 수로 부활하게 된다.

신기한 마술 카드

이진법의 원리를 이용하면 다른 사람이 생각한 수를 알아맞히는 신기한 마술 카드를 만들 수 있다. 다음 단계에 따라 실험을 해 보자.

① 1부터 31까지의 자연수 중에서 하나의 수를 정한다.
② 그 숫자가 몇 번 카드에 들어 있는지 확인하고,
    그 카드들의 맨 처음 숫자를 더한다.

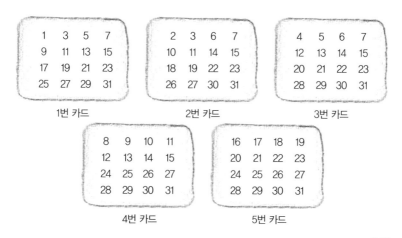

1	3	5	7
9	11	13	15
17	19	21	23
25	27	29	31

1번 카드

2	3	6	7
10	11	14	15
18	19	22	23
26	27	30	31

2번 카드

4	5	6	7
12	13	14	15
20	21	22	23
28	29	30	31

3번 카드

8	9	10	11
12	13	14	15
24	25	26	27
28	29	30	31

4번 카드

16	17	18	19
20	21	22	23
24	25	26	27
28	29	30	31

5번 카드

마음속으로 생각한 수와 해당 카드들의 첫 숫자를 더한 값은 일치할 것이다. 예를 들어 14를 선택했다고 하자. 14는 2번, 3번, 4번 카드에 들어 있다. 2번, 3번, 4번 카드의 첫 번째 수인 2, 4, 8을 더하면 원래 생각한 수 14가 된다.

마술 카드의 원리
마술 카드의 비밀은 이진법에 있다. 마술 카드를 구성하는 방법은 다음과 같다.

① 1부터 31까지의 수를 이진법으로 나타낸다.
② 이진법으로 나타낸 수에서 $1(=2^0)$의 자리가 1이면 그 숫자를 1번 카드에 적고 0이면 적지 않는다. 이진법으로 나타낸 수의 $2(=2^1)$의 자리가 1이면 그 숫자를 2번 카드에 적고 0이면 적지 않는 식으로 $16(=2^4)$의 자리까지 계속한다.

예를 들어, 14를 이진법으로 나타내면 $14=2+4+8=2^1+2^2+2^3=1110_2$이므로, 14는 2번, 3번, 4번 카드에 들어 있다. 그리고 2번 카드의 첫째 수 2, 3번 카드의 첫째 수 4, 4번 카드의 첫째 수 8을 더하면 14가 된다.

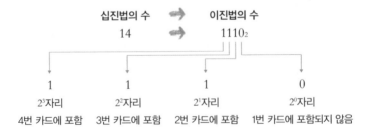

마술 카드를 만들기 위해서는 1부터 31까지의 십진법의 수를 이진법의 수로 나타낸 후 몇 번째 카드에 포함될지 결정하면 된다.

$1 = 1_2$ $11 = 1011_2$ $21 = 10101_2$

$2 = 10_2$ $12 = 1100_2$ $22 = 10110_2$

$3 = 11_2$ $13 = 1101_2$ $23 = 10111_2$

$4 = 100_2$ $14 = 1110_2$ $24 = 11000_2$

$5 = 101_2$ $15 = 1111_2$ $25 = 11001_2$

$6 = 110_2$ $16 = 10000_2$ $26 = 11010_2$

$7 = 111_2$ $17 = 10001_2$ $27 = 11011_2$

$8 = 1000_2$ $18 = 10010_2$ $28 = 11100_2$

$9 = 1001_2$ $19 = 10011_2$ $29 = 11101_2$

$10 = 1010_2$ $20 = 10100_2$ $30 = 11110_2$

$31 = 11111_2$

수의 범위를 줄여 1부터 15까지의 수를 이용하는 4장짜리 마술 카드를 만들 수도 있고, 1부터 63까지의 수를 이용하는 6장짜리 마술 카드로 확장할 수도 있다.

마방진의 마술적 힘

'낙서'의 3타 마방진

중국 최초의 왕조 하夏나라의 우禹임금은 물을 다스리는 데 심혈을 기울였다. 어느 날 황하의 지류인 낙수洛水의 물길을 정비하던 중, 등에 이상한 그림이 새겨진 거북이를 발견했다. '낙서洛書'라고 불리는 이 그림에는 흑백의 점이 배열되어 있었는데, 그 점의 개수를 적어 보면 1부터 9까지의 수가 되며, 어느 방향으로 더해도 합은 15였다. 이때부터 중국에서는 낙서가 우주의 비밀을 담고 있으며, 음양오행의 원리를 함축하는 그림이라고 인식했다. 낙서는 조선 시대 8칸 병풍인 〈서수도 8곡

〈서수도 8곡병〉의 낙서

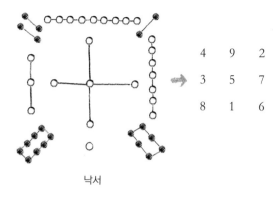

4	9	2
3	5	7
8	1	6

낙서

병瑞獸圖八曲屛〉에도 들어 있다. 〈서수도 8곡병〉에는 상서로운 동물이 그려져 있는데, 장수를 의미하는 거북이의 등에 낙서가 그려져 있다.

낙서와 같이 1부터 연이은 자연수를 가로, 세로, 대각선의 합이 같도록 정사각형 모양으로 배열한 것을 '마방진魔方陣, magic square'이라고 한다. 사각형을 '방형', 사각형 모양의 숫자 배열을 '방진'이라고 하니, '마방진'의 뜻을 풀면 '마술적인 성질을 가진 정사각형 숫자 배열'이 된다. 낙서는 가로, 세로가 각각 세 줄인 3차 마방진이고, n줄이면 n차 마방진이라 부른다.

낙서의 3차 마방진에서 중앙의 5를 둘러싸고 있는 수들을 반시계 방향으로 두 개씩 짝지으면 (7, 2), (9, 4), (3, 8), (1, 6)으로, 모두 5씩 차이가 나는 수들이다.

〈멜랑콜리아〉의 4차 마방진
서양에서 잘 알려진 마방진의 예로는 뒤러Albrecht Dürer의 4차 마방진

16	3	2	13
5	10	11	8
9	6	7	12
4	15	14	1

뒤러의 〈멜랑콜리아〉의 4차 마방진

을 들 수 있다. 독일의 판화가이자 화가인 뒤러는 〈멜랑콜리아〉라는 판화 작품에 4차 마방진을 새겨 놓았다. 이 마방진에서 가로, 세로, 대각선의 합은 34로 일정하다. 또한 맨 아랫줄 가운데 두 칸의 숫자는 15와 14인데, 이는 판화를 제작한 해 1514년을 나타낸다.

〈멜랑콜리아〉의 마방진에는 여러 가지 수학적 성질이 들어 있다.

① 첫 번째와 두 번째 줄에 있는 수들의 제곱의 합은 세 번째와 네 번째 줄에 있는 수들의 제곱의 합과 같다.

$$16^2+3^2+2^2+13^2+5^2+10^2+11^2+8^2 = 9^2+6^2+7^2+12^2+4^2+15^2+14^2+1^2$$

② 첫 번째와 세 번째 줄에 있는 수들의 제곱의 합은 두 번째와 네 번째 줄에 있는 수들의 제곱의 합과 같다.

$$16^2+3^2+2^2+13^2+9^2+6^2+7^2+12^2 = 5^2+10^2+11^2+8^2+4^2+15^2+14^2+1^2$$

③ 대각선에 있는 수들의 합은 대각선에 있지 않은 수들의 합과 같다.

$$16+10+7+1+13+11+6+4 \ = \ 3+2+5+8+9+12+15+14$$

④ 대각선에 있는 수들의 제곱의 합은 대각선에 있지 않은 수들의 제곱의 합과 같다.

$$16^2+10^2+7^2+1^2+13^2+11^2+6^2+4^2 \ = \ 3^2+2^2+5^2+8^2+9^2+12^2+15^2+14^2$$

⑤ 대각선에 있는 수들의 세제곱의 합은 대각선에 있지 않은 수들의 세제곱의 합과 같다.

$$16^3+10^3+7^3+1^3+13^3+11^3+6^3+4^3 \ = \ 3^3+2^3+5^3+8^3+9^3+12^3+15^3+14^3$$

범대각선 마방진

인도 카주라호의 사원에는 4차 마방진이 새겨 있다. 이 마방진에서는 가로, 세로, 대각선의 합뿐 아니라 끊어진 대각선의 합도 34이다. 다음 마방진(350쪽 참조)에서 빨간색, 보라색, 초록색, 연두색은 각각 끊어진 대각선으로 그 합은 모두 34가 된다. 이런 성질까지 만족하는 마방

7	12	1	14
2	13	8	11
16	3	10	5
9	6	15	4

카주라호 사원의 마방진

$$12+8+5+9 = 34 \qquad 1+13+16+4 = 34$$
$$2+3+15+14 = 34 \qquad 11+10+6+7 = 34$$

인도의 범대각선 마방진

진을 '범대각선 마방진pandiagonal magic square'이라고 하는데, 마방진의 최상위 등급이라고 보아 '완전 마방진'이라고 한다.

제갈량의 팔진도

중국, 인도, 아라비아, 유럽 등 수학이 발달한 문명권에서는 예외 없이 마방진에 큰 관심을 가졌다. 당시의 사람들은 마방진이 마력을 가진 것으로 여겨 점성술에 이용하거나 전쟁에 나갈 때 부적으로 사용하기도 했다. 또 토성은 3차 마방진, 목성은 4차 마방진, 화성은 5차 마방진, 태양은 6차 마방진, 금성은 7차 마방진 등 천체를 마방진과 연관 짓기도 했다.

제갈량의 팔진도八陣圖도 마방진의 아이디어를 이용한 것으로 알려져 있다. 전쟁에서 중요한 것 중의 하나는 적군의 기선을 제압하기 위해 아군의 군사가 많아 보이는 것이다. 군사를 배치할 때 마방진의 배열을 따르면 어느 방향에서 봐도 군사들의 수가 같고, 이는 정해진 수의 군사로 전체 명수가 많아 보이도록 배치하는 방법이 된다.

350

마방진의 개수

지금까지 마방진에 대한 연구가 많이 이루어져 홀수 차수의 마방진을 만드는 일반적인 방법은 발견하였지만, 의외로 이론화하기 어려운 분야로 알려져 있다.

1에서 4까지의 수를 가로, 세로 두 줄에 배열하는 2차 마방진을 만드는 것은 불가능하다. 하지만 3차 이상의 마방진은 모두 존재한다는 것이 밝혀졌다. 3차 마방진은 '낙서'의 배열이 유일하다. 1부터 9까지의 수를 이런저런 방식으로 배열해 보면 서로 다른 마방진이 얻어지는 것 같지만 사실은 낙서의 마방진을 회전하거나 대칭이동한 것이기 때문에 결국은 한 가지인 셈이다. 4차 마방진은 880개이며, 5차 마방진은 275,305,224개가 존재한다. 6차 마방진은 1.7745×10^{19}개로 추정되며, 그 이상의 마방진은 몇 개나 있는지 현대 수학으로도 알아내지 못하고 있다.

라틴방진

정사각형 안에 n개의 서로 다른 숫자나 기호가 가로와 세로에 꼭 한 번씩만 들어가도록 배열한 것을 n차 '라틴방진Latin square'이라고 한다. 라틴방진은 18세기 수학자 오일러에 의해 처음 만들어졌으며, 영국의 통계학자이자 유전학자인 피셔Ronald A. Fisher는 농업 생산성을 조사하는 통계 실험에서 이 아이디어를 이용했다. 예를 들어, 밭에 서로 다른 종류의 곡식을 심고 비료를 준 후 그 효과를 실험하기 위해 라틴방진의 아이디어를 적용할 수 있다.

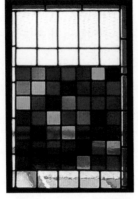

A	B	C	D
B	A	D	C
C	D	A	B
D	C	B	A

7차 라틴방진을 이용한 스테인드글라스　　　4차 라틴방진

피셔가 라틴방진을 이용했다는 사실을 기념하여 그가 교수로 있던 영국의 케임브리지 대학에서는 7차 라틴방진을 이용하여 색깔을 배치한 스테인드글라스를 설치했다.

퇴석정의 마방진

동양에서는 정사각형 모양의 마방진뿐 아니라 원형, 십자형, 거북등형 등 다양한 형태의 숫자 배열에 관심을 가졌다. 중국 양휘가 지은 《양휘산법》과 정대위의 《산법통종》은 3차부터 10차까지 다양한 마방진을 다룬다.

마방진과 관련된 우리나라의 대표적인 저서로는, 조선 시대 영의정을 지낸 최석정의 《구수략九數略》을 꼽을 수 있다. 《구수략》은 수학을 주역과 관련짓는 형이상학적인 내용을 담고 있는데, 이 책에서 눈길을 끄는 것은 거북등 모양으로 숫자를 배열한 '지수귀문도地數龜文圖'와

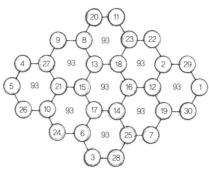

최석정의 지수귀문도

9차 마방진이다.

지수귀문도는 아홉 개의 육각형을 벌집 모양으로 배열하고 1부터 30까지의 수를 배열했는데, 육각형을 이루고 있는 수의 합은 모두 93으로 같다. 또 9차 마방진은 1부터 81까지의 수를 한 번씩만 사용하여

50	18	55	70	5	48	3	76	44
66	31	26	29	81	13	52	11	60
7	74	42	24	37	62	68	36	19
54	67	2	65	25	33	28	23	72
59	21	43	9	41	73	15	61	47
10	35	78	49	57	17	80	39	4
79	6	38	20	69	34	32	64	27
30	71	22	45	1	77	16	51	56
14	46	63	58	53	12	75	8	40

최석정의 9차 마방진

전체적으로 마방진이 되면서, 가로와 세로 세 칸씩 총 아홉 칸으로 이루어진 아홉 개의 작은 정사각형도 모두 마방진이 되는 신기한 성질을 갖는다.

마방진은 우리가 회구하는 사회상

예로부터 왜 많은 사람들이 마방진에 매료되었을까? 일차적으로는 수학에 대한 관심의 발로이고, 점성술이나 주역과 관련짓는 신비주의적인 해석의 결과이기도 하다. 그와 더불어 마방진이 지닌 독특한 매력도 한 요인으로 작용한다. 마방진은 모든 수가 한 번씩만 등장하면서 상하, 좌우, 대각선의 합이 모두 같다는 점에서 일종의 조화와 균형을 상징한다고 볼 수 있다. 사람들은 예로부터 각계각층이 동등하게 참여하면서 조화와 균형을 이루는 사회를 희구했다. 인류가 마방진에 매료되었던 이유는, 어쩌면 우리가 바라는 사회의 모습이 마방진과 닮아 있기 때문은 아닐까?

서양 역사 속의 수학

9

역사학자 카E.H. Carr의 유명한 정의에 따르면, 역사란 현재와 과거
사이의 끊임없는 대화이다. 과거에 탐구했던 역사 속 수학 문제 중에는
현재에도 의미를 주는 것들이 많다.

세계 7대 불가사의 속의 수학

세계 7대 불가사의

세계 7대 불가사의에는 여러 버전이 있다. 2007년 7월 7일 발표된 세계 신新 7대 불가사의의 첫 번째는 중국의 만리장성이다. 만리장성은 진시황이 북방 민족의 침입에 대비한 방어 산성으로 쌓기 시작한 이후, 명나라 시대까지 증개축이 계속되었다. 만리장성을 축조할 때, 성벽을 쌓기 위해 필요한 돌의 양이 얼마인지, 산의 지형과 경사에 따라 성벽의 모양을 어떻게 만들어야 할지, 계단의 폭과 넓이는 얼마로 해야 할지 등을 결정하기 위해서는 산술적 계산이 필요했다. 다시 말해, 만리장성의 축조는 발전된 중국 수학의 기반 위에 가능한 것이었다.

고대 7대 불가사의에서 첫 번째로 꼽히는 것은 이집트 기자Giza의 피

쿠푸 왕의 대피라미드

라미드이다. 기자의 피라미드는 고대 이집트의 피라미드 중에서 가장 유명한 것으로, 카이로 근방에 우뚝 서 있는 3개의 거대한 피라미드와 주변의 작은 피라미드들로 이루어진다. 그중에서 가장 큰 것은 쿠푸 khufu 왕의 대피라미드로, 내부에 왕의 방, 왕비의 방, 회랑 등을 갖추고 있다. 완공까지 20여 년이 걸린 이 피라미드에는 약 230만 개의 석회암과 화강암이 쓰였고, 돌의 무게는 약 6만 톤에 이른다.

피라미드와 원주율

이집트의 피라미드는 밑면이 정사각형이고 옆면에 4개의 삼각형이 모이는 사각뿔 모양이다. 쿠푸 왕의 피라미드를 이루는 정사각형 밑면의 네 꼭짓점은 정확하게 동서남북을 가리킨다. 피라미드의 높이는 약 147m이고, 밑면을 이루고 있는 정사각형 한 변의 길이는 약 230m로 네 변의 오차는 11cm 정도이다.

이를 기준으로 피라미드의 밑면을 이루고 있는 정사각형의 둘레와 피라미드의 높이의 비를 구하면 원주율의 2배인 2π에 근접한 값이 된다.

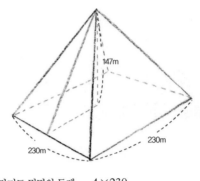

147m

230m   230m

$$\frac{\text{피라미드 밑면의 둘레}}{\text{피라미드의 높이}} = \frac{4 \times 230}{147} = 6.258 \cdots ≒ 2\pi$$

이 비를 여러 가지로 설명할 수 있다. 구의 대원大圓의 둘레 $2\pi r$과 반지름 r의 비 역시 2π이기 때문에 피라미드 안에 구 모양인 우주를 담으려고 했다는 해석이 제기된다.

그보다 신빙성 있게 들리는 해석 중의 하나는 당시 피라미드의 밑면의 길이와 높이를 정할 때 원판 모양의 기구를 이용했을 것이라는 점이다. 당시 길이를 재기 위해 종려나무나 마에서 뽑아낸 섬유로 밧줄을 만들어 사용했는데, 세게 당기면 밧줄이 늘어나는 경우가 종종 있어 정확한 길이를 재기 어려웠다. 그래서 반지름이 확실하게 정해져 있는 원판을 이용해 피라미드의 높이와 한 변을 정했을 것으로 추측된다. 밑면의 한 변은 원판을 한 번 굴린 원주의 길이로, 높이는 원판 지름의 두 배로 정하면, 피라미드 밑면의 둘레와 높이의 비는 다음과 같이 2π로 귀결된다.

$$\frac{\text{피라미드 밑면의 둘레}}{\text{피라미드의 높이}} = \frac{4 \times 2\pi r}{2 \times 2r} = 2\pi$$

피라미드와 황금비

피라미드의 길이 비에서 황금비를 찾아볼 수도 있다. 피라미드의 밑면인 정사각형 한 변의 길이의 반은 약 115m이다. 피라미드의 높이는 약 147m이고, 피라미드의 빗면의 길이는 약 186m이다. 세 길이는 황금비를 이루고 있다.

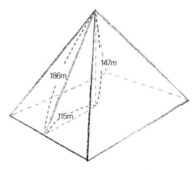

$$115:147:186 \fallingdotseq 1:\sqrt{1.618}:1.618$$

피라미드의 길이의 비를 각도 차원에서 해석하기도 한다. 마른 모래를 더 이상 쌓을 수 없을 만큼 쌓았을 때 이루는 각이 51.52°이고, 피라미드의 밑면과 모서리가 이루는 각도가 51.52°가 되도록 만들다 보니 2π나 황금비와 같은 값이 우연히 얻어졌다는 것이다.

피라미드는 기원전 2560년경에 건축되었으므로, 4600년 가까운 세월을 뛰어넘어 지금까지 그 위용을 드러내고 있는 셈이다. 피라미드를 신비화하는 다양한 해석을 접하다 보면, 꿈보다 해몽이 좋은 게 아닐까 하는 생각이 든다. 고대 이집트인들은 치밀한 계획 없이 피라미드를 세웠는데, 후손들이 여러 가지 길이를 재서 비를 구해 보고는 피라미드에 심오한 의미를 부여하는 것인지도 모른다. 이집트인들이 수학적 원리를 염두에 두고 정교하게 피라미드의 길이를 정했건, 후손들의 과잉 해석이건 피라미드가 신비감을 주는 유적임은 확실한 것 같다.

델로스 섬의 전염병

아폴론 신전

세계 7대 불가사의의 또 다른 버전인 코트렐 선정의 7대 불가사의에는 델포이의 아폴론 신전이 포함된다. 아폴론 신전에는 수학과 관련하여 다음과 같은 전설이 내려온다.

고대 그리스 시대, 에게 해의 델로스 섬에는 전염병이 돌았다. 아폴론 신에게 기도를 드린 결과, 전염병을 퇴치하기 위해서는 아폴론 신전에 있는 정육면체 모양의 제단을 그 부피가 2배가 되도록 바꾸어야 한다는 계시를 받는다. 처음에 단순하게 생각한 사람들은 정육면체의 변의 길이를 2배로 했지만, 전염병은 더욱 기승을 부렸다. 정육면체의 변을 2배로 할 경우 정육면체의 부피를 2배로 늘리라는 신의 요구를 충족하지 못하기 때문이다.

정육면체의 부피는 '가로×세로×높이'이므로 한 변의 길이가 a인 정육면체의 부피는 $a \times a \times a = a^3$이다. 변의 길이를 2배로 늘려 $2a$로 할 경우 정육면체의 부피는 $2a \times 2a \times 2a = 8a^3$이므로 원래 부피의 8배가 된다. 아폴론 신이 원하는 대로 정육면체의 부피를 2배로 하려면 부피

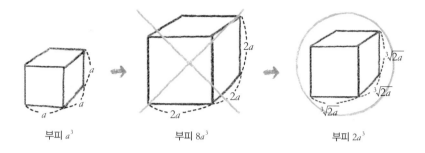

부피 a^3	부피 $8a^3$	부피 $2a^3$

가 $2a^3$인 정육면체를 만들어야 한다. 이 정육면체의 한 변의 길이를 구하기 위해서는 세 번 곱해서 2가 되는 수 $\sqrt[3]{2}$가 필요하므로, 제단의 부피를 2배로 하는 문제는 결국 $\sqrt[3]{2}$의 작도 문제로 귀결된다.

3대 작도 불가능 문제

'작도geometric construction'란 눈금 없는 자와 컴퍼스만을 이용해 도형을 그리는 것을 말한다. 고대 그리스에서는 가장 완전한 도형은 '직선'과 '원'이라고 여겼으므로, 작도를 할 때 직선을 그릴 수 있는 '자'와 원을 그릴 수 있는 '컴퍼스'만 허용했다. 먹고사는 것을 걱정할 필요가 없는 그리스의 귀족들에게 도형의 작도는 흥미로운 게임이었다.

수학에는 작도가 불가능하다는 세 가지의 유명한 문제가 있다. 첫 번째는 앞서 소개한, 주어진 정육면체 부피의 2배의 부피를 갖는 정육면체를 작도하는 '배적倍積, doubling the cube 문제'이다. 두 번째는 주어진 각을 동일하게 세 부분으로 나누는 '각의 3등분trisecting an angle 문제'이고, 세 번째는 주어진 원과 같은 넓이를 갖는 정사각형을 작도하는 '원적圓積, squaring the circle 문제'이다. 이 세 문제가 작도 불가능하다는 것을

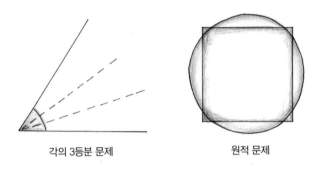

각의 3등분 문제

원적 문제

증명하기 위해 수많은 수학자들이 도전했지만, 19세기 추상대수학의 발전과 더불어 증명되었다. 문제가 처음 제기된 이후 2000년이 지난 후에야 증명된 셈이다.

난제는 학문 발전의 원동력

코로나, 에볼라, 사스, 메르스와 같이 위협적인 감염병 바이러스에 대항하는 백신과 치료제 개발이 의학과 생명공학 연구를 촉진시킨 것처럼, 작도 불가능 문제는 수학을 발전시킨 원동력이 되었다. 어느 분야든 난제와 그것을 해결하기 위한 인류의 노력이 결합될 때, 학문이 발전하는 것 같다.

아킬레스는 거북이를
추월할 수 있을까?

거북이와 아킬레스의 달리기 시합

영화 〈트로이〉에는 트로이의 왕자 헥토르, 헬레네 등 워낙 매력적인 인물이 여럿 등장하지만, 가장 큰 주목을 받은 건 아무래도 브래드 피트가 열연한 아킬레스일 것이다.

그리스의 전설적인 투사이자 마라톤 선수인 아킬레스는 철학자 제논Zeno of Elea의 역설에도 등장한다. 이 역설에 의하면, 천하의 마라톤 선수인 아킬레스도 거북이보다 뒤에서 출발한다면 결코 거북이를 따라잡을 수 없다.

영화 〈트로이〉

아킬레스가 뛰는 속도가 거북이의 속도보다 10배 빠르고, 거북이가

아킬레스보다 100m 앞에서 출발한다고 가정하자. 거북이와 동시에 출
발한 아킬레스가 거북이가 출발한 지점으로 가는 동안 거북이 역시 얼
마간은 전진한다. 거북이는 아킬레스 속도의 $\frac{1}{10}$로 움직이므로 아킬레
스가 100m 지점에 도달했을 때, 거북이는 10m 앞서 있게 된다. 다시
아킬레스가 10m를 달려 거북이가 있던 지점까지 가면 거북이는
10m의 $\frac{1}{10}$인 1m를 아킬레스보다 앞서게 된다. 또다시 아킬레스가 그
지점에 도달하면 거북이는 1m의 $\frac{1}{10}$인 0.1m만큼 아킬레스보다 앞서
있게 된다.

　이렇게 계속하면 거북이와 아킬레스 사이의 간격이 점점 좁혀지기
는 하지만, 거북이는 아킬레스보다 항상 조금이라도 앞서 있게 된다.

결국 아킬레스는 거북이보다 10배나 빠르지만, 결코 거북이를 추월할 수 없다.

논리적 오류를 밝혀 보다

실제로 경주를 하면 아킬레스가 거북이를 따라잡을 수 있다는 것은 누구나 다 아는 사실이지만, 제논의 역설의 논리적 오류를 정확히 지적하고 반박하는 것은 쉽지 않은 일이었다. 어떤 양수를 무한 번 더해도 그 합이 유한할 수 있다는 사실을 사람들이 이해한 후에야 이 역설을 수학적으로 설명할 수 있었다.

아킬레스가 거북이를 따라 100m, 10m, 1m, 0.1m, …를 달리는 데 걸리는 시간들은 각각 0보다 크지만, 그 시간들을 무한히 더하면 유한한 값이 된다. 결국 아킬레스는 영원히 거북이를 앞지를 수 없는 것이 아니라 일정한 시간 동안만 그러하다.

예를 들어, 아킬레스가 처음 100m를 달리는 데 10초 걸린다고 할 때, 거북이를 추월하기 위해 달린 총시간을 계산하면 $10+1+\dfrac{1}{10}+\dfrac{1}{100}+$ … (초)가 된다. 무한급수의 합을 구하는 방법에 따라 이 값을 계산해 보면 $\dfrac{100}{9}$ 초가 되므로, $\dfrac{100}{9}$ 초 이후에는 거북이를 추월할 수 있다.

보다 간단하게 확인해 볼 수도 있다. 출발 10초 후에 아킬레스는 출발점으로부터 100m 지점에, 거북이는 110m 지점에 있다. 그렇지만 출발 20초 후에 아킬레스는 출발점으로부터 200m 지점에, 거북이는 120m 지점에 있으므로, 20초가 지났을 때 이미 아킬레스는 거북이를 앞지른 상태이다.

진실 게임

고대 그리스에서는 여러 가지 역설이 유행했는데, 그중에서 유명한 것이 '거짓말쟁이의 역설liar paradox'이다.

'모든 크레타 사람은 거짓말쟁이다'라고 크레타 사람인 에피메니데스가 말했다.

이를 응용한 것이 "이 문장은 거짓이다"라는 문장이다. 만약 이 문장이 참이라면 문장이 의미하는 바에 따라 이 문장은 거짓이 된다. 또 이 문장이 거짓이라면 이 문장은 거짓이라는 것을 부정해야 하므로 참이 된다. 즉 참이라고 하면 거짓이 되고, 거짓이라고 하면 참이 되는 모순이 발생한다.

어떤 프로그래머가 실험 삼아 컴퓨터에 거짓말쟁이의 역설을 입력했더니 그 결과 참과 거짓이 무한히 반복되어 출력됐다는 에피소드가 있다. 수학사에 등장한 역설은 컴퓨터를 혼란스럽게 한 것과 마찬가지로 당시의 수학자들을 당혹스럽게 만들었지만, 수학의 이론적 토대를 견고히 하는 데 기여했다.

자신의 수염을 깎을 수 있을까?

수리 철학자 러셀Bertrand Russell이 제기한 '러셀의 역설'을 일상적인 문장으로 변환한 것이 '이발사의 역설barber paradox'이다. 어떤 마을의 이발사가 다음과 같이 선언했다.

'나는 스스로 수염을 깎지 않는 사람들의 수염을 깎아 줍니다.'

이 선언을 들은 사람은 이발사가 자신의 수염을 깎을지 궁금해졌다. 만일 이발사가 자신의 수염을 깎는다면, 이발사가 스스로 자기 수염을 깎지 않는 사람만 수염을 깎아 준다는 전제에 위배된다. 따라서 이발사는 자신의 수염을 깎을 수 없다. 반대로 이발사가 자신의 수염을 깎지 않는다면, 스스로 수염을 깎지 않는 사람이라는 전제를 충족시키기 때문에, 이발사는 자신의 수염을 깎아야 한다. 어떻게 해도 모순적인 상황이 발생한다.

이건은 파이프가 아니다

벨기에의 초현실주의 미술가 마그리트Rene Magritte의 그림은 거짓말쟁이의 패러독스를 연상시킨다. 마그리트는 파이프를 하나 멋지게 그려 놓고 '이것은 파이프가 아니다Ceci n'est pas une pipe'라고 적어 놓았다. 분명히 파이프를 그려 놓았는데 파이프가 아니라니 당혹스럽다. 그렇지만 엄밀하게 따지고 보면 캔버스에 그려진 것은 파이프 모양을 한 그림일 뿐 파이프는 아니다.

마그리트는 그림이 실재와 비슷하게 그려진 이미지일 뿐인데도 바로 그 대상이라고 믿는 근대성을 비판하면서 그런 관습을 해체하자는 포스트모더니즘의 메시지를 전한다.

마그리트의 〈이미지의 배반〉

원주율을 중심으로 한
수학의 역사

원주율을 중심으로 한 수학의 역사

원주율 π는 원의 둘레와 지름의 비로, 이 비는 원의 크기와 상관없이 항상 일정하다. π값을 구하려는 시도는 각 시대마다, 그리고 각 문명권마다 다양하게 이루어졌기 때문에, π값에 대한 탐구를 중심으로 수학의 역사를 기술할 수 있을 정도이다.

이미 기원전 2000년 고대 바빌로니아에서는 π값을 약 3.125로 계산했다. 기원전 17세기경에 저술된 이집트의 《린드 파피루스》에는 '원의 넓이는 원의 지름의 $\frac{1}{9}$을 잘라낸 나머지를 한 변으로 하는 정사각형의 넓이와 같다'고 기록되어 있다. 이에 기초하여 π값을 구하면 $\left(\frac{16}{9}\right)^2$으로 약 3.1605가 되는데, 실제 π값과의 오차는 1% 미만이다. 인류는 꽤 오래전부터 π값을 비교적 정확히 알고 있었던 셈이다.

《구약성서》의 〈열왕기상〉 7장 23절에 "또 바다를 부어 만들었으니 그 직경이 10규빗이요, 그 모양이 둥글며… 주위는 30규빗…"이라는 구절이 있다. 둥근 바다의 둘레가 30규빗이고, 지름은 10규빗이므로, 여기서의 π값은 3이 된다.

아르키메데스의 π값 구하기

이와 같이 대략적으로 원주율을 구하던 시기를 지나 기원전 3세기 아르키메데스Archimedes of Syracus에 이르러서는 정밀한 π값 계산법이 나오게 된다. 원에 내접하는 정육각형과 외접하는 정육각형을 그리고, 원의 둘레는 내접하는 정육각형의 둘레보다 길고 외접하는 정육각형의 둘레보다는 짧다는 성질을 이용했다. 아르키메데스는 정육각형에서 출발하여 정구십육각형까지 변의 수를 늘려가면서 π값을 상당히 정확한 수준까지 계산했다.

심층

아르키메데스의 방법으로 π값 구하기

반지름의 길이가 r 인 원에 내접하는 정육각형과 외접하는 정육각형을 그려 보자.

△AOB는 정삼각형이므로, $\overline{AB} = r$

따라서 내접하는 정육각형의 둘레는 $6r$ 이다.

△COD에서 ∠COD=30°, $\overline{OD} = r$이므로

$\overline{CD} = r\tan30° = \dfrac{1}{\sqrt{3}}r$,

따라서 외접하는 정육각형의 둘레는 $\dfrac{12r}{\sqrt{3}} = 4\sqrt{3}r$ 이다.

$$\therefore 6r < 2\pi r < 4\sqrt{3}r$$

$$\therefore 3 < \pi < 2\sqrt{3}$$

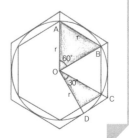

뤼돌프 수

5세기 중국의 수학자 조충지祖沖之는 아르키메데스와 유사한 방법으로 원에 내접하고 외접하는 정다각형의 넓이를 이용해서 π값을 구했다.

조충지는 12288각형을 이용해 π값이 3.1415926과 3.1415927 사이에 있음을 알아냈다. 이는 원주율의 소수 여섯째 자리까지 일치하는 값으로, 15세기 초

뤼돌프의 묘비에 새겨진 π값

에 이르기까지 약 900년 동안 가장 정확한 π값의 위치를 차지했다. 조충지는 π를 분수로 나타낸 $\frac{355}{113}$ 을 계산해 내기도 했다.

16세기 독일의 수학자 뤼돌프Ludolph van Ceulen 역시 아르키메데스의 방법에 따라 정2^{62}각형을 이용하여 π값을 소수점 아래 35자리까지 정확하게 계산했다. 뤼돌프는 생애의 많은 부분을 이 작업으로 보냈기 때문에 사후 그의 묘비에 π값을 새겨 넣었는데, 이는 유실되었다가 2000년에 복구되었다. 뤼돌프를 기념하여 원주율을 '뤼돌프 수Ludolph's number'라고 부르기도 한다.

무한급수, 뉴퍼 컴퓨터로 π값 구하기

미적분학이 발달한 17세기 이후에는 무한급수를 이용하여 π값을 구하는 다양한 시도가 나타났다. 이후 20세기 중반 컴퓨터가 등장하면서 컴퓨터의 계산 기능을 이용해 π값을 높은 정확도로 구하는 것이 가능해졌다.

2009년 8월 다카하시Daisuke Takahashi는 슈퍼 컴퓨터를 29시간 돌려 π 값을 2조 5천억 자리까지 계산했다. 현재까지 π값의 최고 기록은 2020년 1월 뮬리칸Timothy Mullican이 컴퓨터를 303일 동안 돌려 50조 자리까지 계산한 것이다. 현재 π값을 구하는 것은 컴퓨터의 성능을 시험하는 하나의 기준이 되며, π값을 빠르고 정확하게 구하기 위한 경쟁은 컴퓨터의 계산 방식을 향상하는 데도 기여하고 있다.

π값은 난수로 활용

π는 무리수이자 순환하지 않는 무한소수로, π값을 구해 보면 소수점 아래로 수가 끝없이 이어진다. 소수점 아래에서 0부터 9까지 10개의 수가 무작위로 나오는데, 그 출현 비율은 각각 10% 정도이다. 그렇기 때문에 π의 자릿값을 이용해서 수가 무작위로 배치되는 난수random number를 만들 수 있다.

π의 생일은 3월 14일 1시 59분

3월 14일은 일명 화이트데이다. 여성이 남성에게 초콜릿을 주는 밸런타인데이에 대한 화답으로 2월 14일로부터 정확히 한 달 뒤, 이번에는 남성이 여성에게 사탕을 선물한다. 또 4월 14일은 블랙데이인데, 밸런타인데이와 화이트데이를 혼자 보낸 사람들이 검은색 자장면을 먹으면서 외로움을 달래는 날이라고 한다. 그 외에도 장미꽃을 주는 5월 14일의 로즈데이 등 매월 14일에는 뭔가 명목이 붙어 있다. 상업

주의가 만든 별의별 기념일들 사이에서 눈에 띄는 기념일이 있다. 바로 3월 14일 '파이데이'이다.

파이데이를 기념하는 파이

파이라고 하면 먹을거리를 연상할지 모르겠지만, 파이데이의 파이는 원주율(π)을 뜻한다. π의 근삿값이 3.14라는 점과 3월 14일을 관련지은 것이다. 파이데이에 태어난 유명인으로는 1879년 3월 14일 출생의 아인슈타인이 있다.

파이데이 행사는 1988년 미국 샌프란시스코의 과학 탐구관에서 시작되었다. π의 근삿값이 3.14159이기 때문에 3월 14일 1시 59분에 모여 기념식을 갖는다. 생일 축하 노래 대신 '해피 파이데이' 노래를 부르고, π 모양의 파이나 지름이 π인 둥근 파이를 먹으면서 축하연을 벌인다. 이 클럽의 회원이 되려면 π값을 적어도 소수점 이하 100자리까지는 외워야 한다고 하니 대단한 열성을 가진 사람들이다.

우리나라에서도 매년 3월 14일 파이데이 행사를 하고 누가 더 많은 자릿수까지 π값을 외우는지 겨루는 등의 이벤트를 벌이고 있다. π는 소수로 3.14이고, 분수로는 $\frac{22}{7}$인데, 그래서 7월 22일을 유사 파이데이라고 한다.

π값 외우기

π값을 외우는 방법도 다양하다. 다음 문장에서 각 단어의 알파벳 개

수를 순서대로 나열하먼 원주율이 된다. 이는 π값 3.14159265358979
…를 외우는 비법이라고 하는데, 영어를 모국어로 하지 않는 입장에서
보면 이 문장을 외우느니 차라리 원주율을 그대로 암기하는 것이 더
쉽겠다는 생각이 든다.

How I want a drink, alcoholic of course,
3. 1   4   1   5   9   2   6

after the heavy lectures involving quantum mechanics!
5   3   5   8   9   7   9

공대생 개그

한때 공대 학생들의 사고 양식을 희화한 공대생 개그가 유행했다.
그중 압권은 초코파이의 초코 함유율을 구하는 식이다.

$$\frac{\cancel{초코}}{\cancel{초코}파이} \times 100 = \frac{1}{파이} \times 100 = \frac{1}{3.14} \times 100 \fallingdotseq 32(\%)$$

공대 전공과목에서는 공식화, 수식화하는 경우가 많다는 점에 착안
한 것으로, 계산 과정에서 분모와 분자에 공통으로 들어 있는 '초코'를
약분하고, 초코파이의 '파이pie'를 발음이 같은 원주율 '파이pi'로 바꾸
는 재치를 발휘하고 있다.

수학자의 수학적인 묘비

디오판토스의 묘비

수학자의 묘비에는 어떤 내용이 적혀 있을까? 생몰 연도와 직계 가족의 이름이 적혀 있는 일반인의 묘비와 달리 수학자의 묘비에는 수학적 업적이 새겨져 있는 경우가 적지 않다.

3세기 후반 알렉산드리아의 수학자 디오판토스Diophantus는 유클리드 이래 수학을 지배했던 기하학의 전통에서 벗어나 방정식 연구에 집중했기 때문에 '대수학의 아버지'라고 불린다. 디오판토스의 대표작《산술론Arithmetica》은 13권 중 6권이 현재까지 남아 있는데, 다양한 방정식 문제를 담고 있다.

이런 디오판토스의 업적과 어울리게, 그의 일생은 일차방정식 문제로 표현된다. 다음 문장은《그리스 명시 선집》에 소개된 것으로, 디오판토스의 묘비에 새겨져 있다고 전해진다.

> 지나가는 나그네여, 이 비석 밑에는 디오판토스가 잠들어 있는데 그의 생애를 수로 말하겠소. 그는 일생의 $\frac{1}{6}$은 소년이었고, 일생의 $\frac{1}{12}$은 청년이었으며, 다시 일생의 $\frac{1}{7}$을 혼자 살다가 결혼하여 5년 후에 아들을 낳았고, 그의 아들은 아버지의 생애의 $\frac{1}{2}$만큼 살다 죽었으며, 아들이 죽고 난 4년 후에 비로소 디오판토스는 일생을 마쳤노라.

이 문장에 주어진 정보를 식으로 표현해 보자. 디오판토스의 나이를 x라고 하고 일차방정식을 세우면 $\frac{1}{6}x+\frac{1}{12}x+\frac{1}{7}x+5+\frac{1}{2}x+4=x$가 된다. 이 방정식을 풀어 x를 구하면 84, 즉 디오판토스는 84세까지 살았다.

아르키메데스의 묘비

아르키메데스는 가우스, 뉴턴과 더불어 세계 3대 수학자로 꼽힌다. 아르키메데스는 다방면에 걸쳐 다양한 연구를 했지만, 가장 중요한 업적 중의 하나는 원기둥에 내접하는 구의 부피가 원기둥 부피의 $\frac{2}{3}$가 된다는 사실을 발견한 것이다.

반지름의 길이가 r인 구가 원기둥에 내접할 때, 원기둥 밑면의 반지름은 r이고 높이는 $2r$이 된다. 따라서 다음이 성립한다.

$$\text{구의 부피} : \text{원기둥의 부피} = \frac{4}{3}\pi r^3 : 2\pi r^3 = \frac{4}{3} : 2 = 2 : 3$$

아르키메데스는 다른 어떤 업적보다도 이 사
실을 알아낸 점을 자랑스럽게 생각하여 자신의
묘비에 새겨 달라고 요구했다고 한다. 후대인들
은 평소 아르키메데스의 소원대로 원기둥에 내
접하는 구를 묘비에 새겨 넣었다.

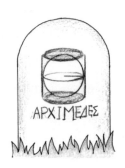

가우스의 묘비

독일의 수학자 가우스는 19살의 나이에
정십칠각형의 작도가 가능하다는 것을 증
명했다. '페르마 소수Fermat prime'는 $2^{2^n}+1$
이 소수가 되는 경우를 말하는데, 페르마
소수를 변의 개수로 하는 정다각형은 작도
가능하다. $n=2$이면 $2^{2^2}+1=17$이므로 정
십칠각형 역시 작도할 수 있다. 이러한 발
견을 스스로 대견스럽게 여긴 가우스는
자신의 묘비에 정십칠각형을 그려 달라고
요청했다. 그러나 묘비명을 새긴 석공은
정십칠각형이 원과 비슷해서 만들기 어렵
다고 거절했고, 그의 소원은 이루어지지
않았다. 대신 가우스의 고향 브라운슈바
이크에 있는 동상의 발 아랫부분에는 정
십칠각형 별 모양이 새겨져 있다.

가우스 동상

정십칠각형 별

자코브 베르누이의 묘비

17세기 스위스의 수학자 자코브 베르누이는 '등각나선equiangular spiral'을 생각해 냈다. 등각나선은 곡선 위의 각 점에서 그은 접선이 곡선과 원점을 잇는 선분과 이루는 각이 일정하기 때문에 붙여진 이름으로, '로그나선'이라고도 한다. 일설에 의하면 자코브 베르누이는 묘비에 등각나선을 그리고 "나는 변하지만 똑같이 일어설 것이다Eadern mutata resurgo" 라는 비문을 새기도록 요청했다. 그러나 등각나선을 잘못 이해한 석공이 소용돌이 무늬인 아르키메데스 나선을 그려 넣었다.

자코브 베르누이의 묘비

등각나선

석공이 잘못 그려 넣은
아르키메데스 나선

볼츠만과 뉴링거의 묘비

묘비에 자신의 대표 업적을 남기는 경우는 과학자에서도 찾아볼 수 있다. 물리학계에서 아인슈타인 못지않게 존경받는 학자가 볼츠만Ludwig

볼츠만의 묘비

슈뢰딩거의 묘비

Boltzmann인데, 그의 묘비에는 S = k logW가 새겨 있다. 이 공식에 따르면 엔트로피(S)는 미시 상태의 수(W)의 로그(log)에 볼츠만 상수(k)를 곱한 값이 된다. 이 공식에서 W는 일종의 확률 개념으로, 엔트로피가 확률의 로그에 비례한다는 볼츠만의 업적이 집약되어 있다.

또 다른 물리학자 슈뢰딩거Erwin Schrödinger의 묘비에는 시간-의존 슈뢰딩거 방정식이 새겨 있다. 난해해 보이는 방정식 $i\hbar\dot{\Psi} = H\Psi$에는 파동함수, 프랑크 함수, 해밀턴 연산자 등이 포함되어 있다. 좌변의 Ψ 위에 달린 점은 뉴턴이 미분을 나타내고자 사용한 기호로, Ψ를 시간 t로 미분한다는 뜻이다.

묘비에까지 자신의 업적을 새겨 넣을 정도로 강한 학문에 대한 애착이 그들을 위대한 학자로 만들었을지 모르겠다.

누가 최초의 발견자일까?

카르다노와 타르탈리아

방정식의 미지수를 x라고 할 때 최고차항이 2차인, 즉 x^2의 계수가 0이 아닌 방정식을 이차방정식이라고 하는데, 이차방정식에는 해를 구하는 '근의 공식'이 있다. 최고차항이 3차인 삼차방정식에도 근의 공식이 있다. 16세기 이탈리아의 수학자 카르다노Gerolamo Cardano와 타르탈리아Niccolo Tartaglia가 최초로 삼차방정식의 근의 공식을 밝혀 냈다.

타르탈리아 tartaglia는 이탈리아어로 '말더듬이'라는 뜻이다. 타르탈리아는 어릴 때 프랑스 군에 의해 큰 상처를 입은 후 말을 더듬게 돼 그러한 별명을 갖게 되었다. 타르탈리아는 삼차방정식의 해법을 밝혀 냈고, 당시 밀라노 대학의 교수였던 카르다노가 타르탈리아를 회유하여 해법을 알아냈다고 한다. 여기까지는 수학사 책들이 공통적

타르탈리아　　　　　　　　카르다노

으로 전하는 바이다. 그러나 그 이후의 일에 대해서는 두 가지 해석
이 있다.

삼차방정식 해법의 주인은?

첫째, 카르다노를 가해자로, 타르탈리아
를 피해자로 보는 선악 구도이다. 카르다노
가 절대 발설하지 않겠다는 타르탈리아와
의 약속을 어기고 자신의 저서 《위대한 술
법Ars magna》에 삼차방정식의 해법을 발표
했다는 것이다.

둘째, 극적인 구도는 아니지만 좀 더 현실
성이 있는 이야기이다. 카르다노는 1545년
자신의 책에 삼차방정식의 해법을 싣기는

《위대한 술법》

했지만, 1539년 타르탈리아로부터 해법을 들은 후 6년의 세월이 지났
기 때문에 그동안 타르탈리아가 출판을 할 시간적 여유를 주었다고 생

각했다. 그뿐만 아니라 카르다노는 타르탈리아의 해법이 수학자 페로Sci-pione del Ferro에 의해서도 발견되었다는 사실을 알았기 때문에 발설하지 않겠다는 약속에도 굳이 얽매일 필요가 없었다고 한다.

아마도 두 번째 해석이 사실에 가깝겠지만, 선과 악을 나누길 좋아하는 사람들이 첫 번째 해석을 만든 것 같다. 카르다노를 야비한 사람으로 설정하고, 기득권을 가진 사람이 그렇지 못한 사람에게 행한 지적 재산권의 침해로 보면, 드라마틱한 일화를 구성할 수 있기 때문이다.

역사의 진실이 어떤 쪽이었건 카르다노가 괴짜였다는 점은 확실하다. 카르다노는 점성술에 조예가 깊어 자기가 죽을 날을 예언했는데, 그날이 되어도 죽지 않자 자신의 예언을 실현하기 위해 자살한 것으로 알려져 있다.

미적분학의 우선권 다툼

수학에서 매우 중요한 위치를 차지하고 있는 미적분학의 정립은 17세기 영국의 뉴턴과 독일의 라이프니츠에 의해 이루어졌는데, 누가 먼저 미적분학의 아이디어를 생각했는지에 대한 논란이 유명하다.

뉴턴 우표

라이프니츠 우표

미적분학의 발견에 대한 뉴턴과 라이프니츠의 우선권 논쟁은 영국과 유럽 대륙의 싸움으로 번졌고, 영국 왕립학회가 정식으로 뉴턴의 손을 들어주면서 사태는 악화되었다. 이 논쟁으로 인해 영국과 유럽 대륙 사이에는 수학 교류가 끊기게 되었다. 그 결과 그 전까지만 해도 앞서나갔던 영국의 수학은 유럽 대륙보다 발전이 늦어지게 되었다.

결국은 무승부

후대의 판결은 뉴턴과 라이프니츠가 독립적으로 미적분학의 아이디어를 생각해 냈고, 미적분학의 발견은 뉴턴이 앞섰지만 발표는 라이프니츠가 먼저라는 것이다.

뉴턴과 라이프니츠가 미적분학이라는 동일한 산에 오르기는 했지만, 두 사람이 택한 등산로는 달랐다. 물리학자 뉴턴에게 있어 수학은 물리학을 연구하는 도구였고, 철학자 라이프니츠에게 있어 수학은 인간의 사유를 합리적으로 표현하는 도구였다. 두 사람은 서로 다른 관점에서 미적분학을 생각했고, 그에 따라 아이디어의 표현 방식도 달랐다.

도박사의 공功

도박사 드 메레의 '점수 문제'

역사적으로 볼 때 확률론의 발달은 도박과 관련된 확률 계산과 밀접한 관련을 맺는다. 17세기 프랑스의 수학자 파스칼에게는 드 메레Chevalier de Méré라는 도박사 친구가 있었다. 1654년 드 메레는 실력이 비슷한 두 사람이 게임을 하다가 불가피한 일로 게임을 중단했을 경우 판돈을 어떻게 나누어야 하는지에 대한 문제를 당시 최고의 수학자인 파스칼에게 의뢰했다.

이 문제는 '점수 문제problem of points' 혹은 '분배 문제problem of division of the stakes'라고 불린다. 파스칼은 유명한 수학자 페르마와 서신을 주고받으며 해결 방안을 의논했다.

점수 문제에 대한 간단한 상황을 만들어 보자.

A, B 두 사람이 득점할 확률이 똑같다고 하자. 이 두 사람은 먼저 5점을 얻으면 이기는 내기를 했다. A, B는 각각 32프랑의 돈을 걸었고, 이기면 64프랑을 갖게 된다. A는 4점, B는 3점 득점한 상태에서 게임을 중단할 경우, A와 B가 차지해야 할 몫은?

파스칼의 해법

게임을 종료할 때의 점수가 4:3이므로 판돈을 4:3으로 나누어야 한다고 단순하게 생각할 수도 있지만, 파스칼은 3:1로 분배하는 것이 적절하다고 설명했다. A가 이기면 점수는 A:B=5:3이므로 A는 64프랑을 갖게 된다. 또 B가 이기면 점수는 A:B=4:4이므로 A와 B는 각각 32프랑을 갖게 된다. 이 두 상황을 종합할 때, A는 32프랑을 이미 확보해 놓았고, 나머지 32프랑을 더 얻을 확률은 $\frac{1}{2}$이므로 A는 $32 + \frac{1}{2} \times 32 = 48$프랑, B는 16프랑을 가지면 된다.

페르마의 해법

파스칼은 당시 수학 분야에서 자신과 쌍벽을 이루던 페르마에게 자신의 풀이를 보냈고, 페르마는 다른 방법으로 문제를 해결했다. A가 4점, B가 3점을 득점한 경우, 앞으로 최대 2번으로 승패가 결정된다. 이때 나타날 수 있는 경우는 모두 4가지로, 두 번 모두 A가 이기는 경우, A가 이기고 그다음에 B가 이기는 경우, B가 이기고 나서 A가 이기는 경우, 2번 모두 B가 이기는 경우이다. 이 4가지 경우 중 최종적으로 A가 이기는 경우는 앞의 3가지이고 B가 이기는 경우는 마지막 1가지이다. 따라서 A는 64의 $\frac{3}{4}$인 48프랑을 갖고, B는 나머지 16프랑을 가지면 된다.

페르마는 이 풀이법을 파스칼에게 보냈고, 파스칼은 이에 착안하여 이항정리로 이 문제를 다시 풀었다. A가 4점, B가 3점 득점한 경우 승패를 가리기 위해 치러야 하는 게임이 최대 2번이므로, 완전제곱식을 이용할 수 있다. $(A+B)^2=A^2+2AB+B^2$에서 첫째 항 A^2과 둘째 항 $2AB$는 A의 승리가 되며, 마지막 항 B^2은 B의 승리가 된다. A가 승리하는 경우의 계수를 합하면 3이고, B가 승리하는 경우의 계수는 1이다. 따라서 A가 승리할 확률은 $\frac{3}{4}$, B가 승리할 확률은 $\frac{1}{4}$이다.

기하학적 확률의 해법

이 문제는 기하학적 확률이라는 좀 더 쉽고 직관적인 방법으로도 해결할 수 있다. A와 B가 이길 확률이 동일하므로, 5점으로 승부가 가려질 때까지 정사각형을 이등분하는 과정을 반복하고, 나중에 전체에서 차지하는 넓이의 비를 구하면 된다.

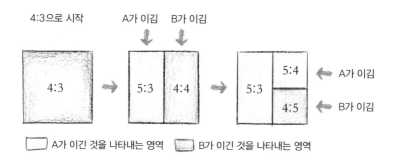

첫 번째 정사각형은 4:3인 상태를 나타낸다. 여기서 A가 이겨 5:3이 될 확률과 B가 이겨 4:4가 될 확률은 같으므로, 중간의 정사각형에

서 절반은 5:3, 절반은 4:4로 표시된다. 이제 4:4인 상태에서 A가 이겨 5:4가 될 확률과 B가 이겨 4:5가 될 확률은 같으므로, 마지막 정사각형에서 오른쪽 부분의 절반은 5:4, 나머지 절반은 4:5로 표시된다. 이제 정리하면 마지막 정사각형에서 ▭가 차지하는 비율은 $\frac{3}{4}$이고, ▭가 차지하는 비율은 $\frac{1}{4}$이므로, A와 B가 이길 확률은 각각 $\frac{3}{4}$과 $\frac{1}{4}$이다.

뒤늦게 이론화된 확률 이론

확률 이론은 수학의 다른 분야에 비해 뒤늦게 체계화되었다. 확률과 관련이 깊은 주사위는 아주 오래전 고대 문명의 발상지에서도 출토되는데, 종교적 의식을 행할 때 신성한 판단을 내리기 위해 주사위를 던졌을 것으로 추측된다. 그런데 종교적 의식에서 주사위는 신의 의지를 반영하는 것으로 여겨졌기 때문에 유한한 인간이 그 확률을 분석하는 것은 불경한 것으로 간주되었다. 그러다 보니 우연 현상과 불확실성을 다루는 확률 분야는 다른 수학 분야에 비해 이론화 작업이 늦게 이루어졌다. 주술적인 의식에서는 초월자의 선택이라고 여겨 시도조차 하지 못했던 확률의 이론적 분석이 도박의 판돈을 계산하는 지극히 인간적인 상황과 맞물리면서 활발하게 연구된 것이다.

애플 컴퓨터의 로고와
수학자 튜링

애플 컴퓨터의 로고

애플 컴퓨터의 로고는 한입 베어 먹은 사과 모양이다. 지금은 단색이지만, 1977년부터 1998년까지는 무지갯빛 사과였다. 당시의 로고를 둘러싼 해석이 구구하다. 사과는 지혜를 상징하기 때문에 컴퓨터의 지혜로움을 나타내고, 무지갯빛은 애플 컴퓨터가 다른 컴퓨터에 비해 컬

애플 컴퓨터의 옛 로고

애플사 최초의 컴퓨터 '애플 I'

러 표현이 자유롭다는 것을 나타낸다는 해석이 있다. 그러나 이보다 더 흥미로운 해석에 따르면, 이 로고는 동성애자였던 영국의 천재 수학자 튜링Alan Turing을 기리기 위함이라고 한다.

현대 수학자 튜링과 튜링상

튜링은 복잡한 과제를 간단한 연산으로 분해할 수 있으며, 이 과정을 컴퓨터가 이해할 수 있는 프로그램으로 실현할 수 있다는 사실을 증명했다는 점에서 인공지능의 시조로 통한다. 튜링은 1936년 현대 컴퓨터의 모델이라고 할 튜링 머신을 고안했고, 1943년 인류 최초의 컴퓨터 콜로서스Colossus를 만들었다. 1946년 미국 펜실베이니아 대학에서 개발된 에니악ENIAC이 최초의 컴퓨터로 알려져 왔지만 실제로는 튜링의 콜로서스가 앞선다.

제2차 세계대전에서 연합군이 이길 수 있었던 요인 중의 하나가 암호전에서의 승리인데, 그 일등 공신이 바로 튜링이다. 당시 독일군은 첨단의 암호 발생 장치인 에니그마Enigma를 사용했지만, 튜링의 콜로서스는 이 암호를 쉽게 해독하여 연합군의 승리에 크게 기여했다. 이런 튜링의 업적을 기려 컴퓨터 공학 분야에서 최고의 권위를 자랑하는 상을 튜링상Turing award이라고 한다.

영화 <이미테이션 게임>

영화 <이미테이션 게임>은 앨런 튜링의 실화를 바탕으로 한다. '이미테이션 게임'이라는 제목은 튜링의 1950년 논문 〈Computing Machinery

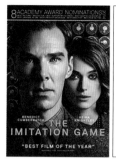

영화 〈이미테이션 게임〉

Turing, A.M. (1950). Computing machinery and intelligence. Mind, 59, 433-460.

COMPUTING MACHINERY AND INTELLIGENCE

By A. M. Turing

1. The Imitation Game

I propose to consider the question, "**Can machines think?**" This should begin with definitions of the meaning of the terms "machine" and "think." The definitions might be framed so as to reflect so far as possible the normal use of the words, but this attitude is dangerous. If the meaning of the words "machine" and "think" are to be found by examining how they are commonly used it is difficult to escape the conclusion that the meaning and the answer to the question, "Can machines think?" is to be sought in a statistical survey such as a Gallup poll. But this is absurd. Instead of attempting such a definition I shall replace the question by another, which is closely related to it and is expressed in relatively unambiguous words.

튜링의 논문

and Intelligence〉에서 가져왔다. 이 논문에서 튜링은 "기계도 생각할 수 있을까?Can machines think?"라는 화두를 던진다. 그리고 인공지능 여부를 측정하는 방법으로 이미테이션 게임, 즉 튜링 테스트를 제시한다. 대화를 나눠 보아 컴퓨터의 반응과 인간의 반응을 구별할 수 없다면, 컴퓨터가 사고할 수 있는 지능을 가졌다고 보는 것이다. 튜링은 2000년에는 컴퓨터가 튜링 테스트를 통과할 것이라 예상했지만, 그 예측은 빗나갔다.

튜링의 독사과

튜링은 암호 해독으로 2차 세계대전을 종식시키고 세상을 구했지만, 막상 자기 자신은 구하지 못한 비운의 인물이었다. 튜링은 동성애자라는 이유로 체포되었고, 감옥에 갈 것인지 아니면 여성 호르몬을 맞을 것인지의 기로에서 후자를 선택했다. 호르몬 주사의 영향으로 신체의 변화를 겪게 되

앨런 튜링

자 튜링은 모멸감을 견디지 못해 주사기로 사과에 청산가리를 주입한 후 백설공주처럼 독사과를 한입 베어 먹고 생을 마감했다. 1954년, 그의 나이 겨우 42세였다.

튜링의 죽음은 동성애에 보수적이었던 당시의 분위기 때문에 공론화되지 못했다. 그러나 20여 년이 지난 1976년, 인류 최초의 개인용 컴퓨터를 만든 스티브 잡스는 그 이름을 애플Apple 컴퓨터라 명명하고, 한입 베어 먹은 사과 모양을 로고로 정했다. 컴퓨터 발명의 토대를 마련한 튜링을 죽인 독사과를 형상화한 것이다. 무지갯빛이 동성애자를 상징한다는 점을 고려하면 이 해석은 더욱 설득력 있게 들리지만, 스티브 잡스는 생전에 이를 부인한 바 있다.

영화 〈이미테이션 게임〉으로 아카데미상을 거머쥔 그레이엄 무어는 시상식에서 "Stay weird, Stay different(이상해도 괜찮아, 남들과 달라도 괜찮아)"라고 말했다. 이는 스티브 잡스가 스탠포드 대학 졸업식에서 한 연설문 중 유명한 구절인 "Stay hungry, Stay foolish(계속 갈망하라, 계속 우직하라)"와 비슷하다. 애플 컴퓨터의 로고로 환생한 튜링, 또 스티브 잡스의 발언에 대한 오마주, 모두 멋지다.

위대한 과학자의 냉몰

애플 컴퓨터의 로고로 환생한 튜링과 마찬가지로 과학자의 생몰년에서 흥미로운 규칙성을 찾아볼 수 있다. 뉴턴(1642~1727)은 갈릴레이(1564~1642)가 죽은 해에 태어났고, 맥스웰(1831~1879)이 죽은 해에 아인슈타인(1879~1955)이 태어났다. 프랙털 이론의 발전에 큰 기여를 한

망델브로(1924~2010)가 탄생한 해는 프랙털의 선구자였던 코흐(1870~1924)가 생을 마감한 해이다. 분야는 다르지만 경제학자 마르크스(1818~1883)가 죽은 해에 케인스(1883~1946)와 슘페터(1883~1950)가 태어났으니 우연치고는 대단한 우연이다. 마치 위대한 과학자가 생을 마감하면서 못다 한 일을 그다음 천재 과학자에게 물려주는 듯한 운명의 연결 고리가 느껴진다.

MATH
VITAMIN

수학으로 세상 보기

10

고대 그리스의 철학자 플라톤이 세운 아카데미아의 정문에는 "기하학을 모르는 자는 들어오지 말라"는 현판이 걸려 있었다. 플라톤에 따르면 수학 학습은 허상의 세계에 매여 있는 사람을 진리와 실재의 세계로 인도하는 데 도움을 준다.

절대 진리의 함정

개와 개미에 비친 세상

개는 색약이라 이 세상을 총천연색으로 보지 못한다고 알려져 있다. 이 사실을 떠올리면 갑자기 궁금해지는 것이 있다. 인간과 달리 붉은색 바깥의 적외赤外선과 보라색 너머의 자외紫外선을 볼 수 있는 외계인이 있다면 그의 눈에는 세상이 어떻게 보일까.

평생 2차원 평면을 기어 다니는 개미가 3차원 공간을 인식할 수 있으리라 상상하기 어렵다. 그런 면에서 3차원 공간에 사는 인간에게 개미는 한심한 존재로 여겨질 수 있다. 하지만 4차원 공간을 인지하는 생명체가 있다면, 인간의 공간 인식을 안타까워할 것이다

소설《플랫랜드Flatland》는 제목에서 드러나듯 평평한flat 세계land, 즉 2차원 평면 세계를 다룬다. 주인공인 2차원의 정사각형square은 1차원

과 3차원을 넘나들며 차원 인식의 한계를 잘 보여 준다.

소설 《플랫랜드》

우리가 절대적이라고 믿고 있는 것들 가운데 대부분은 사실 인간의 제한된 감각과 인식으로 포착한 주관적인 것들이다. 이 세상은 인식 주체와 무관하게 객관적으로 '저만치'에 존재하는 것이 아니라 대부분 인간이 나름의 관점으로 구성해 낸 것이다. 우리가 철석같이 믿는 진리도 마찬가지다. 진리는 절대적이고 보편적이며 영원불변한 것이 아니라 잠정적이고 오류 가능성이 있는 일종의 '믿음'에 불과하다.

변증법적으로 발전하는 수학

수학은 시공을 초월한 절대 진리를 다루는 학문으로 수학적 지식은 객관적인 사실의 집합체로 여겨진다. 그러나 수학의 역사를 살펴보면 수학적 지식의 성장은 절대성을 갖는 지식이 차곡차곡 누적되어 온 양적 확장의 과정이라기보다는, 그 지식을 의심하고 비판하는 가운데 질적 변화를 이루어 온 변증법적 과정임을 알 수 있다. 그 대표적인 예가 19세기에 출현한 비유클리드 기하학이다. 비유클리드 기하학의 정립은 2000년 동안 절대적인 위치에 있던 유클리드 기하학에서 벗어나 대안적인 기하학을 만드는 것이 가능함을 입증한 수학사의 중요한 사건이다.

비유클리드 기하학의 출현

유클리드 기하학의 기저를 이루는 평행선 공준은 '한 직선과 그 직선 밖의 한 점이 주어졌을 때 그 점을 지나면서 주어진 직선에 평행한 직선을 단 하나 그을 수 있다'는 내용을 담고 있다. 평행선 공준을 제외한 나머지 공준들은 '두 점을 지나는 직선은 하나이다'와 같이 그 공준이 참이라는 사실을 직관에 비추어 명백하게 알 수 있다. 이에 반해 평행선 공준은 직관적으로 자명하지 않아 증명을 요구하는 명제로 여겨졌고, 많은 수학자들이 평행선 공준을 증명해 보려고 시도했다.

평행선 공준을 정공법으로 증명하기 어렵다고 판단한 수학자들은 그것을 부정할 경우 모순이 나온다는 걸 보여 줌으로써 명제를 증명하는 방식, 즉 귀류법歸謬法(간접증명법의 일종)을 시도했다. 그러나 평행선 공준의 부정은 모순을 도출하지 않았고 그 나름대로 또 하나의 기하학

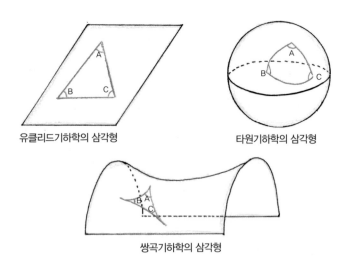

유클리드기하학의 삼각형   타원기하학의 삼각형

쌍곡기하학의 삼각형

을 세우는 계기가 되었다. 이렇게 탄생한 것이 평행선을 무수히 많이 그을 수 있는 쌍곡기하학hyperbolic geometry과 평행선을 한 개도 그을 수 없는 타원기하학elliptic geometry으로, 이를 총칭하여 비유클리드 기하학이라고 한다.

학교에서 삼각형의 세 내각의 합은 180°라고 배운다. 이것은 유클리드 기하학에서는 성립하는 명제이지만 비유클리드 기하학에서는 그렇지 않다. 쌍곡기하학에서 삼각형의 세 내각의 합은 180°보다 작고 타원기하학에서는 180°보다 크다. 이 세 가지 중 어느 하나만이 옳고 나머지는 '틀린' 것으로 생각하기 쉽지만, 셋 다 나름대로 타당한 '다른' 주장이다.

케플러와 브라헤

코페르니쿠스는 지구가 우주의 중심이라는 생각을 뒤엎고 지동설을 주장하여 인식의 '코페르니쿠스적 전환'을 이루었지만, 그의 혁신적인 주장이 단박에 받아들여진 것은 아니었다. 덴마크 왕

케플러 우표　　　　브라헤 우표

의 전폭적인 지원하에 행성을 관측한 천문학자 브라헤는 지동설이 아니라, 수정된 천동설을 내놓았다. 브라헤가 사망한 후에 그의 방대한 천체 관측 자료를 물려받은 케플러Johannes Kepler는 동일한 자료를 토대

로 지동설을 주장했고, 나아가 태양 주위를 도는 행성의 궤도가 원이 아니라 타원이라는 것을 밝혀 냈다. 동일한 관측을 통해 브라헤는 지구 주위를 회전하는 천체로서의 태양을 보았고, 케플러는 지구가 그 주위를 회전하는 태양계의 중심으로서의 태양을 본 것이다.

좌표계도 적분도 여러 가지

기본 전제를 뒤집는 코페르니쿠스적 전환은 대수학에서도 이뤄졌다. 곱셈의 교환법칙이 성립하지 않는 사원수quaternion를 비롯해 기존 수 체계로는 설명할 수 없는 추상대수학이 등장한 것이다.

좌표계도 마찬가지이다. 평면에서 어떤 점의 좌표를 나타낼 때 흔히 x축과 y축으로 이루어진 '직교좌표'의 순서쌍을 생각한다. 그러나 나선spiral을 표현할 때는 원점과 각 점 사이의 거리와 각도로 위치를 표시하는 '극좌표'를 이용하면 편리하다. 따라서 하나의 곡선이 상이한 좌표계에서 상이한 식으로 표현될 수 있다. 또 리만기하학에서는 기존의 직교하는 좌표계뿐 아니라 휘어진 좌표계를 설정하기 때문에, 기존에 다루던 공간뿐 아니라 휘어진 공간과 같이 보다 일반화된 공간을 탐구할 수 있다.

고등학교에서 배우는 적분은 '리만적분'인데, 이후 탄생한 '르베그 적분'은 리만적분으로 해결할 수 없는 함수까지 적분할 수 있는 보다 강력한 개념이다. 이처럼 수학은 발전함에 따라 기본 가정을 달리하고 인공적인 수학 체계를 자유롭게 만들어 낸다. 이때, 기존의 개념들은 이후 발전된 보다 포괄적인 개념에 흡수된다.

정직한 구도자의 마음

아인슈타인의 상대성 이론은 근대 자연과학의 기반인 뉴턴의 절대 시간과 절대 공간의 개념을 부정했고, 하이젠베르크의 불확정성의 원리는 고전 물리학의 결정론적인 사고를 무너뜨렸다. 이 이론들은 뉴턴식의 고전 물리학이 모든 현상을 설명할 수는 없다는 인식이 확산되는데 일조했다.

진리를 판정하는 항구적이고 초역사적인 기준은 존재하지 않으며, 그 어떤 이론도 비판으로부터 자유롭지 않다는 생각은 인문·사회과학뿐 아니라 수학과 과학에도 통용된다. 우리가 소유하고 있는 지식은 어느 정도 옳으면서 동시에 어느 정도 오류가 내포된, 그래서 수정과 개선의 여지가 있는 것들이다. 기존 지식의 반례가 등장해 그 한계를 인식하는 것은 지식 성장의 원동력이 되어 왔다.

이 세상에는 절대 선도 절대 악도 없고 진리와 거짓의 구분은 다분히 상대적이라는 것을 인정하면, 겸손하고 열린 마음을 갖게 된다. 자신의 생각이 완벽한 참이라고 주장하면서 다른 가능성을 열어 두지 않는, 자칭 '진리의 대변자'들은 입체를 상상하지 못하는 개미와 크게 다를 바 없다. 우리에게 필요한 것은 자신의 사고에 오류가 있을 수 있으며, 이를 개선해 나가는 과정을 통해 보다 높은 수준의 사고에 도달할 수 있다는 '정직한 구도자'의 마음이다.

수학으로 본 시대정신

니체와 칸토어

수학은 각 시대를 살았던 인간
들이 남긴 정신적 유산이므로 자
연스럽게 당시의 시대정신과 가치
관을 반영한다. 역으로 각 시대의
수학적 발견을 통해 그 시대의 지

칸토어   니체

적 풍토를 읽어 낼 수 있다. 예컨대 철학자 니체Friedrich Nietzsche가《차라
투스트라는 이렇게 말했다》에서 '신은 죽었다'는 말로 기독교를 비판
하던 시기에 수학자 칸토어Georg Cantor는 무한집합에 관한 이론을 전개
했다. 칸토어는 인간의 '유한성'에 비추어 볼 때 신의 영역이라 할 수
있는 '무한'을 수학적으로 분석함으로써 신은 죽었다고 선언한 니체와

비슷한 시도를 한 것이다. 이는 철학자 니체와 수학자 칸토어를 관통하는 일종의 시대정신이라고 할 수 있을 것이다.

불교와 0, 음양 사상과 음수

0을 수로 처음 받아들인 것은 인도이다. 불교가 태동한 인도에서는 '공空'의 개념을 일찍부터 알고 있었기 때문에 0이라는 수를 자연스럽게 받아들일 수 있었다. 숫자 0과 관련된 공空의 개념은 동양적인 정서와 잘 어울린다. 일례로 동양을 대표하는 게임인 바둑은 서양의 체스와 달리 빈 공간을 확보하면서 집을 만드는 게 중요하다. 동양화에서 여백의 미가 중요하다는 점이나, 무소유를 지향하는 불교에서 무無를 화두로 삼아 참선하고 명상하는 점을 보면, 0은 동양적 사고에 더 가까운 것 같다.

음수陰數에 대해서도 유사한 해석이 가능하다. 수를 이해하는 초기 단계에서는 '양量'과 '수數'를 동일시하는데, 0이 되면 아무것도 없는 상태가 된다. 더 나아가 음수가 되면 없는 것보다 더 적은 상태라는 점에서 음수는 직관에 반하는 개념이라고 할 수 있다. 사실 많은 학생들이 음수를 처음 배울 때 심각한 인지 장애를 경험한다. 수학의 역사를 보아도 음수를 받아들이는 데 많은 어려움을 겪었다. 그렇지만 서양과 달리 음양 사상이 뿌리 깊게 자리한 중국은 음수의 개념을 비교적 빠르게 수용했다.

근대성과 좌표평면

17세기 철학자이자 수학자인 데카르트는 x축과 y축으로 이루어진 좌표평면을 고안했다. 데카르트는 어렸을 때 병약해서 침대에 누워 있는 시간이 많았는데, 천장의 파리를

데카르트 '나는 생각한다, 고로 나는 존재한다'

보고 그 위치를 나타내고자 좌표평면을 발명했다는 에피소드가 전해 온다. 그러나 그보다 '근대성'을 좌표평면으로 표현한 것이라는 해석이 더 설득력 있다. 좌표평면의 발명으로 점과 곡선을 식으로 나타낼 수 있게 되면서, 기하학과 대수학이 결합할 수 있게 되었다.

데카르트는 세계가 정신과 물질로 이루어져 있으며, 정신의 속성은 사유이고 물질의 속성은 연장延長(부피와 크기)이라고 보았다. 신이 모든 것에 우선했던 중세가 저물어 가던 시대를 살았던 데카르트에게는 합리적, 이성적 사유를 하는 인간이 중요했다. "나는 생각한다, 고로 나는 존재한다 cogito, ergo sum"라는 《방법서설》의 유명한 말도 결국 사유하고 회의하는 인간을 강조한 것이다.

데카르트는 모든 것에 정령이 깃들어 있다는 중세적인 사고에서 벗어나 사물이나 자연을 균질 공간에 놓여 있는 단순한 연장으로 파악했고, 이를 표현하기 위해서 좌표평면이라는 도구가 필요했을 것이다. 이런 면에서 볼 때, 좌표평면은 근대성을 추구하는 인간의 이성이 가져온 수학적 산물이라고 할 수 있다.

불완전성의 정리와 불확정성의 원리

괴델Kurt Gödel의 불완전성 정리와 하이젠베르크Werner Heisenberg의 불확정성 원리는 1930년을 전후로 수학과 과학적 지식의 한계를 입증한 양대 이론이다. '괴델의 불

괴델 우표   하이젠베르크 우표

완전성 정리Gödel's incompleteness theorem'의 핵심은 무모순성consistency과 완전성completeness을 동시에 갖춘 수학 체계를 만들 수 없다는 점이다. 수학 체계의 무모순성을 유지하려면 증명할 수 없는 정리가 나타나 완전성이 무너지고, 또 모든 정리가 체계 내에서 증명되는 완전성을 이루려면 모순이 발생한다.

'하이젠베르크의 불확정성 원리Heisenberg's uncertainty principle'도 비슷한 아이디어를 담고 있다. 원자와 같이 미시 세계에서 위치를 정확히 정하려면 움직이는 세기를 나타내는 운동량이 결정되지 않고, 운동량을 정확히 측정하려면 위치가 모호하게 된다. 거시 세계에서는 '위치'와 '운동량'을 동시에 측정하는 것이 가능하지만, 미시 세계에서는 불가능하다. 괴델과 하이젠베르크는 각각 수학과 물리학에서 두 가지 기준을 동시에 만족시키는 것이 불가능함을 갈파한다.

20세기를 대표하는 두 이론은 어떠한 사유 체계도 완벽할 수 없다는 것을 인정하게 함으로써 인간의 오만을 거두어들이게 한다. 이런 면에서 불완전성의 정리와 불확정성의 원리는 또 하나의 시대정신이라고 할 수 있을 것이다.

카오스 속의 로고스를 기대하며

과거에 수학이 인간의 사유를 표현하는 중요한 매체였다면, 요즘의 상황과 시대정신은 어떤 수학으로 발현될까? 최근의 연구 분야인 카오스 이론, 카타스트로피 이론, 퍼지 이론의 연구 대상을 살펴봄으로써 단서를 얻을 수 있다. 카오스 이론의 혼돈 상황, 카타스트로피 이론의 파국적인 급변 상황과 불연속적인 변화, 퍼지 이론이 다루는 애매모호한 상황은 현대 사회의 특징과 통하는 바가 있다. 그러나 혼돈 속에도 모종의 질서와 규칙이 존재하는 법, 복잡다단하고 혼란스러운 현실에서 한 줄기 서광과 같이 우리의 삶을 비추어 줄 로고스를 찾을 수 있으리라 기대해 본다.

MATH
VITAMIN
3

기사에 나타난
수학 용어

방정식

신문이나 잡지, 혹은 광고 문안을 읽다 보면, 방정식, 함수, 변곡점, 황금분할, 타원의 초점 같은 수학 용어와 만나게 될 때가 있다.

방정식이라는 용어는 '최적의 합격 방정식', '정치의 통합 방정식', '경영의 성공 방정식', '부富의 창출 방정식', '스포츠의 승리 방정식', '영화의 흥행 방정식' 등 다양하게 애용된다.

'방정식equation'은 문자를 포함하는 등식에서 문자의 값에 따라 참이 되기도 하고 거짓이 되기도 하는 식을 말한다. 방정식을 참이 되게 하는 값을 '해solution'라고 하고 해를 구하는 것을 방정식을 푼다고 한다. 통합 방정식의 경우 통합을 하는 데 여러 변수가 있고 변수에 따라 통합이 성공하거나 실패할 수 있으므로 방정식이라는 표현은 대체로 적절하다.

방정식은 '변수가 많은 고차방정식', '국내, 국제, 남북 관계의 삼차 방정식'이라는 표현에서 보듯이 차수와 함께 거론되기도 한다. 엄밀하게 따지면 변수의 개수와 방정식의 차수는 무관하다. 변수가 한 개라도 고차방정식이 될 수 있고, 변수가 많아도 일차방정식이 될 수 있다. 따라서 상황에 영향을 미치는 변수의 개수에 따라 m원방정식으로, 상황의 복잡도에 따라 n차방정식으로 구분할 필요가 있다.

사차방정식까지는 근의 공식을 통해 일반해를 구할 수 있지만 오차 방정식부터는 근의 공식이 존재하지 않는다. 따라서 해법을 찾을 수 없을 정도의 난맥상이라면 오차 이상의 방정식이라는 표현이 적절하다. 또 국내, 국제, 남북 관계의 세 가지 변수를 강조하고 싶다면 삼원 방정식이라는 표현이 수학적으로는 정확하다.

함수와 변곡점

'함수function'는 '가격과 효용의 함수 관계', '예비경선과 본경선의 함수 관계', '특권과 오만의 함수 관계'와 같이 변화하는 요소들 사이의 역학 관계를 비유하는 표현으로 주로 쓰인다. 함수는 한 변수가 정해짐에 따라 다른 변수의 값이 정해지는 관계를 나타내므로 적절한 표현이다.

'변곡점inflection point'은 주로 주식 시장에서 사용되는 전문 용어이지만 '양적 성장에서 질적 성장으로의 변곡점', '남북 정상회담은 한반도 정세의 변곡점'처럼 다양한 주제에서 등장한다. 외국도 예외는 아니어서 2020년 미국 대선 유세에서 바이든 대통령은 '미국 역사의

변곡점inflection point in American

history'이라는 표현을 쓴 바 있다.

변곡점

수학의 변곡점은 함수의 그래

프에서는 볼록에서 오목으로,

혹은 그 반대로 오목에서 볼록으로 바뀌는 점이다. 변곡점에서 두 번

미분하면 0이 나온다.

주식의 변곡점은 수학의 의미를 충실히 반영하지만, 대부분의 기사

에 나오는 변곡점은 결정적 변화가 이루어지는 시점을 지칭하므로 수

학의 의미와 완전히 일치하지 않는다.

황금분할

선거 때 자주 듣는 단어 중의 하나가 '황금분할golden section'이다. 한

후보는 표를 많이 얻고 다른 후보는 명분을 얻는 식의 윈윈 상황일 때,

혹은 팽팽한 다자간 분할인 경우에 사용한다. 투자 관련 광고를 보면

채권형 펀드 50%와 주식형 펀드 50%의 황금분할 원칙을 지킨다고 하

고, 국내 주식 60%와 이머징 마켓 주식 40%의 분산을 통해 안정성과

수익성을 추구하는 황금분할 투자 상품이라고 선전하니, 가히 황금분

할의 수난 시대라 할 만하다.

수학에서 황금분할은 약 1.618:1인 황금비가 되도록 분할하는 경우

를 말하지만, 광고에서는 5:5, 6:4 등으로 분산 투자를 하는 것, 선거의

맥락에서는 표가 적절히 분산된 상태를 황금분할이라고 하므로 수학

의 의미와 다르게 쓰인다.

타원의 두 초점

타원은 초점이 두 개라는 사실 때문에 다음 문장에서 알 수 있듯이 주안점이 두 개인 경우에 주로 사용된다.

> 20세기 회화에서는 공간적 원리로서의 구조와 시간적 원리로서의 힘이 마치 타원의 두 초점처럼 작용한다.

이 문장에서 강조하고자 한 것은 '구조'와 '힘', 두 가지가 모두 중요하게 취급된다는 사실이기 때문에, '두 초점'으로도 충분하다. 타원의 두 초점이라는 표현이 의미를 갖기 위해서는 두 초점에서 거리의 합이 일정하다는 타원의 정의에 부합되어야 한다. 즉 회화에서 구조와 힘이 갖는 중요도의 합이 일정하기 때문에 한 가지가 강조되면 상대적으로 다른 한 가지의 중요도는 감소되는 관계여야 한다.

수학 용어의 일상 언어 편입

그 외에도 수학 용어가 일상 언어에 응용된 예는 쉽게 찾아볼 수 있다. 여러 사람들의 공통 관심사나 해결의 실마리를 찾을 때에는 '최대공약수', '최소공배수'를 사용한다. 예를 들어 이해관계가 엇갈리는 두 집단에서 공유할 수 있는 최대한의 관심사를 말할 때 '최대공약수', 두 집단을 동시에 만족시킬 수 있는 최소의 방안을 이끌어 낼 때 '최소공배수'를 사용한다.

또한 기쁨과 슬픔이 교차할 때 '희비쌍곡선', 하나의 변화에 다른 것이 의존하는 상황에서는 '독립변수에 대한 종속변수'라고 표현한다.

이런 표현의 초기 의미는 수학에서 비롯되었지만, 시간의 흐름에 따라 점차 수학과의 연결 고리는 희미해지고 그 자체의 독자적인 의미로 사용된다.

용어와 표현의 의미가 절대적인 것은 아니고, 동시대 사람들이 특정한 의미로 계속 사용하면 그 의미로 굳어지게 된다. 이처럼 수학 용어가 일상 언어로 편입되고 특정한 맥락에서 지속적으로 사용되면서, 경우에 따라서는 수학적 의미와 잘 부합하게, 때로는 다소 다른 의미로 자리 잡는 과정을 살펴보는 것은 참으로 흥미로운 일이다. 일상 언어에 편입된 수학 용어들이 사람들의 논리적 사고를 촉진하고, 나아가 우리 사회가 합리적 방향으로 나아가도록 하는 촉매제가 되었으면 하는 바람이다.

수학 용어의
한글화·한자화

수학 용어의 변천사

수학 용어는 한글·한자 사용에 대한 언어 정책과 맞물려 다양한 변화를 겪어 왔다. 예를 들어, '대각선'은 '맞모금'으로, '평행사변형'은 '나란히꼴'로, '전개도'는 '펼친그림'으로 한글화됐지만 모두 원래의 한자 용어로 돌아왔다. 그에 반해 '제형梯形'과 '능형菱形'과 '원주圓柱'는 각각 '사다리꼴'과 '마름모'와 '원기둥'으로 한글화된 후 그대로 사용되고 있다.

뽀족각과 무딘각

남북한 수학 용어는 공통인 경우도 있지만, 분단과 단절로 인해 다르게 진화한 경우도 많다. 수학 용어와 관련해서 북한의 가장 두드러진 특징은 한글화되어 있다는 점이다. '예각銳角'과 '둔각鈍角'을 북한에서는 각각 '뽀족각'과 '무딘각'이라고 하고, '정수整數'는 분수나 소수 부분 없이 옹골차기 때문에 '옹근수'라고 한다. 또한 '포물선抛物線'은 팔매질을 할 때 그리는 모양과 유사하기 때문에 북한에서는 '팔매선'이라고 하며, $1\frac{1}{2}$과 같은 '대분수帶分數'는 분수가 정수 부분을 데리고 다닌다고 '데림분수'라고 한다. 한글 용어는 '뽀족하다', '무디다', '옹글다', '팔매질하다', '데리고 다니다'와 같이 구체적인 현상을 연상시키기 때문에 그 의미를 비교적 쉽게 이해할 수 있다.

남한	북한
예각銳角	뽀족각
둔각鈍角	무딘각
포물선抛物線	팔매선
대분수帶分數	데림분수
최빈값	가장 잦은 값
공집합空集合	빈모임
항등식恒等式	늘같기식
소수素數	씨수
호弧	활등
현絃	활줄
곱	적積
부채꼴	선형扇形
사다리꼴	제형梯形
나누어떨어진다	말끔 나누임
교선	사귀는 선
진동	떤다
플러스	플루스
마이너스	미누스

친근한 순한글 용어

순한글 용어는 그 의미를 즉각적으로 파악하기 쉽다는 장점이 있다. 북한에서는 '최빈最頻값'을 '가장 잦은 값', '공집합空集合'을 '빈모임', '항등식恒等式'을 '늘같기식'이라고 하는데, 이러한 한글 용어들은 그 자체로 의미를 드러낸다.

또한 1과 자신만을 약수로 갖는 '소수'를 북한에서는 '씨수'라고 한다. 모든 자연수는 소수들의 곱으로 나타낼 수 있으므로, '씨수'는 '씨'

라는 은유를 통해 소수가 자연수를 생성하는 모태가 된다는 의미를 잘 드러낸다. 사실 '소수素數, prime number'는 '소수小數, decimal number'와 혼동의 여지가 있고, 이를 방지하기 위해 한때는 소수素數에 사이시옷을 첨가하여 '솟수'라고 명명하기도 했다.

어떤 수 x를 두 번 곱한 x^2을 예전에는 일본식 표현 '자승自乘'이라고 하다가, 한글화하여 '제곱'으로 바꾸었다. 제곱은 제 옷, 제 집과 같은 '제'와 곱셈의 '곱'을 합성한 용어로 적절하게 한글화한 좋은 예다. 또 제곱, 세제곱 등을 통칭하는 '거듭제곱'도 거듭하여 제곱한다는 뜻을 담고 있어 순우리말 용어의 백미라고 할 수 있다.

경우의 수에서 나오는 factorial은 영어 그대로 '팩토리얼' 혹은 '계승'이라고 하는데, '내림곱'이라는 한글 용어를 대안적으로 생각해 볼 수 있다. 예를 들어 $5! = 5 \times 4 \times 3 \times 2 \times 1 = 120$이 되는데, '내림곱'이라는 용어는 어떤 수에서 시작하여 내려가면서 곱하는 이미지를 떠오르게 한다.

사물의 이름을 빌려 온 용어

수학 용어 중에는 사물의 이름을 차용한 경우가 있다. 남한의 '부채꼴'과 '마름모'는 각각 '부채'와 '마름'의 모양과 유사하다는 점에서 붙여진 이름이다. 마름은 늪에서 자라는 일년초로, 그 모양은 네 변의 길이가 같은 마름모와 비슷하다. 이러한 예를 북한 용어 중에도 찾아볼 수 있다. '호弧'와 '현絃'에 해당하는 북한의 용어 '활등'과 '활줄'은 활의 등과 활의 줄을 연상하면 쉽게 이해할 수 있다.

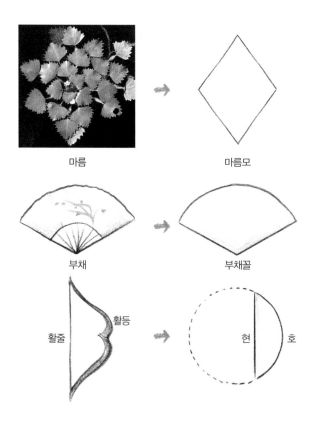

마름   마름모

부채   부채꼴

활줄   활등   현   호

    북한은 용어의 한글화에 더 적극적인 편이지만, 북한의 수학 용어 중에는 남한에서 한글화하여 사용하는 용어를 역으로 한자로 표현하는 경우도 있다. 이를테면 '곱'을 '적積'이라고 하고, '부채꼴'을 '선형扇形', '사다리꼴'을 '제형梯形'이라고 하는 것이 그 예이다.

남북한 수학 용어의 차이

    북한의 수학 용어 중에는 일상어를 동원하는 경우도 있는데, 예를 들어 '나누어떨어진다'를 북한에서는 '말끔 나누임'이라고 하고, '교

북한의 수학 교과서

선'을 '사귀는 선', '진동振動'을 '떤다'라고 한다. 이 경우 평소에 사용하는 말과 의미가 뒤섞여 혼란스러운 경향이 있다. 또한 연인과의 관계라는 특수한 맥락에서 '사귄다'는 표현을 주로 쓰는 남한의 관점에서는 어색하게 들린다.

북한에서는 두음법칙을 적용하지 않기 때문에, '연립방정식'을 '련립방정식', '누적도수'를 '루적도수'라고 한다. 외래어 표기법에도 차이가 있다. 남한은 영어식 발음으로 '플러스', '마이너스'라고 하지만 북한은 러시아식 발음에 따라 '플루스', '미누스'라고 표기한다. 마찬가지 이유로 '사인sin', '코사인cos', '탄젠트tan'를 북한에서는 '시누스', '코시누스', '탕겐스'라고 한다.

한자에 대한 소양도 필요

용어가 전문가 집단에서만 공유되는 그들만의 은어가 아니라 다양한 계층의 사람들이 의사소통하는 수단이 되려면 친숙한 한글 용어가 더 적절할 것이다. 그러나 부정할 수 없는 사실은 현재 사용되는 대부분의 용어가 한자를 기반으로 한다는 점이다. 한자로 된 용어에 한자를 병기하지 않고 한글로만 표기하면 여러 문제가 생긴다. 예를 들어,

'수직선數直線, number line'과 '수직선垂直線, vertical line'의 경우 동음이의어이기 때문에 헷갈릴 수 있다.

일부 학생들은 대분수帶分數에서 '대'가 大라고 생각해 '큰 분수'라고 오해하는 경우가 있다. 이처럼 한자를 모르면 잘못된 개념을 갖기 쉽다. 이런 점을 고려할 때 용어의 뜻을 제대로 파악하려면 한자에 대한 소양을 갖추는 것이 필요하다. 사실 표의 문자인 한자를 배우면 어휘를 효율적으로 확장할 수 있다. 예를 들어, 사귈 교交를 배우면 여기서 파생되는 교집합交集合, 교점交點, 교선交線 등 많은 어휘를 학습할 수 있다.

한편, 한자에 담긴 뜻을 음미하는 과정은 또 다른 즐거움을 준다. 예를 들어 立+木+見으로 구성된 친親에는 나무木 위에 서서立 자식이 돌아오는지 바라보는見 어버이의 마음이 담겨 있다. 휴休에는 사람人이 나무木에 기대어서 휴식을 취하는 고즈넉함이 배어 있다.

한글 전용, 한자 혼용의 주장은 나름대로의 정당화 논리를 가지고 있기에 선뜻 어느 한쪽의 손을 들어 주기 어렵다. 이 주장들을 포용하여 새로이 만들어지는 용어는 가능한 한 한글화하고, 현존하는 한자 용어는 한자와 더불어 뜻을 가르치되 지나치게 어려운 한자를 포함한 용어는 점진적으로 한글화하는 절충안을 생각해 볼 수 있을 것이다.

여성은 수학을 못한다?

영화 <히든 피겨스>

2017년 영화 〈히든 피겨스〉는 미·소 냉전 시대, NASA 소속인 세 명의 흑인 여성 연구자의 실화를 바탕으로 한다. 수학자 캐서린, 컴퓨터 프로그래머 도로시, 엔지니어 메리는 '히든 피겨스'라는 제목에서 드러나듯 우주선 발사 프로젝트 이면에 숨겨진hidden 인물들figures이다.

여성 삼총사 중 캐서린은 흑인이 백인에 비해 열등하다는 편견, 여성이 수학에 약하다는 편견을 오직 실력으로 깨뜨린다. 영화의 시작은 꼬마 캐서린이 "15, 16, 소수, 18, 소수, …"라고 숫자를 세며 걷는 장면이다. 17과 19가 소수임을 스스로 터득할 정도로 어린 시절부터 수학에 두각을 나타내던 캐서린은 NASA에서 연구할 기회를 잡게 된다. 캐서린은 우주선의 궤도를 계산해 착륙 좌표를 알아내는 난제를 풀기 위해 수학자 오일러가 만든 '오일러 방법Euler method'을 적용한다.

영화 〈히든 피겨스〉

이처럼 이공계 여성에 대한 인식을 바꾸는 데 도움이 되는 영화가 제작되기도 했지만, 여전히 많은 사람들은 역사상 두각을 나타낸 여성 수학자가 있었는지 의문을 품는다. 과학자 중에는 그래도 퀴리 부인이 있어 여성 과학자의 모델을 제공하지만, 수학 교과서에는 남성 일색이라 여성 수학자의 상像을 떠올리기 어렵다. 하지만 수학사를 살펴보면, 큰 족적을 남긴 여성 수학자들을 만날 수 있다.

히파티아

인류 최초의 여성 수학자이자 철학자인 히파티아Hypatia of Alexandria는 이집트의 알렉산드리아에서 수학자 테온의 딸로 태어났다. 그녀는 아버지를 도와 유클리드의 《원론》을 개정했으며, 천문학을 집대성한 프톨레마이오스의 《알마게스트》, 디오판토스의 《산학》, 아폴로니오스의 《원뿔곡선론》과 같이 당시의 유명한 책들에 대한 주석 작업을 했다.

신플라톤주의 학자였던 그녀는 플라톤과 아리스토텔레스에 대해 강의하면서 높은 학식과 덕망으로 존경을 한몸에 받았고, 학문의 여신인 뮤즈Muse라는 별명을 갖기도 했다. 아름답고 우아한 히파티아에게 청혼하는 남성이 많았지만 그녀는 "나는 이미 진리와 결혼했다"고

히파티아   영화 〈아고라〉

한마디로 거절하며 독신을 고집했다고 한다. 많은 추종자들을 거느린 히파티아는 결국 알렉산드리아의 대주교 키릴로스의 미움을 사게 되었고, 이교異敎의 선포자라는 이유로 기독교인들에게 무참하게 살해당했다.

영화 〈아고라〉

최초의 여성 수학자 히파티아의 극적인 삶은 여러 영화와 소설의 소재가 되었다. 2009년의 영화 〈아고라〉는 히파티아를 주인공으로 한다. '아고라Agora'는 고대 그리스의 광장이나 대중 집회 공간을 뜻하는데, 영화에서는 헬레니즘 학문의 요람이자 다양한 분야에 대한 담론이 이루어졌던 알렉산드리아 도서관이 아고라의 역할을 했다. 정치와 종교적 갈등의 소용돌이 속에서 수학과 천문학 연구에 매진하던 히파티아의 죽음은 그리스의 철학과 과학이 파괴되고 중세 암흑시대가 시작됨을 알리는 비극의 서막이었다.

노피 제르맹

히파티아 이후의 주목할 만한 여성 수학자는 프랑스의 소피 제르맹Sophie Germain이다. 당시 프랑스 최고의 학교인 에콜 폴리테크니크는 여학생의 입학을 허용하지 않았기 때문에, 제르맹은 교수들의 강의 노트를 입수하여 공부했다. 자신이 여성이라고 드러내면 불리하다고 판단한 제르맹은 르블랑M. LeBlanc이라는 가명으로 훌륭한 리포트를 제출하여 수학자 라그랑주의 관심을 받게 되었고, 수학자 르장드르, 가우스와도 가명으로 서신 교류를 했다.

제르맹은 가우스와 함께 'n이 2보다 클 때 $x^n+y^n=z^n$을 만족하는 정수 x, y, z는 존재하지 않는다'는 '페르마의 마지막 정리'의 증명에 착수했고, 모든 n에 대해서 증명하지는 못했지만 n이 100보다 작은 소수일 때 이 정리가 성립함을 증명하는 데 성공했다.

'제르맹 소수Sophie Germain prime'는 p와 $2p+1$이 모두 소수인 p를 말하는데, 제르맹 소수의 예로는 2(2와 5는 소수), 3(3과 7은 소수), 5(5와 11은 소수), 11(11과 23은 소수), 23(23과 47은 소수) 등이 있다. '19세기의 히파티아'로 불린 제르맹은 가우스의 추천으로 사후 괴팅겐 대학교에서 명예 박사 학위를 받았다.

에펠탑에 내겨지지 못한 노피 제르맹의 이름

파리의 에펠탑에는 72명의 프랑스 수학자, 과학자, 엔지니어의 이름이 새겨져 있다. 수학사에 빛나는 프랑스의 대표적인 수학자 라그랑주, 라플라스, 르장드르, 코시, 푸리에, 푸아송, 퐁슬레, 카르노 등이 여

에펠탑에 새겨진 72명의 학자

기에 이름을 올렸다.

그런데 에펠탑의 72명 명단에 소피 제르맹은 포함돼 있지 않다. 모두 남성인 것으로 보아 여성은 원천 배제된 것으로 보인다. 그래도 그녀를 기리는 파리의 소피 제르맹 거리rue Sophie Germain와 소피 제르맹 고등학교lycée Sophie Germain가 있어, 아쉬움을 달래 본다.

소피 제르맹

소피 제르맹 거리 표지판

에미 뇌터

1935년 5월 5일자 〈뉴욕 타임스〉에는 한 여성 수학자의 죽음을 애도하는 아인슈타인의 글이 실렸다. 주인공은 독일의 수학자 에미 뇌터Emmy Noether였다. 독일의 수학자 막스 뇌터의 딸로 태어난 에미 뇌터는 추상대수학이라는 분야의 발전에 큰 기여를 했다. 그 결과 추상대수학에는 '뇌터 환Noetherian ring', '뇌터

에미 뇌터

정역Noetherian domain' 등 그녀의 이름이 붙은 수학 용어가 여러 개 있다.

뇌터는 괴팅겐 대학의 강사로 임명될 충분한 실력을 갖추었지만, 여성이라는 이유로 교수들의 극심한 반대에 부딪혔다. 그러자 이 대학의 교수인 유명한 수학자 힐베르트는 뇌터의 임명을 지지하기 위해 "여기는 대학교이지 목욕탕이 아니다"라는 말을 남기기도 했다.

소피야 코발렙스카야

러시아의 수학자 소피야 코발렙스카야Sofya Kovalevskaya는 히파티아, 에미 뇌터와 더불어 3대 여성 수학자로 불린다. 당시 러시아에서는 여성이 대학에 진학할 수 없었고 외국 유학도 기혼자에게만 허용됐다. 코발렙스카야는 유학을 가기 위한 방편으로 나중에 동물학자로 이름을 떨친 블라디미르 코발렙스키와 사랑 없는 위장 결혼을 했다.

코발렙스카야는 하이델베르크 대학을 거쳐 베를린 대학에서 수학하면서 근대 해석학의 아버지라고 불리는 바이어슈트라스의 수제자가

되었다. 이후 코발렙스카야는 괴팅겐 대학에서 편미분방정식의 연구로 여성 최초의 박사 학위를 받았고, 스톡홀름 대학의 교수로 임용되었다. 코발렙스카야는 평생을 독신으로 지낸 바이어슈트라스와 사제 관계이자 학문적 동지이면서 정신적 연인이었던 것으로 알려져 있다.

소피야 코발렙스카야

과거에는 여성이 수학을 배울 기회가 제한되어 있었다는 점을 고려하면 괄목할 만한 업적을 이룬 여성 수학자의 존재는 더욱 큰 의미로 다가온다. 이제는 여성이 수학자가 되기 위해 험난한 인생 역경을 겪을 필요가 없고, 수학이 남성들의 독무대도 아닌 만큼, 점점 더 많은 여성 수학자의 이름을 접하게 되기를 바란다.

수학의 노벨상은 아벨상

노벨상에는 수학상이 없다

우리말에서 '노벨상'은 고유 명사가 아니라 일반 명사화되어 하나의 관용어로 사용되기도 한다. 예컨대 '노벨상감'이라는 말은 정말 노벨상을 받을 만한 경우에도 쓰이지만 대단한 업적을 일컫는 일상적 표현이기도 하다. 노벨상에는 물리학상, 화학상, 생리학·의학상, 문학상, 평화상, 경제학상의 6개 분야가 있다. 과학 기술의 기반이 되는 수학은 노벨상의 분야에 포함되어 있지 않은데, 이에 대해서는 두 가지 설이 있다.

첫 번째 설에 의하면, 노벨상을 제정한 스웨덴의 노벨Alfred Nobel은 수학이 실용성과는 거리가 있는 학문이라고 생각하여 노벨상에 포함시키지 않았다고 한다. 야사野史 성격의 다른 설에 의하면, 노벨은 같은

스웨덴 출신으로 당시 최고의 수학자였던 미타그레플레르_{Mittag-Leffler}
와 사이가 좋지 않았다. 만일 노벨 수학상을 둘 경우 그에게 첫 수상자
의 영예가 돌아갈 것을 우려해 의도적으로 수학을 노벨상의 분야에서
제외했다고 한다. 이는 노벨을 애써 깎아내리려는 사람들이 지어낸 이
야기일 가능성이 크다. 노벨이 정말 개인적인 이유로 수학상을 두지
않았는지 그 진위는 알 수 없으나, 여러 분야의 기초 학문인 수학에 노
벨상이 없다는 것은 좀 특이한 일이다.

필즈상

그동안 수학의 노벨상으로 일컬어진 것은 필
즈상_{fields medal}이다. 캐나다 토론토 대학의 교수
였던 필즈_{John Charles Fields}는 1924년 세계수학자
대회_{ICM}의 책임자를 맡고 회의 개최를 위해 많
은 성금을 모금했다. 평소 수학 분야에도 노벨
상과 같이 국제적으로 명성이 있는 상이 필요하
다고 생각한 필즈는 대회 개최 후 남은 돈을 기
금으로 조성했다. 1932년 취리히 대회 때 수학
상이 만장일치로 채택되었으나 안타깝게도 필

필즈상 메달

즈는 이미 고인이 되었고, 그를 기려 1936년 오슬로 대회부터 필즈상
을 수여해 왔다.

연령 제한이 없는 노벨상과 달리 필즈상은 40세 미만의 젊은 수학
자를 대상으로 하며, 4년에 한 번씩 세계수학자대회의 개회식에서 수

여되기 때문에 어떤 면에서는 노벨상보다 더 희소가치가 있다. 350년 동안 미해결 문제로 남아 있던 수학계 최고의 난제인 '페르마의 마지막 정리'를 증명한 와일스Andrew Wiles는 당연히 필즈상감이었지만, 1995년 이 증명에 성공했을 때 그의 나이는 이미 42세였다. 따라서 연령 제한에 걸려 필즈상을 받지 못했다.

최초의 여성 필즈상 수상자

필즈상 설립 이래 첫 여성 수상자를 배출한 건 2014년이었다. 수상자는 이란 출신의 수학자 미르자하니Maryam Mirzakhani이다. 2014년 세계수학자대회는 서울에서 개최되었는데, 필즈상은 개최국의 정상이 수여하는 관례에 따라 박근혜 전 대통령이 시상을 했다. 당시 세계수학

2014년 서울에서 개최된 세계수학자대회

자연맹의 회장도 여성이었기 때문에, 필즈상 수상자와 시상자와 주최자 모두 여성인 세기의 장면이 펼쳐졌다. 미르자하니는 수상 당시 암 투병 중이었고, 안타깝게도 2017년에 세상을 떠났다.

아벨상

필즈상의 수상은 가문의 영광이자 국가의 영광이겠지만 적어도 상금에 있어서는 노벨상과 비교가 되지 않는다. 노벨상의 상금은 1000만 스웨덴 크로나로 2020년 기준 약 115만 달러인 반면, 필즈상은 1만 5천 캐나다 달러로 1만 달러를 상회하는 수준이다. 노벨상에 필적할 만한 상을 제정하고자 하는 수학계의 염원은 아벨상Abel prize으로 그 결실을 맺었다. 아벨상은 매년 수상자를 내고, 수상자의 연령 제한이 없으며, 상금은 750만 노르웨이 크로나로 2020년 기준 약 84만 달러이므로, 여러 면에서 노벨상과 동격이라고 할 수 있다.

아벨상은 노르웨이의 천재 수학자 아벨Niels Henrik Abel의 탄생 200주년을 기념하여 2003년에 제정되었다. 여러 수학자 중 굳이 노르웨이 출신인 아벨의 이름을 넣은 것은 스웨덴 출신인 노벨과 발음이 유사하고,

아벨

아벨상 메달

스웨덴과 노르웨이가 북유럽의 이웃 국가라는 점도 작용했을 것이다.

아벨의 업적

프랑스의 수학자 에르미트 Charles Hermite가 아벨의 연구로 수학자들이 500년은 바빠질 것이라는 말을 남겼을 정도로, 아벨은 많은 업적을 세웠다. 그중 첫 번째로 손꼽히는 것은 불과 19세 때 오차방정식의 일반해가 존재하지 않는다는 사실을 증명한 것이다. 수학자들은 방정식의 차수를 높여가면서 일반 해법을 찾았다. 이때 삼차방정식의 해법은 이차방정식의 근의 공식을 이용하고, 또 사차방정식의 해법은 삼차방정식의 근의 공식을 이용하는 식으로 전개되었기에, 사차방정식의 근의 공식을 이용하면 오차방정식의 해법을 알아낼 수 있으리라 생각했다. 기라성 같은 수학자들이 오차방정식의 근의 공식을 찾는 데 도전했지만, 벽에 부딪혔다.

오차방정식의 일반해가 존재하지 않는다는 것은 250년 넘게 난제로 남아 있다가 결국 아벨에 의해 증명되었지만, 당시에는 인정받지 못했다. 아벨은 27세의 나이에 요절했고, 사후에 그를 베를린 대학의 교수로 채용한다는 편지가 뒤늦게 배달되었다.

아벨상 수상자

아벨상의 첫 수상자는 프랑스의 세르 Jean-Pierre Serre였다. 세르는 1954년에 27세의 나이로 필즈상을 받았는데, 역대 최연소 수상자로 기록되어 있다. 2004년 아벨상 수상자인 영국의 아티야 Michael Atiyah 역시 1966년에 필즈상을 받았다. 이뿐 아니라 2006년, 2011년, 2013년 아벨상 수상자들도 젊었을 때 필즈상을 받고, 일생에 걸친 업적으로 노년에 아벨상을 받아, 지금까지 필즈상과 아벨상을 모두 석권한 수학자는 다섯 명이다. 2016년 아벨상은 페르마의 마지막 정리를 증명한 와일스에게 돌아갔고, 2019년 아벨상 수상자는 울렌벡Karen Uhlenbeck으로, 필즈상에 이어 아벨상에서도 첫 여성 수상자가 탄생했다.

아벨상과 노벨상

아벨상과 노벨상을 모두 받은 경우도 있다. 영화 〈뷰티풀 마인드〉의 존 내시가 바로 그 주인공이다. 1994년 게임 이론으로 노벨 경제학상을 수상한 내시는 2015년 비선형 편미분방정식에 대한 공로로 아벨상도 수상했다.

내시는 노벨상을 젤텐, 허샤니와 함께, 아벨상은 니런버그와 함께 받았다. 내시가 어느 상을 더 영예롭게 여겼을지 모르지만, 세 명이 공동 수상한 노벨상보다 공동 수상자가 두 명인 아벨상을 더 의미 있게 여기지 않았을까 싶다.

둘 중 하나만 받아도 가문의 영광인 아벨상과 노벨상을 모두 거머쥔 내시는 죽음도 드라마틱했다. 노르웨이에서 아벨상을 받고 귀국해 공항에서 택시를 타고 집으로 가다가 교통사고로 유명을 달리한다. 그의 나이 86세였다.

한국인 수상자를 기대하며

지금까지 스무 명이 넘는 노벨 과학상 수상자를 배출한 일본은 필즈상도 세 차례 거둬 갔다. 지금까지 필즈상을 수상한 동양인은 일본인 세 명과 중국인 한 명뿐이고, 아벨상을 수상한 동양인은 없다. 한국 수학자가 아벨상이나 필즈상 수상자로 선정되는 날이 빨리 오기를 기원해 본다.

MATH
VITAMIN

수학과 친해지기

에필로그

수학에 왕도는 없다. 수학과 친하게 지내고 수학을 흥미롭게 느낄 때, 수학 실력은 자연스럽게 향상된다. 수학과의 친밀한 관계가 수학의 절대 반지인 셈이다. 자, 그 절대 반지를 찾으러 가 보자.

MATH VITAMIN

에필로그

수학 용어를 알면 수학이 보인다

수학과 친해지는 것을 방해하는 여러 요인 중의 하나는 용어 이해의 어려움이다. 수학은 용어를 통해 전개되므로 용어는 수학적 사고의 시발점이 된다. 그뿐만 아니라 이해한 내용을 정리할 때도 용어를 동원하므로 수학 용어는 학습의 종착점이 되기도 한다.

원뿔의 옆선인 '모선'의 경우를 예로 들어 보자. 공간에서 축을 중심으로 모선母線, generating line을 회전시키면 원뿔이 생성되기 때문에 조어할 때 어미 모母를 사용한 것이다. 이처럼 수학 용어가 어떻게 만들어졌는지, 처음 그 용어를 만든 사람이 어떤 사고를 했는지, 그 이면의 아이디어를 더듬어 가며 공부한다면 수학이 훨씬 가깝게 느껴질 것이다.

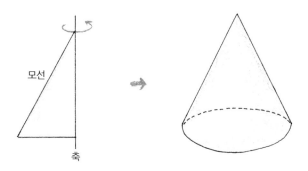

모선

축

영어로 제곱을 square라고 하는데, square의 더 잘 알려진 뜻은 정사각형이다. 한 변의 길이가 a인 정사각형의 넓이는 a^2이기 때문에 정사각형의 넓이는 제곱으로 표현된다는 점에서 정사각형과 제곱은 상통하는 바가 있다. 세제곱도 마찬가지이다. 영어로 세제곱을 뜻하는 cube는 정육면체이다. 한 모서리의 길이가 a인 정육면체의 부피는 a^3이므로, 정육면체와 세제곱이 동일한 영어 단어 cube로 표현되는 것은 우연이 아니다. 이처럼 수학 용어를 익힐 때 한자와 영어 용어를 병기倂記하면 어휘가 풍부해지고 이해도는 높아지는 시너지 효과를 얻을 수 있다.

수학의 토대, 계산의 정확도와 신속성이 중요하다

'창의력'이 교육의 화두로 등장하면서 기초 계산력이 다소 경시되는 경향이 있다. 그러나 창의력이라는 것은 내용과 근거가 빈약하면서 그저 기발하기만 한 돈키호테식의 발상이 아니다. 창의력을 신장하기 위해서는 사고의 기본 재료가 되는 수학 개념에 대한 이해뿐 아니라 정확하고 신속한 계산 능력이 전제되어야 한다.

솔직히 말하면 이 부분은 우리 아이와 관련된 절실한 경험에서 우러나온 말이다. 대부분의 아이들이 일찍부터 학습지를 통해 비슷한 수학 계산 문제를 매일 수십 수백 개씩 반복하여 풀고, 그로 인해 수학 공부에 권태감을 갖는 것을 보아 왔기에 필자는 아이가 어릴 때 그런 연습을 별도로 시키지 않았다. 어차피 학년이 올라가면 계산 속도가 붙고 정확도가 높아질 텐데 굳이 반복 연습을 시키고 싶지 않았던 것이다. 그러나 경험에 비추어 보면, 집중적으로 연습하지 않고는 계산 속도가 저절로 빨라지지 않는다. 특히 우리나라 시험은 제한된 시간 내에 많은 수학 문제를 풀어내야 하는 속도 검사speed test이기 때문에 계산이 느리면 치명적이다.

요즘에는 초등학교에서 원주율을 간단하게 3이나 3.1로 쓰지만, 우리 아이가 초등학생일 때는 3.14로 계산했다. 그러다 보니 원의 넓이나 둘레를 구하는 문제에서 느린 계산이 발목을 잡았다. 어려운 문제를 풀 수 있는 수학적 능력을 갖추고 있더라도 계산 속도가 뒷받침되지 않으면, 속도를 요하는 시험에서 좋은 점수를 받기 어렵다. 또한 복합적인 사고를 요하는 문제를 풀 때 중간중간에 필요한 사소한 계산은 손쉽게 할 수 있어야 문제의 해결 계획을 세우고 이를 수행하는 메타적인 사고를 순조롭게 진행할 수 있다.

때로는 후행 학습도 필요하다

학교 성적은 수학에서 판가름 난다는 이야기를 자주 듣는다. 다른 과목에 비해 수학에서 개인차가 크게 나타나는 이유는 수학의 위계성 때문이다. 수학을 제외한 대부분의 교과는 한 단원에서 학습이 미진하더라도 새로운 단원을 열심히 하면 만회할 수 있지만, 수학은 이전 내용에 대한 이해가 충분하지 않을 경우 그다음 내용을 제대로 습득하기 어렵다.

예를 들어, 중학교 3학년에서 배우는 이차방정식을 이해하는 것은 바로 전 단원에서 배우는 인수분해를 마스터하지 않고는 불가능하다. 또한 중학교 1학년과 2학년 때 일차방정식과 연립일차방정식을 제대로 이해하지 못했는데, 중학교 3학년이 되었다고 이차방정식을 풀 수 있을 리 만무하다. 이처럼 이차방정식을 위해 선행되어야 할 지식은 여러 가지이다. 아래 학년에서 배운 내용을 전제로 하는 이차방정식은 당연히 위 학년으로도 연결되어 고등학교의 삼차방정식, 연립이차방정식, 분수방정식과 무리방정식으로 전개된다. 이처럼 한 번 생긴 수학 학습 결손은 이후 학습에 지속적인 방해 요소로 작용하므로 수학 학습에 공백이 생기지 않도록 항상 각별한 관심을 기울여야 한다.

수학의 특정 단원에서 어려움을 겪는다면 원인이 그 단원에 있는지 아니면 이전 단원에 있는지 잘 점검해야 한다. 혹시 이전 학년에서 숙달했어야 할 개념이나 계산 능력이 결핍되었다면 과감하게 이전 내용을 보완하는 데 에너지를 쏟는 '후행 학습'을 해야 한다. 선행 학습이라는 용어는 익숙해도 후행 학습은 생소할 수 있는데, 실제로 더 중요한 것은 후행 학습이다. 기초 공사가 잘 되어 있지 않으면 튼튼한 집을 지을 수 없는 것처럼 하위 개념을 제대로 익히지 않은 채로 쌓아 올리기만 하는 수학은 사상누각일 수밖에 없다.

문제의 해법은 문제로부터

아주 기초적인 문제를 제외하면, 수학 공식을 그대로 대입만 하면 되는 '착한' 수학 문제는 거의 없다. 수학 문제를 해결하는 마스터키가 있으면 얼마나 좋을까마는 해결 방법은 문제마다 각양각색이다. 수학 문제를 풀 때도 관성의 법칙이 작용하는지, 앞의 문제를 해결한 방식으로 다음 문제를 풀려고 한다. 하지만 해결의 실마리는 보이지 않고 식만 복잡해지는 경우가 많다.

문제를 해결할 때 명심해야 할 것은 문제의 해법이 대개 문제에 있다는 점이다. 우선 문제를 반복하여 읽어 보자. 문제에서 구하라는 것이 무엇인지 명확히 파악하고, 주어진 조건과 자료를 점검해 보고, 문제에 포함된 개념의 정의를 되짚어 본다. 문제의 정보를 표나 그림으로 정리하고, 기하 문제라면 기호를 붙이면서 보조선을 그어 보기도 한다. 문제를 정공법으로 풀 수 없을 때는 단순화해서 쉬운 문제로 바꾸어 보기도 하고, 일반적인 경우를 공략하기 어렵다면 특정 값을 대입해 볼 수 있다. 식을 세웠다면 문제에서 주어진 정보를 모두 이용했는지도 살펴보아야 하는데, 어떤 문제는 과잉 정보를 주거나 풀이와 무관한 정보를 주는 경우도 있으니 유의해야 한다. 난공불락으로 여겨지는 문제는 여러 개의 보조 문제로 쪼개어 각개 격파를 하는 것도 시도해 볼 만하다. 이런 방법들을 적용하다 보면 웬만한 문제들은 해결될 것이다.

문제를 풀고 난 후에 복기復棋하는 과정도 중요하다. 일단 답을 구했으니 그 문제에 더 집착할 이유는 없지만, 실력을 업그레이드하기 위해서는 문제를 푼 과정을 반성reflection하는 것이 필요하다. 자신이 푼 방법보다 더 경제적이고 우아한 풀이는 없는지, 또 그 풀이를 일반화할 수 있는지를 생각해 본다. 문제의 조건을 바꾸어서 문제를 풀어 보기도 한다.

수학 공부의 필살기는 문제 만들기problem posing이다. 출제자가 되었다고 가정하고 방금 푼 문제의 동형 문제를 만드는 것이다. 실제 문제를 만들기 위해서는 문제의 구조를 꿰뚫어 보아야 하기 때문에 문제 만들기를 할 수 있다는 것은 그 내용을 한 수준 위에서 내려다볼 수 있는 경지에 이르렀다는 의미이다. 수능과 논술을 대비하는 학생들이 가장 빈번하게 듣는 조언은 출제자의 의도를 신속하게 간파하라는 것인데, 스스로 문제를 만들어 보는 경험을 하면 출제자가 어떤 것을 염두에 두고 무엇을 묻기 위해 출제했는지 파악하기 쉬워진다.

수학과 여러 분야의 퓨전에 관심을 가져야

미래 사회가 요구하는 창의·융합적 인재가 되려면, 무미건조한 문제 풀이로서의 수학에서 나아가 수학과 일상생활을 연결 짓고 수학의 안목에서 여러 현상을 해석하는 능력이 필요하다. 이런 연습을 위해서는 수학 교양서나 수학사數學史 책을 읽을 필요가 있다. 대학수학능력시험 초기에는 수학 외적 연결성을 묻는 문제가 수리 영역에 출제되었다. 서양 12음계의 주파수를 계산하는 수학과 음악의 퓨전, 우리나라의 고전《이수신편》에 나오는 '난법가'의 상황을 연립방정식으로 해결하는 수학과 국어의 통합 등이 시도된 적이 있다.

일단 수학 문제가 상황context과 더불어 진술되면 어렵다는 선입견이 있지만, 문제에 맥락이 덧입혀지면 오히려 문제가 더 쉬워질 수도 있다. 소금물 농도 문제에서 수학의 쓴맛을 느끼기 시작한 사람이 한둘이 아닐 것이다. 실제로 상당수의 학생들은 소금물 농도 문제에 콤플렉스가 있다. 소금물에 물을 희석하는 경우, 소금을 더 넣거나 용액을 증발시켜 농도를 높이는 경우, 특정한 농도에서 시작하여 원하는 농도를 만들기 위해 용액과 소금 양을 변화시키는 경우 등등 문제가 어찌나 변화무쌍한지 소금물 문제만 나오면 가슴이 내려앉는다.

소금물 농도 문제를 정복하기 위하여 가능한 모든 유형의 문제를 놓고 분석을 해 보자. 처음에는 문제에서 주어진 조건과 물어보는 방식에 따라 매번 다른 풀이법을 적용해야 할 것 같지만, 농도의 정의를 정확하게 알고 주어진 조건을 그대로 이용하여 방정식을 세우면 어려울 것이 없다.

자신이 없어 매번 걸림돌이 되는 문제가 있다면 그와 관련된 문제들을 모두 펼쳐 놓고 공략을 해 보라. 집중 공략을 하다 보면 그 문제를 관통하는 일반적인 풀이법 같은 것이 보이기 시작한다.

$$농도(\%) = \frac{소금의\ 양}{소금물의\ 양} \times 100$$

게임도 유용하다

게임을 통한 학습이 효과적이라는 것은 모든 교과에 보편적으로 적용되지만, 수학의 경우 특히 그러하다. 수학 게임을 하다 보면 특별히 공부를 한다는 의식 없이 자연스럽게 수학적 개념과 원리를 체득할 수 있다.

여기서 소개할 숫자 볼링의 경우, 처음에는 재미로 게임을 하지만, 게임을 즐기며 반복하는 가운데 신속하고 정확한 사칙연산 능력이 길러질 뿐 아니라 다양한 수학 연산에 자연스럽게 친숙해질 수 있다.

숫자 볼링은 스포츠 볼링과 같이 공을 1번 또는 2번 던져서 10개의 핀을 쓰러뜨리는 게임이다. 스포츠 볼링에서 공을 1번 던져서 10개의 핀을 모두 쓰러뜨리면 '스트라이크', 1번 더 공을 던져 남은 핀을 모두 쓰러뜨리면 '스페어'라고 하는데, 숫자 볼링에서도 마찬가지이다. 이처럼 숫자 볼링은 스포츠의 볼링과 규칙은 유사하지만 2개의 공을 굴리는 스포츠 볼링과 달리 3개의 주사위를 던진다. 이때 얻은 3개의 수를 더하거나 빼거나 곱하거나 나누어서 1부터 10까지의 수를 가능하면 많이 만들어 내고, 만든 수에 해당하는 볼링핀을 쓰러뜨린다.
예를 들어, 주사위를 3번 던져서 3, 4, 6의 수가 나왔다고 하자. 이때 1부터 10까지의 볼링핀을 쓰러뜨리기 위해 다음과 같은 식을 만들 수 있다.

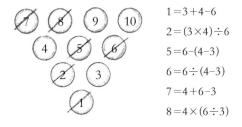

$$1 = 3 + 4 - 6$$
$$2 = (3 \times 4) \div 6$$
$$5 = 6 - (4 - 3)$$
$$6 = 6 \div (4 - 3)$$
$$7 = 4 + 6 - 3$$
$$8 = 4 \times (6 \div 3)$$

다시 주사위를 던져서 얻은 수가 3, 3, 4라고 하자. 이 수들을 사용하면 나머지 핀들을 모두 쓰러뜨려 스페어 처리를 할 수 있다.

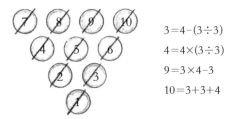

$$3 = 4 - (3 \div 3)$$
$$4 = 4 \times (3 \div 3)$$
$$9 = 3 \times 4 - 3$$
$$10 = 3 + 3 + 4$$

주사위를 던져서 나온 3개의 수를 가지고 1부터 10까지의 자연수를 만들 때 가감 승제加減乘除만을 이용할 수도 있고, 분수를 함께 이용할 수도 있다. 또 제곱근 $\sqrt{}$ 이나 가우스 기호 [ ]([X]는 X를 넘지 않는 최대 정수)를 이용하면 3개의 수로 만들 수 있는 수는 더 다양해진다. 이처럼 분수와 제곱근과 가우스 기호를 동원하면 앞의 예에서 처음에 얻은 3개의 수 3, 4, 6으로 1부터 10까지의 모든 자연수를 만들 수 있으므로 스트라이크가 된다.

$$3 = 6 - [\sqrt{3} + \sqrt{2}]$$
$$4 = \frac{6}{3} + \sqrt{4}$$
$$9 = 3 + 4 + [\sqrt{6}]$$
$$10 = 3 \times 4 - [\sqrt{6}]$$

힌트를 적당히 활용하자

수학 공부와 관련해 널리 알려진 조언은, 문제를 풀 때 가능하면 답과 풀이를 보지 말고 혼자 생각하는 연습을 하라는 것이다. 물론 지당한 이야기이다. 그런데 공부에서는 항상 시간 대비 효과를 따져야 하기 때문에 이 조언은 상황에 따라 적절치 않을 수도 있다. 대학교 수학을 공부하거나 경시대회를 준비하는 경우라면, 한 문제에 오랜 시간

집중하며 수학적 사고력을 기르는 것도 좋겠지만, 제한 시간 내에 정해진 유형과 난이도의 문제를 풀어야 하는 수능과 내신을 대비할 때는 힌트나 해답을 적절하게 이용할 필요가 있다.

한 문제를 오래 잡고 있으면서 온갖 시행착오를 거친 것이 음으로 양으로 도움은 되겠지만, 투자한 시간과 실력의 상승이라는 두 변수의 관계를 감안하면 항상 이득이 된다고 보기는 어렵다. 그렇다고 해서 문제를 숙고하지 않고 즉각적으로 답과 풀이를 보며 익히면, 변형된 문제에 대처하기 어렵다. 따라서 한 문제를 붙들고 장고長考하는 것과 사고를 원활히 하기 위한 촉매로써 힌트를 활용하는 것 사이에서 조화를 추구해야 한다.

선행 학습은 적당히

수학은 으레 선행 학습을 하는 과목으로 인식되어 있고, 해가 갈수록 선행 학습은 그 도를 더해 한두 학기를 앞서 배우는 것은 선행 학습 축에도 끼지 못할 정도가 되어 버렸다.

국가 수준에서 교육과정을 제정하고, 그 교육과정에 기초하여 교과서를 집필할 때 우선적으로 고려되는 것은 학습자의 인지 발달 수준이다. 각 연령대의 학습자는 나름의 고유한 사고 양식이 있고, 교과서에 학년별로 제시된 내용은 평균적인 인지 발달 과정을 고려하여 선정된다. 따라서 원론적인 시각에서 본다면, 자신의 연령에 부합되는 내용을 제 학년에 학습하는 것이 적절하다.

선행 학습을 하면서 진정한 이해에 도달하는 경우도 있지만, 피상적으로만 알고 지나가는 경우가 적지 않다. 그런 학생이 막상 제 학년에 그 내용을 접할 때는 이미 아는 것으로 간주하고 대충 넘어갈 수 있다. 충분히 이해하기 어려운 나이에 어설프게 배우고, 제대로 이해할 수 있는 나이에는 학습을 소홀히 하는 폐해가 나타날 수 있다는 것이다.

문제를 해결하는 싸움터에서 해당 학년의 수학적 지식만 이용하는 것은 칼만 가지고 싸우는 것에, 선행을 통해 익힌 상위 학년의 지식을 동원하는 것은 칼뿐 아니라 총까지 소지하고 싸우는 것에 비유할 수 있다. 당장의 싸움에서는 총까지 동원하는 것이 더 유리하다. 그렇지만 자연스러운 학습 속도를 따라가도 상위 학년이 되면 총을 쓸 수 있다. 그때는 누가 더 유리할까? 아마도 칼이라는 원시적인 무기로 버티면서 다양한 노하우를 축적한 사람이 유리할 것이다. 선행 학습을 한 학생들은 일찍이 강력한 총으로 무장했기 때문에 잠시 우위에 서는 것 같지만, 남들도 동일한 무기를 가지게 되면 별 소용이 없다.

전투battle에서 이기고 전쟁war에서 진다는 표현이 있다. 소소한 국면의 전투에서는 이기더라도 큰 전쟁에서는 질 수 있다는 의미인데, 선행 학습을 하면 잠깐은 유리할지 몰라도 초·중·고에 걸쳐 이뤄지는 수학 학습의 긴 여정에서는 독이 될 수 있다.

비유컨대 선행 학습은 영화의 예고편을 보는 것과 같다. 예고편은 영화의 내용을 개괄적으로 소개하면서 흥미를 유발하는 수준에서 그쳐야 하는데, 예고편이 과도하면 정작 본 영화를 볼 때의 감흥은 줄어든다. 그런 점을 고려하면 학생의 능력 수준을 감안하여 적절한 시기에 배우도록 하는 '적기 교육'이 해답이라는 점에 공감할 것이다.

수학 공부는 장거리 경주

수학 학습이 몇 년 만에 끝나는 단거리 경주라면 수학 학습에 대한 반감이 있더라도 짧은 기간 동안 전력 질주할 수 있을 것이다. 그러나 수학 학습은 초등학교부터 따지면 적어도 10년 이상을 공부해야 하는 장거리 경주이며, 후반부로 갈수록 장애물이 많아지는 경기이다. 따라서 오랫동안 지치지 않고 뛸 수 있는 지구력이 중요하다. 스스로 뛰겠다는 강한 의지와 뛰는 것 자체를 즐기는 여유로움까지 갖춘다면 더욱 바람직할 것이다. 수학을 단순히 상급학교 진학에 중요한 교과로만 여기지 말아야 한다. 수학이 우리 일상생활에 얼마나 가까이 있는지 경험할 때 수학을 왜 학습해야 하는지, 그 의의와 가치를 인식할 수 있다. 이처럼 수학의 가치를 몸소 느낀다면, '수학 공부'라는 장거리 경주에 임하는 마음은 한결 가벼워지지 않을까?